清华学人建筑文库

清工部《工程做法则例》图解

梁思成 著

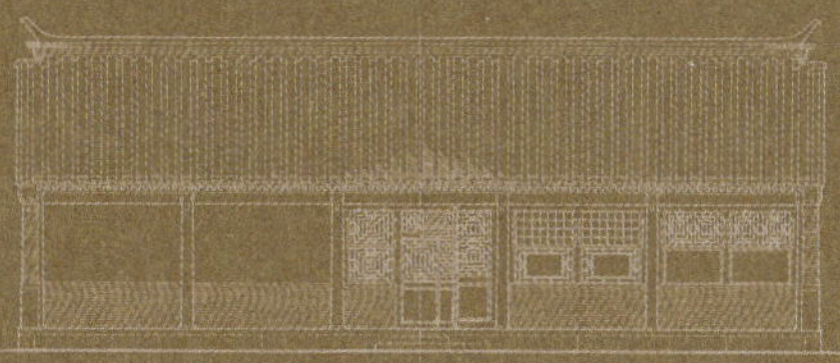

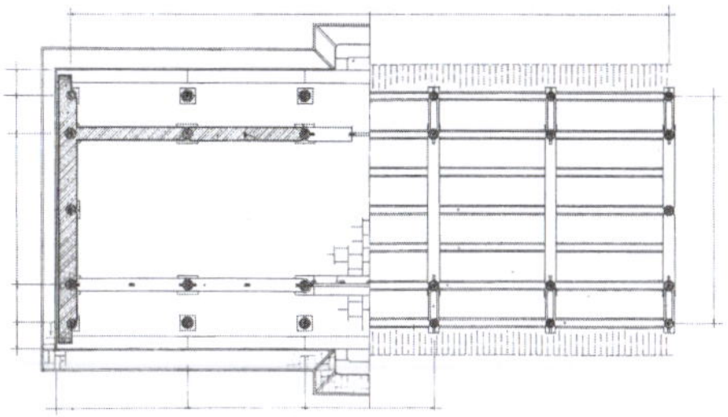

清华大学出版社

内 容 简 介

清工部《工程做法则例》是中国建筑史学界的一部重要的"文法课本"，也是深入弄懂中国古代建筑的必经门径。20世纪30年代，著名建筑学家梁思成对清工部《工程做法则例》进行了研究，本书即是梁先生对《工程做法则例》所进行的图解。尽管由于种种原因，图解并未完全完成，但所记录的清式建筑各种样式的做法，已基本反映了《工程做法则例》大木作的内容。本图解可供建筑院校师生、古建筑研究人员、古建修缮单位以及史学界和文化界人士阅读。

图书在版编目（CIP）数据

清工部《工程做法则例》图解／梁思成著. — 北京：清华大学出版社，2006.8 （2024.7重印）
（清华学人建筑文库）
ISBN 978-7-302-13229-5

Ⅰ.清··· Ⅱ.梁··· Ⅲ.古建筑－规则－中国－清前期－图解 Ⅳ.TU－092.49

中国版本图书馆 CIP 数据核字（2006）第 065000 号

责任编辑： 徐晓飞 邹永华
装帧设计： 宁成春 范吴如
责任印制： 沈 露

出版发行： 清华大学出版社
网 址： https://www.tup.com.cn，https://www.wqxuetang.com
地 址： 北京清华大学学研大厦A座 **邮 编：** 100084
社 总 机： 010-83470000 **邮 购：** 010-62786544
投稿与读者服务： 010-62776969，c-service@tup.tsinghua.edu.cn
质量反馈： 010-62772015，zhiliang@tup.tsinghua.edu.cn
印 装 者： 涿州汇美亿浓印刷有限公司
经 销： 全国新华书店
开 本： 192mm×258mm **印 张：** 10
版 次： 2006年8月第1版 **印 次：** 2024年7月第13次印刷
定 价： 65.00元

产品编号：020984-04

前　言

1930年梁思成加入了中国营造学社，1931年离开沈阳东北大学到北平中国营造学社担任法式部主任。他的目的是研究中国建筑发展史。

他在研究中国建筑时所能找到的唯一有关中国建筑的技术读物，只有宋代李诫所写的《营造法式》与清朝官定的工部《工程做法则例》两书，这两本书略似现代的设计施工规范。但因我国建筑业向来只由工匠师徒相传，匠人既不识字也不用书，这样使得宋《营造法式》及清《工程做法则例》成为少有人能懂的读物。梁思成认为，要研究中国古建筑必须从调查实物入手，同时参阅研究古籍，而且要从近代追溯到古代。于是，他先从清工部《工程做法则例》入手，以故宫建筑群做实物教材，开始了对清《工程做法则例》的研究。

梁思成对清工部《工程做法则例》一书是这样介绍的：

"清工部《工程做法则例》，雍正十二年（西元1734年）清工部所颁布关于建筑之术书。全书七十四卷，前二十七卷为二十七种不同之建筑物：大殿、厅堂、箭楼、角楼、仓库、凉亭等每件之结构，依构材之实在尺寸叙述。就著书体裁论，虽以此二十七种实在尺寸，可以类推其余，然较之《营造法式》先说明原则与方式，由不免见拙。自卷二十八至卷四十为斗栱之做法；安装法及尺寸。其尺寸自斗口一寸起，每等加五分，至斗口六寸止，共计十一等，较之宋式乃多三等。自卷四十一至四十七为门窗隔扇，石作、瓦作、土作等做法。关于设计样式者止于此。以下二十四卷则为各作工料之估计。

此书之长在二十七种建筑物各件尺寸之准确，而此亦即其短处，因其未归纳规定尺寸为原则，俾可大小适应可用也。此外如栱头昂嘴等细节之卷杀或斫割法，以及彩画制度，为建筑样式所最富于时代特征者，皆未叙述，是其缺憾。幸现存实物甚多。研究匪难，可以实物之研究，补此遗漏。在图样方面，则仅有前二十七卷每种建筑物之横断面图二十七帧，各部详图及彩画图均付缺如。"

莫宗江教授回忆说，他初到学社时，正值梁思成先生在研究清《工程做法则例》，梁先生还把每天读懂的条例用近代科学的工程制图法绘制出来。莫先生说："我每天最重要的学习是到梁先生的绘图桌前去读图，先生每天都绘出一大摞的图，工作效率之高令人吃惊。他的这种敬业精神也教育了我，使我终生受益。”

1932年梁思成将卷一至廿七的图解全部做完。基本结束了对清《工程做法则例》的研究工作，并请学社的邵力工先生根据他的草图绘成正式图纸。

在绘制正式图纸的过程中，梁思成仍在研究清工部《工程做法则例》，并不断将墨线图中发现的问题，用铅笔写在图上以待改正。邵力工当时还从事故宫测绘的工作，所以到1937年抗日战争爆发时，清工部《工程做法则例》图解尚未全部绘完，中国营造学社也暂时解散。抗战时期学社的全部资料存入天津英资麦加利银行的保险库中，因天津遭水灾，学社的全部资料都受灾。这批图纸也因此受到损坏。

1958年，邵力工先生调入中国建筑科学研究院建筑理论历史室任工程师。梁思成很高兴，并把二十几年前邵未完成的清工部《工程做法则例》图解整理出来交给他，希望他能继续把这套图完成。不久邵赴干校锻炼，1962年又调往哈尔滨建筑工程学院建筑系任教。行前，他将这套图纸交还梁思成。梁把它存放在清华大学建筑系资料室至今。

今天，我们整理出这份七十余年前的图纸，它虽然没有最后完成，但已基本反映了《工程做法则例》大木作的内容，记录了清式建筑的各种样式的做法。可惜的是梁先生当年用铅笔修改的部分，因字迹太浅，年代已久，无法完全显见，这是十分遗憾的。

重读并整理这批图纸，我耳边又响起了梁先生生前常说的一句话——“这只是笨人下的笨功夫”。如今恐怕已找不到这样的笨人了。我谨将梁先生的这份“笨功夫”奉献给各位读者！

林　洙

2006年6月于清华园

目　录

前　言 001

图 1　清工部工程做法则例卷壹
玖檩单檐庑殿周围廊单翘重昂
斗栱斗口二寸五分
正面立面 010

图 2　清工部工程做法则例卷壹
玖檩单檐庑殿周围廊单翘重昂
斗栱斗口二寸五分
正面立面 012

图 3　清工部工程做法则例卷壹
玖檩单檐庑殿周围廊单翘重昂
斗栱斗口二寸五分
横断面　山面立面　纵断面 014

图 4　清工部工程做法则例卷壹
玖檩单檐庑殿周围廊单翘重昂
斗栱斗口二寸五分
步架平面　屋顶平面
台基平面　柱头平面 016

图 5　清工部工程做法则例卷贰
玖檩歇山转角前后廊单翘单昂
斗栱斗口三寸
正面立面 018

图 6　清工部工程做法则例卷贰
玖檩歇山转角前后廊单翘单昂
斗栱斗口三寸
横断面　山面立面　纵断面 020

图 7　清工部工程做法则例卷贰
玖檩歇山转角前后廊单翘单昂
斗栱斗口三寸
屋顶平面　步架平面
台基平面　柱头平面 022

图 8　清工部工程做法则例卷叁
柒檩歇山转角周围廊重昂斗栱
斗口二寸五分
正面立面 024

图 9　清工部工程做法则例卷叁
柒檩歇山转角周围廊斗口重昂
斗栱斗口二寸五分
步架平面　屋顶平面
台基平面　柱头平面 026

图 10 清工部工程做法则例卷肆
玖檩楼房
正面立面　横断面　山面立面
纵断面　台基平面　楼上平面
屋顶平面　步架平面 028

图 11 清工部工程做法则例卷伍
柒檩转角
横断面 前面立面 台基及柱头平面
步架及屋顶平面 030

图 12 清工部工程做法则例卷陆
陆檩前出廊转角房
山后立面 横断面 前面立面 台基平面
柱顶及步架平面 屋顶平面 032

图 13 清工部工程做法则例卷柒
玖檩悬山
正面立面 横断面 山面立面
纵断面 台基平面 柱头平面
步架平面 屋顶平面 034

图 14 清工部工程做法则例卷捌
捌檩捲棚
正面立面 横断面 山面立面
纵断面 台基平面 柱头平面
步架平面 屋顶平面 036

图 15 清工部工程做法则例卷玖
柒檩悬山
正面立面 山面立面 纵断面
横断面 步架平面 屋顶平面
台基平面 柱头平面 038

图 16 清工部工程做法则例卷拾
陆檩硬山
前面立面 后面立面 山面立面
纵断面 横断面 步架平面
屋顶平面 台基平面 柱头平面 040

图 17 清工部工程做法则例卷拾壹
伍檩悬山
前面立面 后面立面 山面立面
纵断面 步架平面 屋顶平面
台基平面 柱头平面 横断面 042

图 18 清工部工程做法则例卷拾贰
肆檩捲棚
正面立面 山面立面 纵断面
横断面 步架平面 屋顶平面
台基平面 柱头平面 044

图 19 清工部工程做法则例卷拾叁
伍檩川堂
正面立面 横断面 纵断面
步架平面 屋顶平面 台基平面
柱头平面 046

图 20 清工部工程做法则例卷拾肆
柒檩叁滴水歇山正楼
外面立面 里面立面 048

图 21 清工部工程做法则例卷拾肆
柒檩叁滴水歇山正楼
山面立面　横断面 ………………… 050

图 22 清工部工程做法则例卷拾肆
柒檩叁滴水歇山正楼
纵断面 ………………………… 052

图 23 清工部工程做法则例卷拾肆
柒檩叁滴水歇山正楼
楔架平面（仰视）　楔架平面（俯视）
屋顶平面　楞木平面　平台平面
中檐平面（仰视）　中檐平面（俯视）
下檐平面（仰视）　下檐平面（俯视）
城顶平面 ……………………… 054

图 24 清工部工程做法则例卷拾伍
重檐柒檩歇山转角楼
外面立面 ……………………… 056

图 25 清工部工程做法则例卷拾伍
重檐柒檩歇山转角楼
正面立面 ……………………… 058

图 26 清工部工程做法则例卷拾伍
重檐柒檩歇山转角楼
横断面 ………………………… 060

图 27 清工部工程做法则例卷拾伍
重檐柒檩歇山转角楼
纵断面 ………………………… 062

图 28 清工部工程做法则例卷拾伍
重檐柒檩歇山转角楼
转角雨搭：屋顶平面
　　　　　梁架平面（仰视）
　　　　　梁架平面（俯视）
转角无座：上层平面
　　　　　步架平面（仰视）
　　　　　步架平面（俯视）………… 064

图 29 清工部工程做法则例卷拾伍
重檐柒檩歇山转角楼
中层平面：步架平面（仰视）
　　　　　柱头平面
城顶平面（转角无座）：步架平面（仰视）
　　　　　柱头平面 ……………… 066

图 30 清工部工程做法则例卷拾陆
重檐柒檩歇山箭楼
外面立面　正面立面 …………… 068

图 31 清工部工程做法则例卷拾陆
重檐柒檩歇山箭楼
山面立面 ……………………… 070

图 32 清工部工程做法则例卷拾陆
重檐柒檩歇山箭楼
纵剖面　正楼内后面
正楼内前面 072

图 33 清工部工程做法则例卷拾陆
重檐柒檩歇山箭楼
横断面 074

图 34 清工部工程做法则例卷拾陆
重檐柒檩歇山箭楼
中层平面：步架平面（仰视）
柱头平面
上层平面：步架平面（仰视）
柱头平面
城顶平面：步架平面（仰视）
柱头平面
屋顶平面：樑架平面（仰视）
樑架平面（俯视）　屋顶 ... 076

图 35 清工部工程做法则例卷拾柒
伍檩歇山转角闸楼
屋顶平面：步架平面（俯视）
步架平面（仰视）
屋顶平面：楞木平面　屋顶俯视
架平面（仰视）
上层平面　中层平面 078

图 36 清工部工程做法则例卷拾柒
柒伍檩歇山转角闸楼
纵断面　侧立面　横断面 080

图 37 清工部工程做法则例卷拾柒
伍檩歇山转角闸楼
里面立面　外面立面 082

图 38 清工部工程做法则例卷拾捌
伍檩歇山转角闸楼
屋顶平面：屋顶俯视　楞木平面
屋顶平面：樑架平面（俯视）
樑架平面（仰视）
中层平面　底层平面 084

图 39 清工部工程做法则例卷拾捌
伍檩悬山转角闸楼
纵断面　横断面 086

图 40 清工部工程做法则例卷拾捌
伍檩悬山转角闸楼
山面立面　里面立面　正面立面 088

图 41 清工部工程做法则例卷拾玖
拾壹檩挑山仓房
叁檩氣搂及抱厦　前面立面　后面立面
山面立面　纵断面　横断面 090

图 42 清工部工程做法则例卷拾玖

拾壹檩挑山仓房

步架平面（俯视）

屋顶平面

步架平面（仰视）

台基平面 092

图 43 清工部工程做法则例卷贰拾

柒檩硬山封护檐库房

前面立面　后面立面

山面立面　纵断面

横断面 094

图 44 清工部工程做法则例卷贰拾

柒檩硬山封护檐库房

步架平面（仰视）

屋顶平面　台基平面

步架平面（俯视）........................ 096

图 45 清工部工程做法则例卷贰拾壹

叁檩垂花门

前面立面　后面立面

横断面　纵断面

屋顶平面

步架平面（俯视）

仰视平面（步架）

台基平面 098

图 46 清工部工程做法则例卷贰拾壹

叁檩垂花门

前面立面　山面立面　后面立面

纵断面　横断面　台基平面

仰视平面（步架）　步架平面（俯视）

屋顶平面 100

图 47 清工部工程做法则例卷贰拾贰

肆角攒尖方亭

正面立面　横断面　台基平面

步架平面（仰视）　步架平面（俯视）

亭顶平面 102

图 48 清工部工程做法则例卷贰拾叁

陆柱圆亭

正面立面　纵断面　横断面

台基平面　步架平面（仰视）

步架平面（俯视）

亭顶平面 104

图 49 清工部工程做法则例卷贰拾肆

柒檩小式

后面立面　前面立面

山面立面　纵断面　横断面

台基平面　步架平面（仰视）

步架平面（俯视）

屋顶平面 106

图 50 清工部工程做法则例卷贰拾伍
陆檩小式
后面立面　前面立面
山面立面　纵断面　横断面
台基平面　柱头平面
屋顶平面　步架平面 ……………… 108

图 51 清工部工程做法则例卷贰拾陆
伍檩小式
前面立面　后面立面
山面立面　纵断面
横断面　台基平面
步架平面（仰视）　屋顶平面
步架平面（俯视）……………………… 110

图 52 清工部工程做法则例卷贰拾柒
肆檩捲棚小式
正面立面　横断面　山面立面
纵断面　横断面　立柱平面
台基平面　步架平面
屋顶平面 ……………………………… 112

图 53 清工部工程做法则例卷叁拾
斗栱分件之一 ……………………… 114

图 54 清工部工程做法则例卷叁拾
斗栱分件之二 ……………………… 116

图 55 清工部工程做法则例卷叁拾
斗口单昂平身科 ……………………… 118

图 56 清工部工程做法则例卷叁拾
单翘单昂平身科 ……………………… 120

图 57 清工部工程做法则例卷叁拾
单翘单昂平身科 ……………………… 122

图 58 清工部工程做法则例卷叁拾
斗口单昂柱头科 ……………………… 124

图 59 清工部工程做法则例卷叁拾
斗口单昂柱头科 ……………………… 126

图 60 清工部工程做法则例卷叁拾
单翘单昂柱头科 ……………………… 128

图 61 清工部工程做法则例卷叁拾
单翘单昂柱头科 ……………………… 130

图 62 清工部工程做法则例卷叁拾
斗口单昂角科 ………………………… 132

图 63 清工部工程做法则例卷叁拾
斗口单昂角科 ………………………… 134

图 64 清工部工程做法则例卷叁拾

单翘重昂角科 136

图 65 石涵洞部分名称图

洞涵石孔壹：

纵断面　立面

横断面　盖板上部平面

全刚墙平面

洞涵石孔叁：

纵断面　立面　横断面

盖板上部平面

金刚墙平面 138

图 66 石闸部分名称图（壹孔闸）

丙～丁平面　平面

甲～乙断面　立面 140

图 67 石闸部分名称图（壹孔闸）

横断面　纵断面 142

图 68 石闸部分名称图（三孔闸）

丙～丁平面　平面

甲～乙断面　立面 144

图 69 石闸部分名称图（三孔闸）

金刚墙平面

桥面平面 146

图 70 桥座部分名称图（石券桥）

纵断面　立面　横断面 148

图 71 桥座定分法图名（壹孔至拾壹孔桥）

叁孔桥　壹孔桥

伍孔桥　柒孔桥　玖孔桥

拾壹孔桥 150

图 72 桥座定分法图（拾叁孔至拾柒孔桥）

拾叁孔桥　拾伍孔桥

拾柒孔桥 152

图1　清工部工程做法则例卷壹

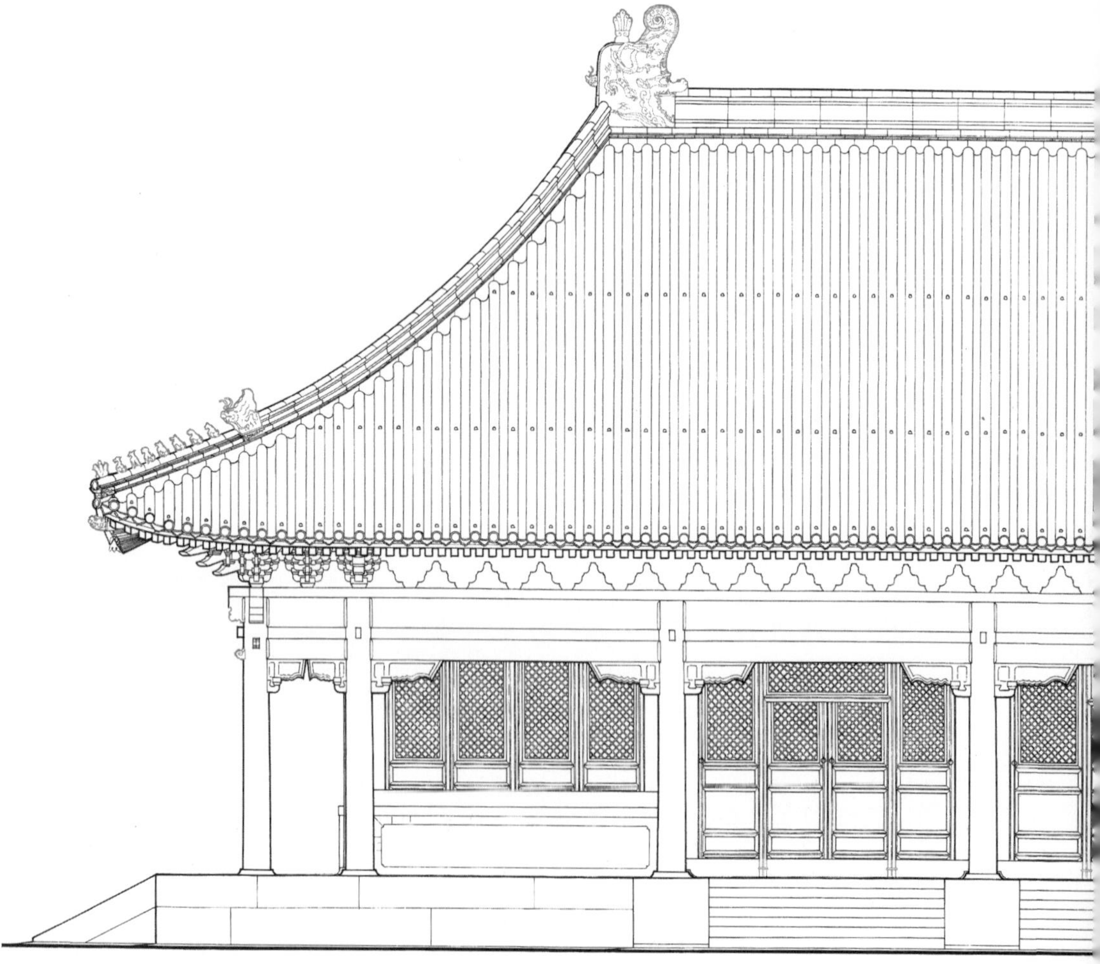

正　面　立　面

玖檁單檐廡殿週圍廊單翹重昂斗栱斗口二寸五分

清工部工程做法則例卷一

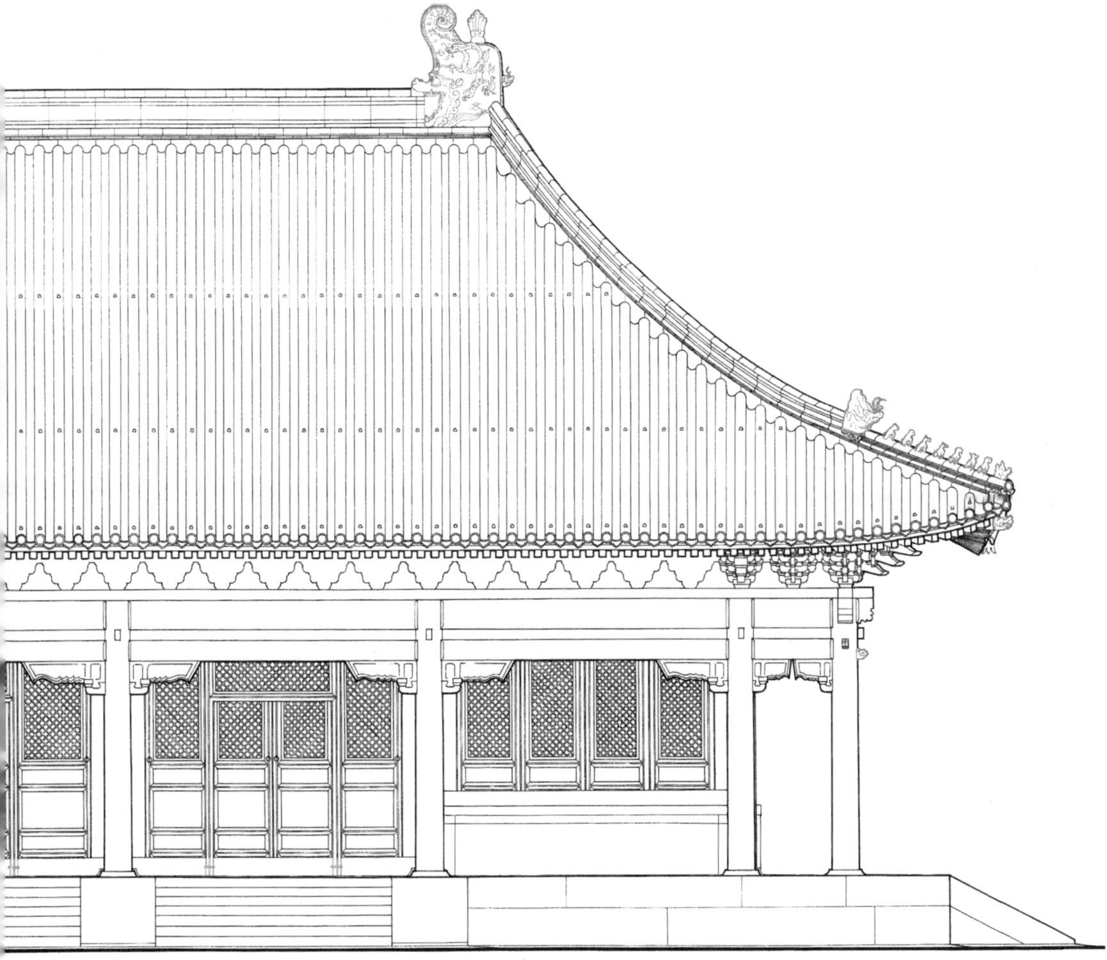

图2　清工部工程做法则例卷壹

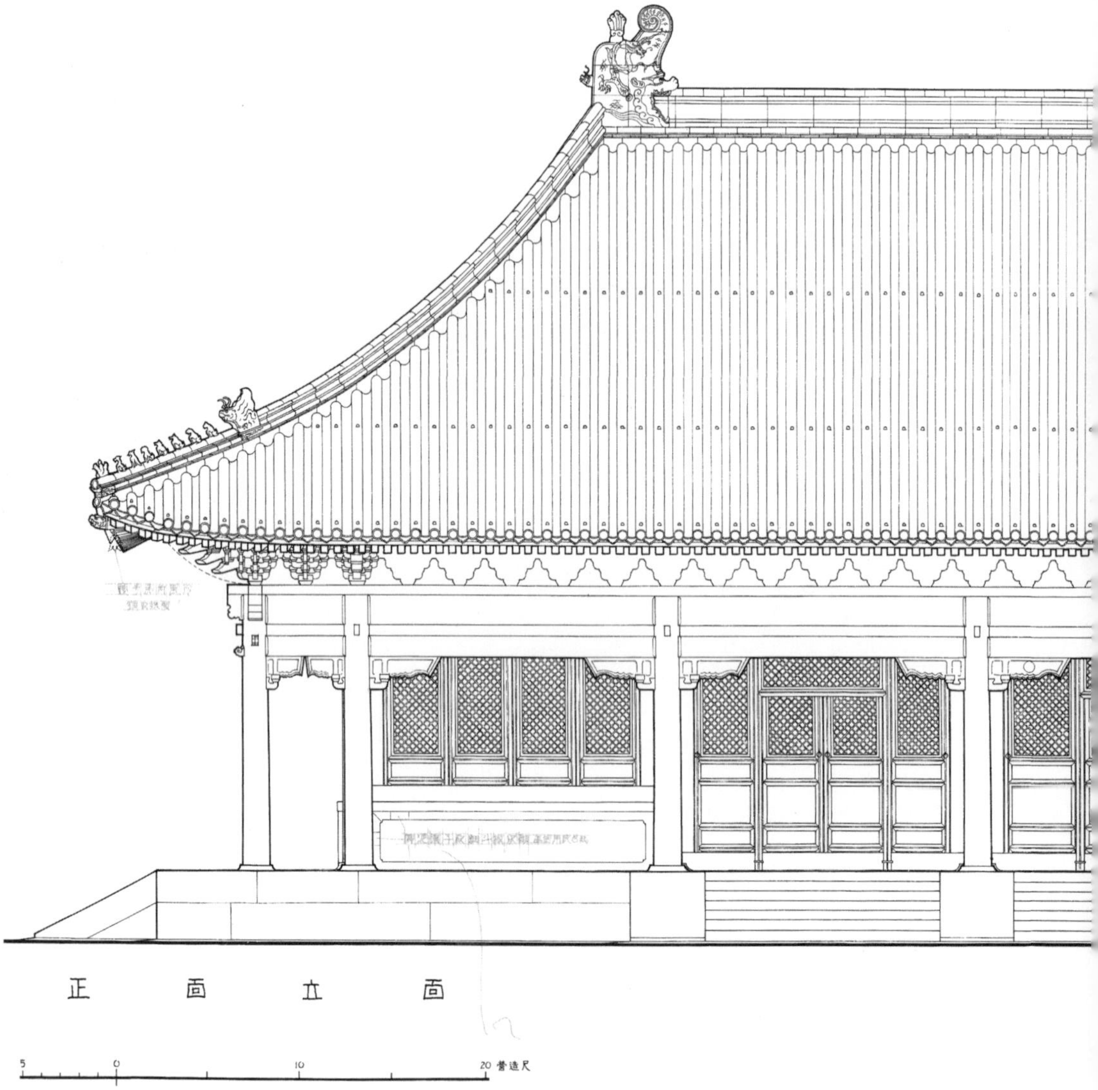

正面立面

玖檁單檐廡殿週圍廊單翹重昂斗栱斗口二寸五分

清工部工程做法則例卷一

图3　清工部工程做法则例卷壹

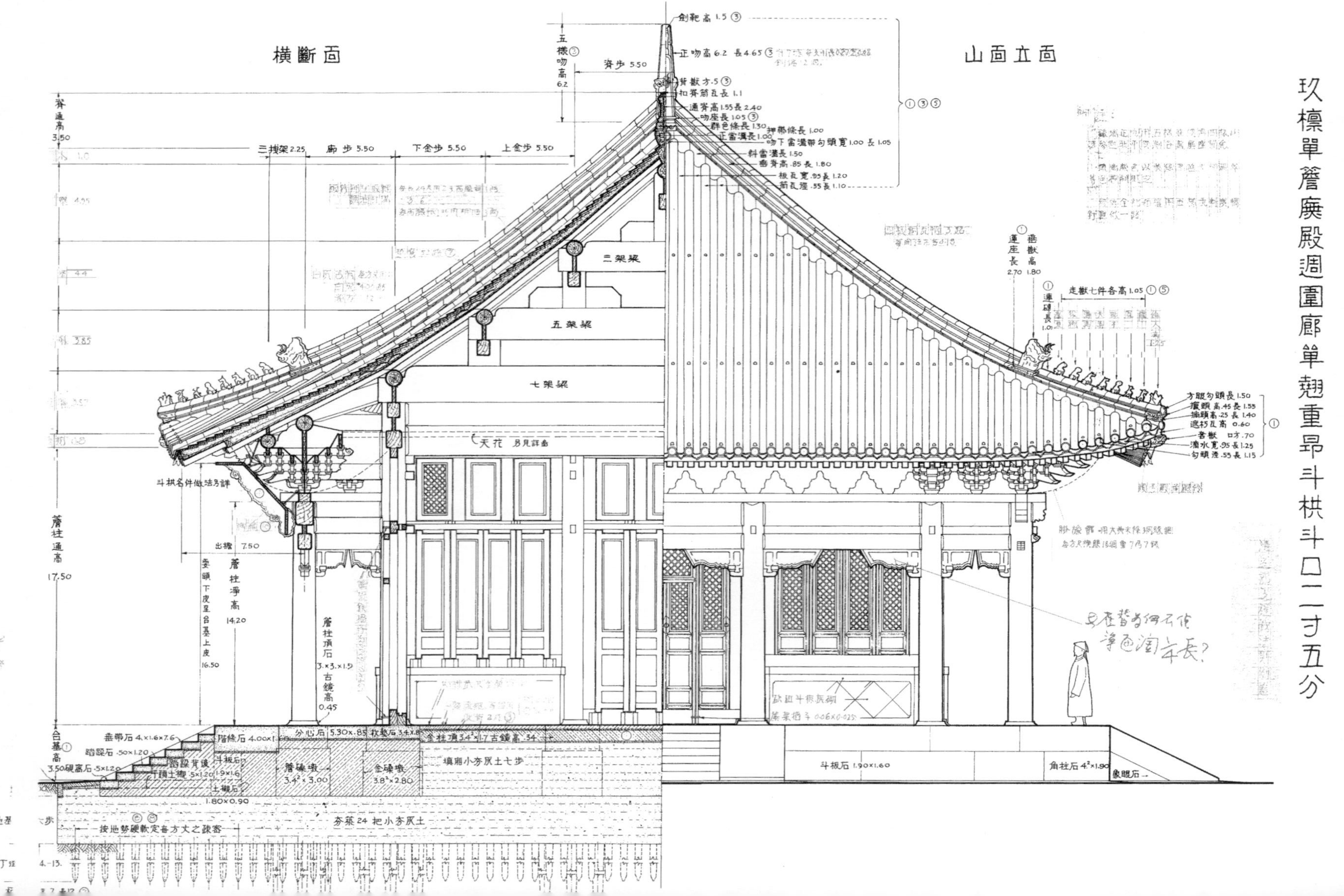

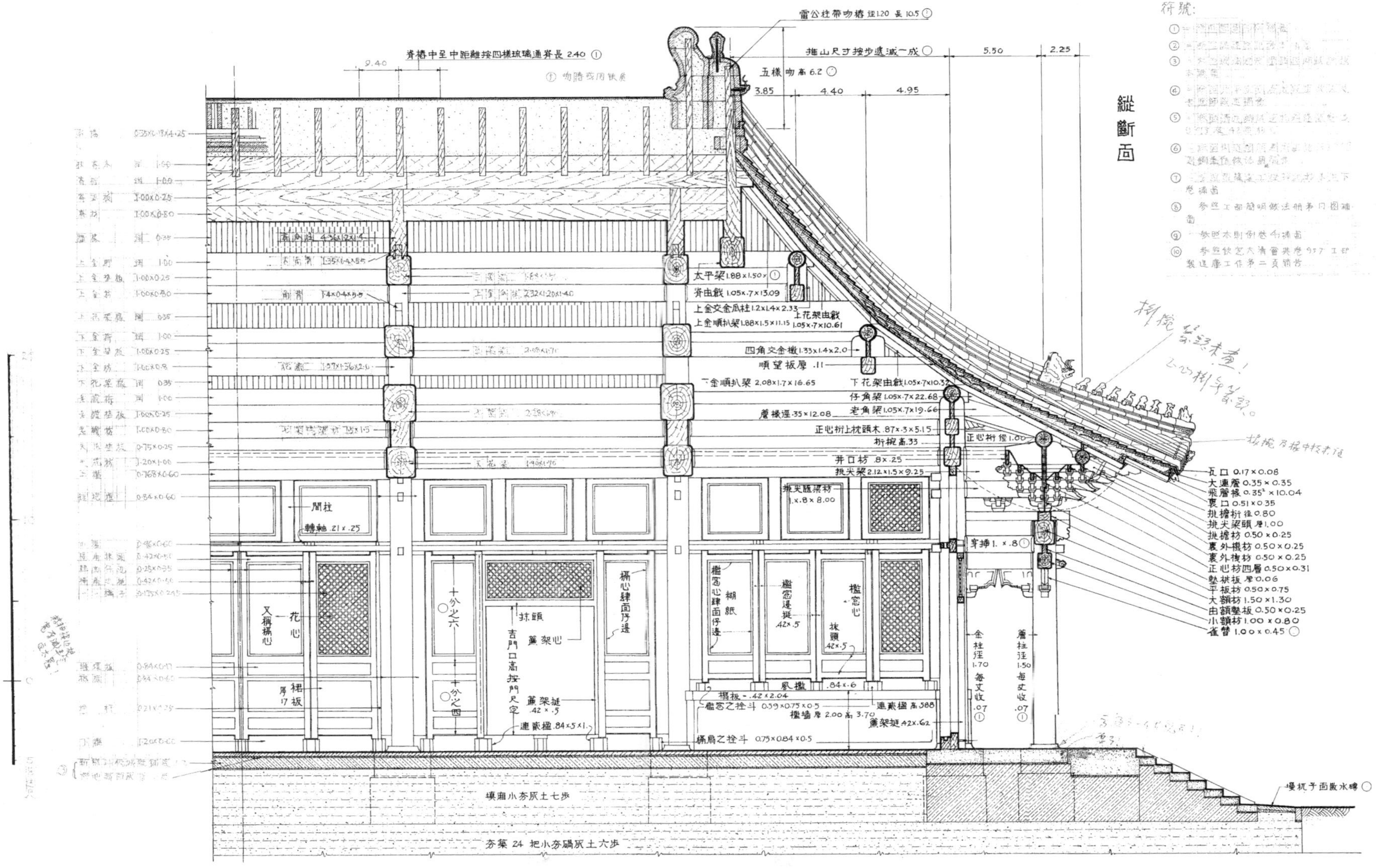
縱斷面
雷公柱帶吻樁 徑1.20 長10.5
脊樁中至中距離按四樣琉璃通脊長2.40
推山尺寸按步遞減一成
五樣吻高6.2
2.40
3.85
4.40
4.95
5.50
2.25
太平梁 1.88×1.50
脊由戧 1.05×.7×13.09
上金交金瓜柱 1.2×1.4×2.33
上花架由戧 1.05×.7×10.61
上金順扒梁 1.88×1.5×11.15
四角交金墩 1.33×1.4×2.0
望板厚 .11
下金順扒梁 2.08×1.7×16.65
下花架由戧 1.05×.7×10.32
仔角梁 1.05×.7×22.68
老角梁 1.05×.7×19.66
檐椽徑 .35×12.08
正心桁上枕頭木 .87×.3×5.15
桁椀高 .33
正心桁徑 1.00
井口枋 .8×.25
挑尖梁 2.12×1.5×9.25
挑尖隨梁枋 1.×.8×8.00
瓦口 0.17×0.08
大連簷 0.35×0.35
飛簷椽 0.35²×10.04
裏口 0.51×0.35
挑檐桁徑 0.80
挑尖梁頭 厚1.00
挑檐枋 0.50×0.25
裏外拽枋 0.50×0.25
裏外機枋 0.50×0.25
正心枋四層 0.50×0.31
墊栱板 厚0.06
平板枋 0.50×0.75
大額枋 1.50×1.30
由額墊板 0.50×0.25
小額枋 1.00×0.80
雀替 1.00×0.45
穿插 1.×.8
金柱徑 1.70 每丈收 .07
簷柱徑 1.50 每丈收 .07
間柱
轉軸 .21×.25
花心
又稱槅心
裙板 厚.17
十分之六
十分之四
抹頭
簾架心
吉門口高按門尺定
簾架挺 .42×.5
連楹 .84×.5×1.
槅心肆面仔邊
檻窗心肆面仔邊
糊紙
檻窗邊挺 .42×.5
檻窗心
抹頭 .42×.5
風檻 .84×.6
榻板 .42×2.04
檻窗之拴斗 0.59×0.75×0.5
連楹 高.588
檻牆 厚2.00 高3.70
簾架挺 .42×.62
槅扇之拴斗 0.75×0.84×0.5
填廂小夯灰土七步
夯築24把小夯碣灰土六步
攔水磚
符號:
參照工部簡明做法冊等以圖補畫
參照木則例等補畫

图4　清工部工程做法则例卷壹

玖檩单簷庑殿週圍廊单翘重昂斗栱斗口二寸五分

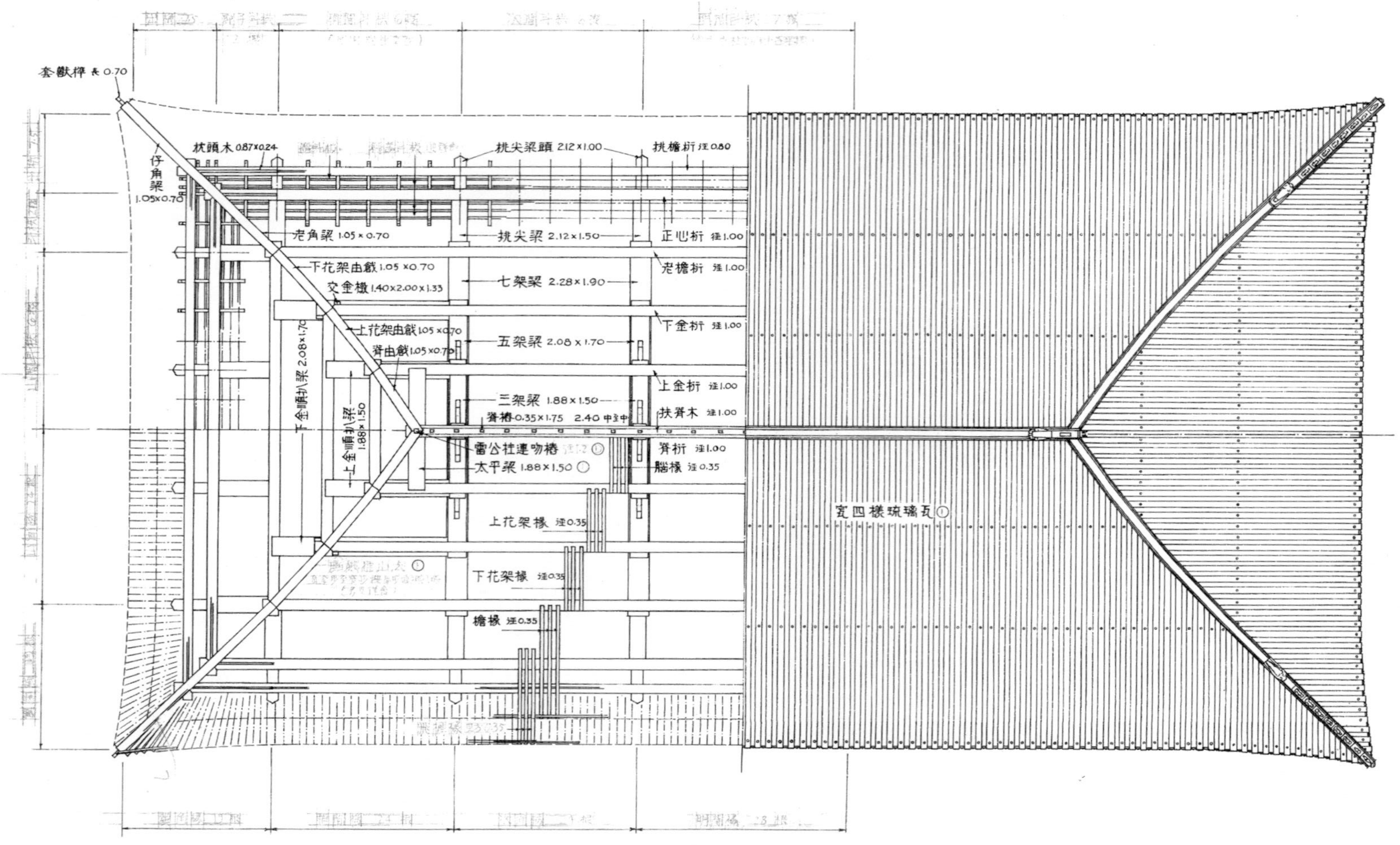

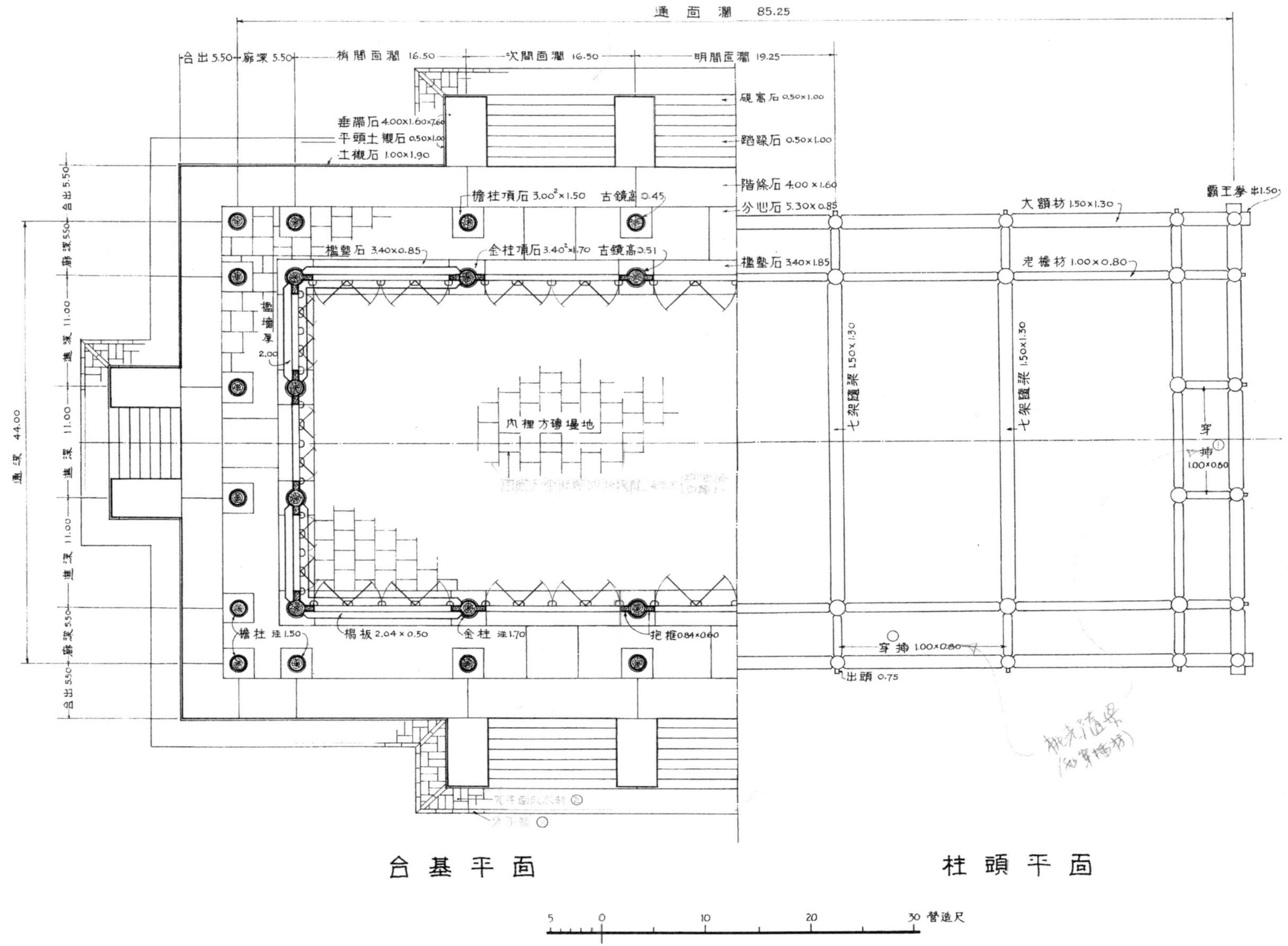
通面濶 85.25
台出 5.50
廊深 5.50
梢間面濶 16.50
次間面濶 16.50
明間面濶 19.25
硯窩石 0.50×1.00
垂帶石 4.00×1.60×7.60
平頭土襯石 0.50×1.00
踏跺石 0.50×1.00
土襯石 1.00×1.90
階條石 4.00×1.60
檐柱頂石 3.00^2×1.50
古鏡高 0.45
分心石 5.30×0.85
檻墊石 3.40×0.85
金柱頂石 3.40^2×1.70
古鏡高 0.51
檻墊石 3.40×1.85
檻牆厚 2.00
内裡方磚墁地
檐柱 徑 1.50
槅板 2.04×0.50
金柱 徑 1.70
抱框 0.84×0.60
進深 44.00
台出 5.50
廊深 5.50
進深 11.00
進深 11.00
進深 11.00
廊深 5.50
台出 5.50
大額枋 1.50×1.30
老檐枋 1.00×0.80
霸王拳 出 1.50
七架隨梁 1.50×1.30
七架隨梁 1.50×1.30
穿插 1.00×0.80
穿插 1.00×0.80
出頭 0.75
台基平面
柱頭平面
5
0
10
20
30 營造尺

图5　清工部工程做法则例卷贰

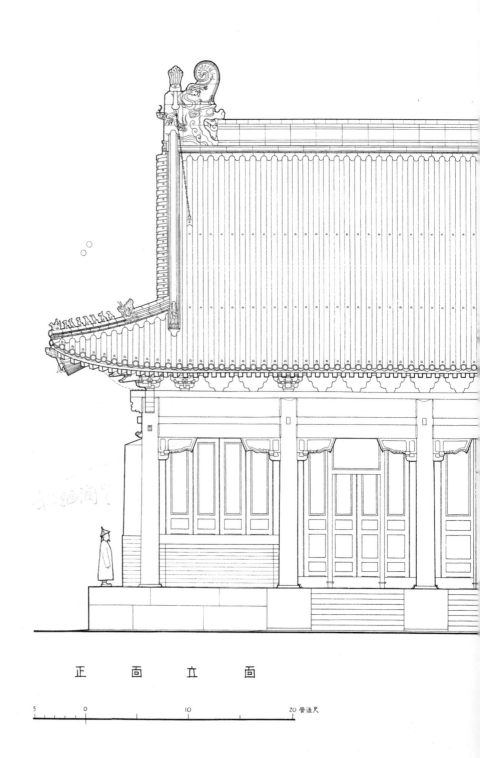

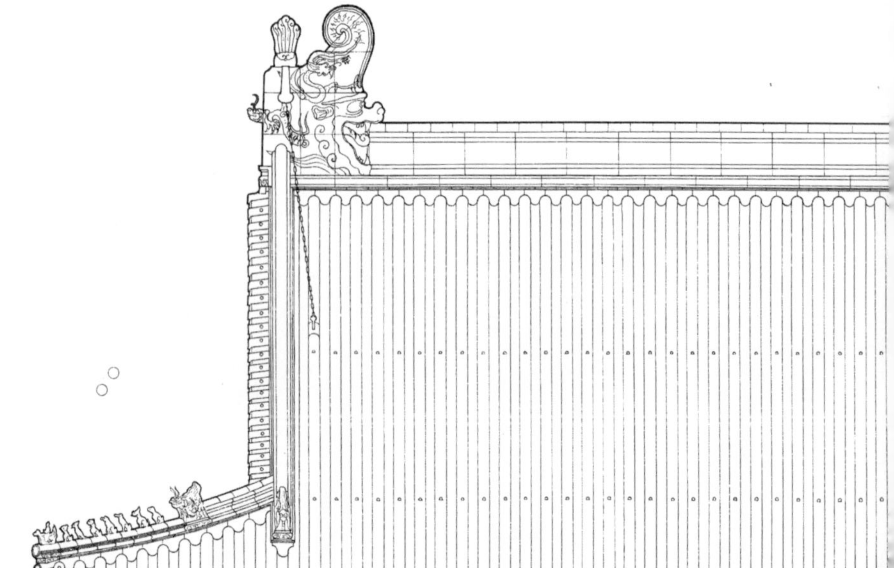

正　面　立　面

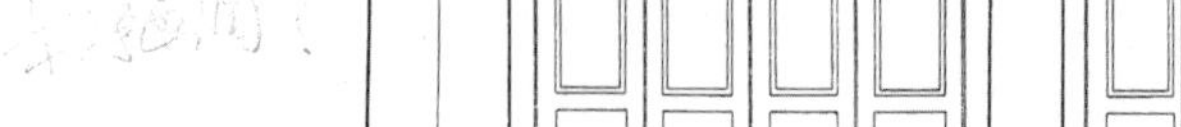

玖檁歇山轉角前後廊單翹單昂斗栱斗口三寸

清工部工程做法則例卷二

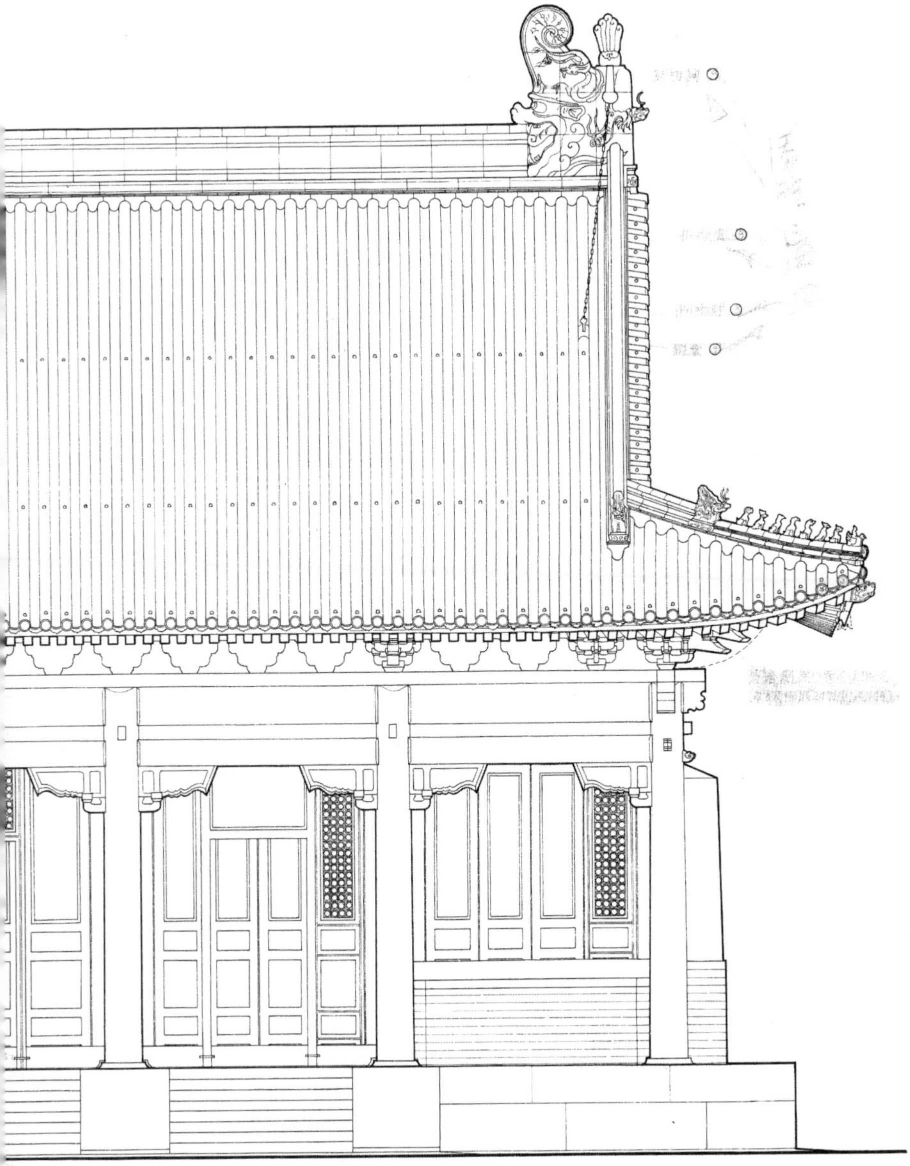

图6 清工部工程做法则例卷贰

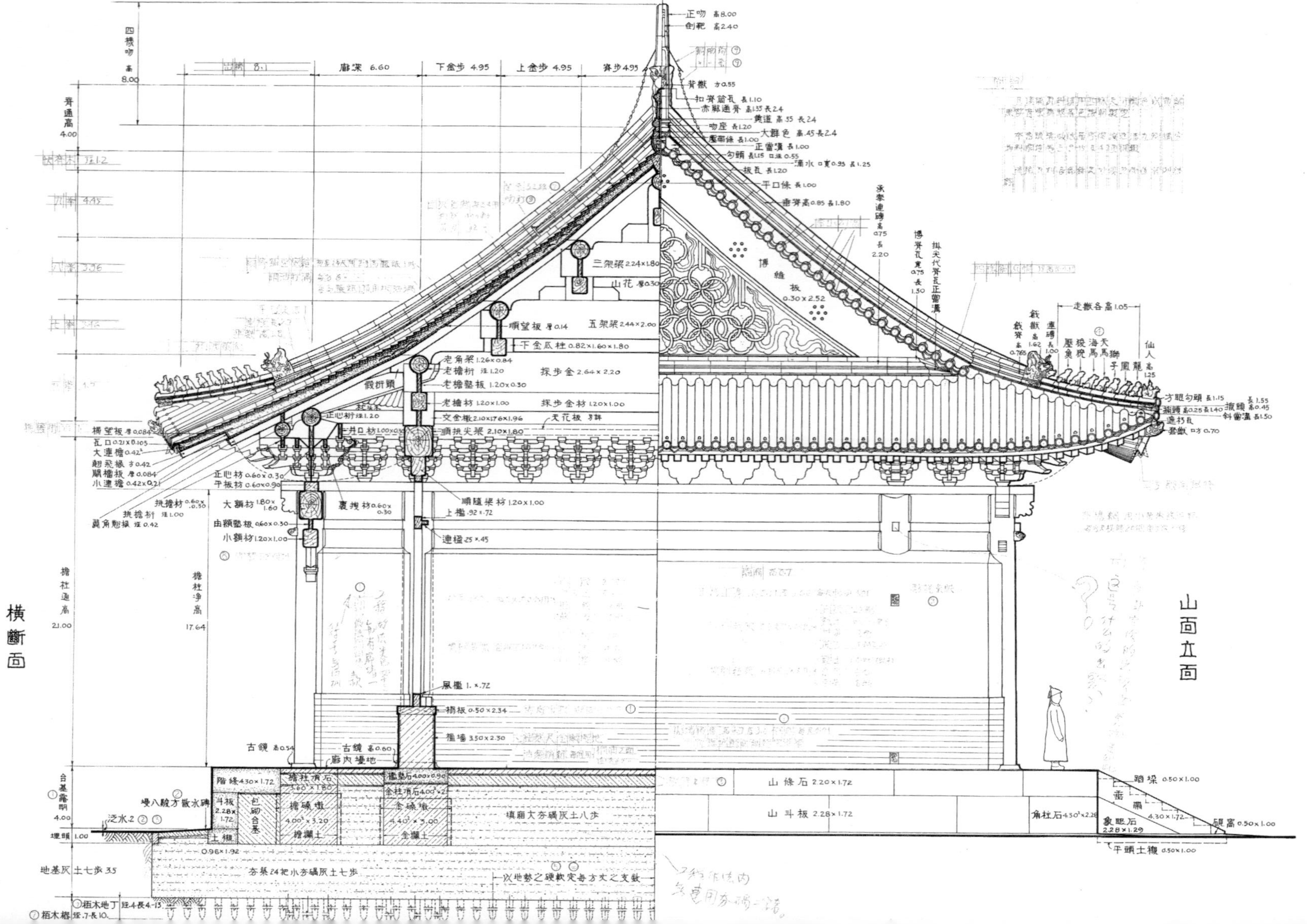

玖檩歇山轉角前後廊單翹單昂斗栱斗口二寸

清工部工程做法則例卷二

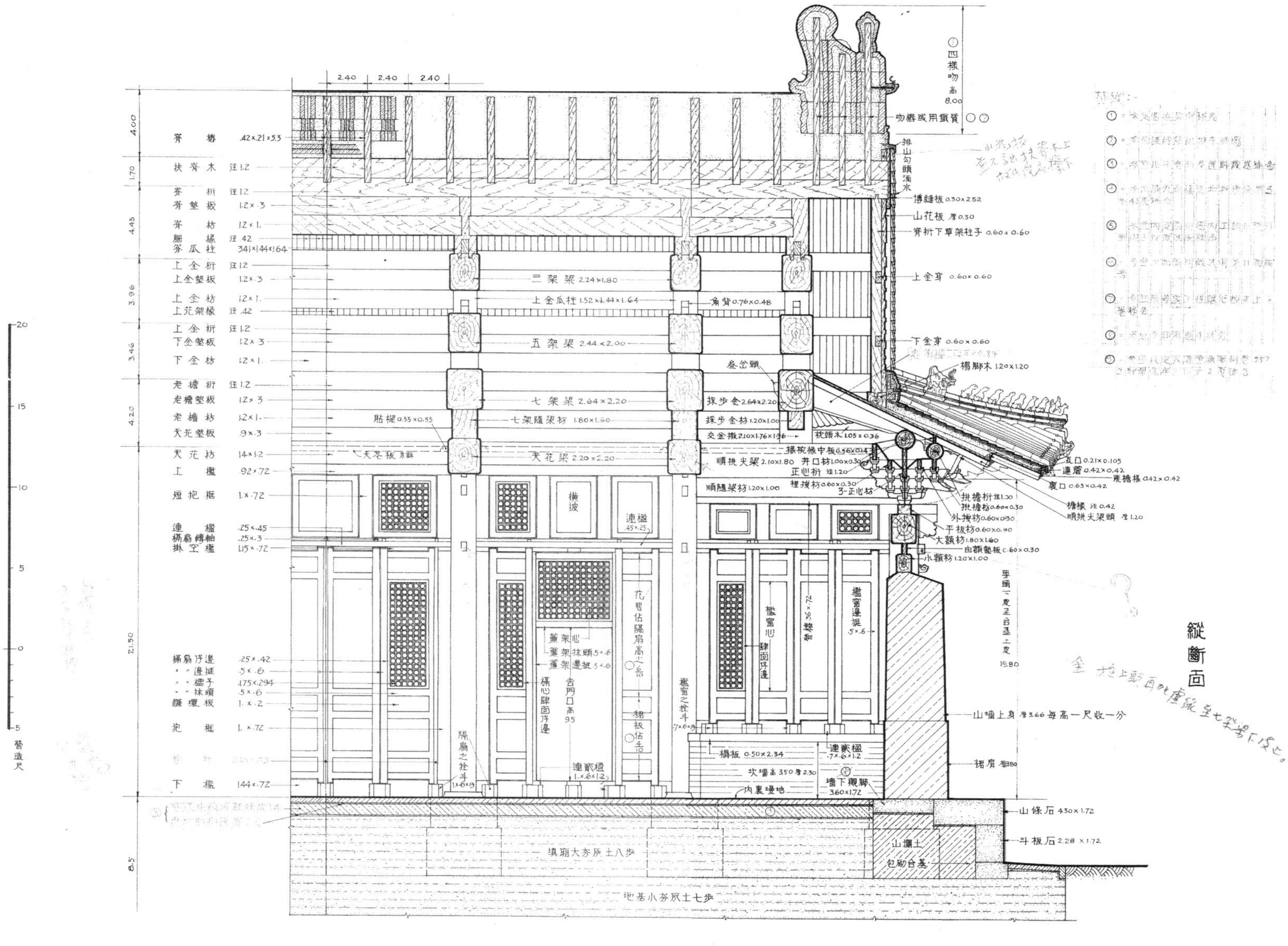

四椽吻 高8.00
吻樁或用鐵質
排山勾頭滴水
博縫板 0.30×2.52
山花板 厚0.30
脊桁下草架柱子 0.60×0.60
上金穿 0.60×0.60
下金穿 0.60×0.60
楊腳木 1.20×1.20
卷峹頭
二架梁 2.24×1.80
上金瓜柱 1.52×1.44×1.64
角背 0.76×0.48
五架梁 2.44×2.00
七架梁 2.64×2.20
七架隨梁枋 1.80×1.50
採步金 2.64×2.20
採步金枋 1.20×1.00
交金墩 2.10×1.76×1.96
枕頭木 1.05×0.36
貼梁 0.55×0.55
天花梁 2.20×2.20
順扶柁梁 2.10×1.80
井口枋 1.00×0.30
正心桁 徑1.20
順隨梁枋 1.20×1.00
瓦口 0.21×0.105
連簷 0.42×0.42
裏口 0.63×0.42
飛檐椽 0.42×0.42
檐椽 徑0.42
順扶大梁頭 厚1.20
挑檐桁 徑1.20
挑檐枋 0.60×0.30
外拽枋 0.60×0.30
平板枋 0.60×0.90
大額枋 1.80×1.60
由額墊板 0.60×0.30
小額枋 1.20×1.00
橫披
連楹 45×25
花心佔隔扇高
簾架心
簾架抹頭 .5×.6
簾架邊挺 .5×.6
槅心肆面孖邊
吉門口 高9.5
隔扇之拴斗
連楹 1.×.6×1.2
裙板佔
檻窗之拴斗
檻窗心
肆面孖邊
檻窗邊挺 .5×.6
塌板 0.50×2.34
坎墻高 3.50 厚2.30
連楹 .7×.6×1.2
墻下襯腳 3.60×1.72
內裏墁地
山墻上身 厚3.66 每高一尺收一分
裙肩 厚3.80
山條石 4.30×1.72
斗板石 2.28×1.72
山攔土
包砌台基
填廂大夯灰土八步
地基小夯灰土七步
脊樁 .42×.21×5.3
扶脊木 徑1.2
脊桁 徑1.2
脊墊板 1.2×.3
脊枋 1.2×1.
腦椽 徑.42
脊瓜柱 3.4×1.44×1.64
上金桁 徑1.2
上金墊板 1.2×.3
上金枋 1.2×1.
上花架椽 徑.42
上金桁 徑1.2
下金墊板 1.2×.3
下金枋 1.2×1.
老檐桁 徑1.2
老檐墊板 1.2×.3
老檐枋 1.2×1.
天花墊板 .9×.3
天花枋 1.4×1.2
上檻 .92×.72
短抱框 1.×.72
連楹 .25×.45
槅扇轉軸 .25×.3
掛空檻 1.15×.72
槅扇孖邊 .25×.42
〃〃邊挺 .5×.6
〃〃櫺子 .175×.294
〃〃抹頭 .5×.6
縧環板 1.×.2
抱框 1.×.72
下檻 1.44×.72
4.00
1.70
4.45
3.96
3.46
4.20
21.50
8.5
2.40
2.40
2.40
20
15
10
5
0
5
營造尺

縱斷面

图7　清工部工程做法则例卷贰

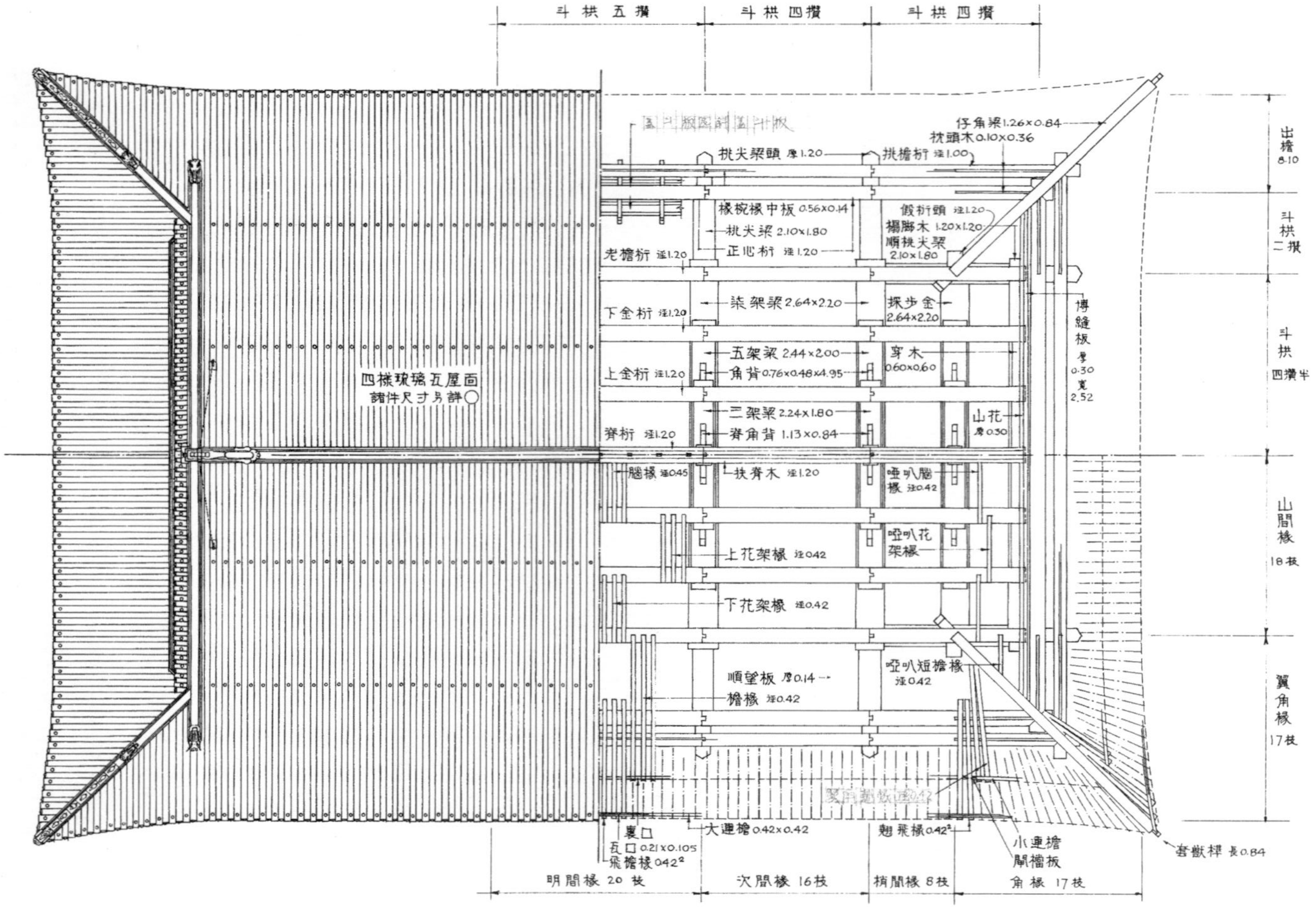

屋頂平面　　步架平面

玖檩歇山轉角前後廊單翹單昂斗拱斗口二寸

清工部工程做法則例卷二

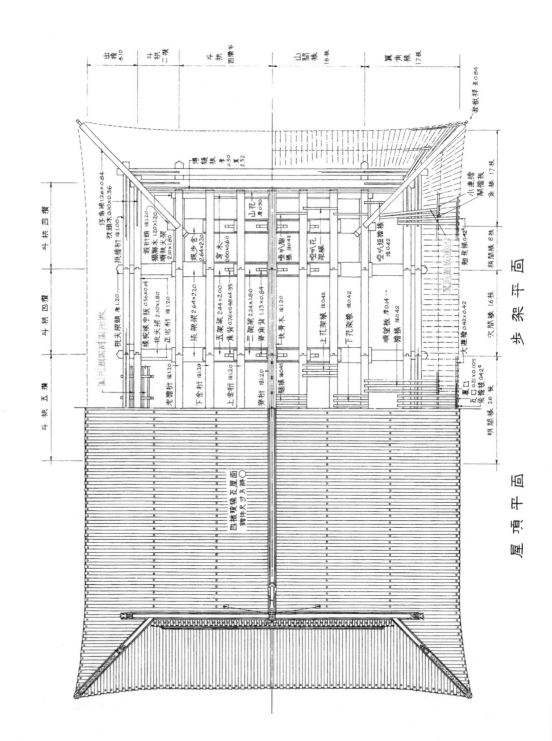

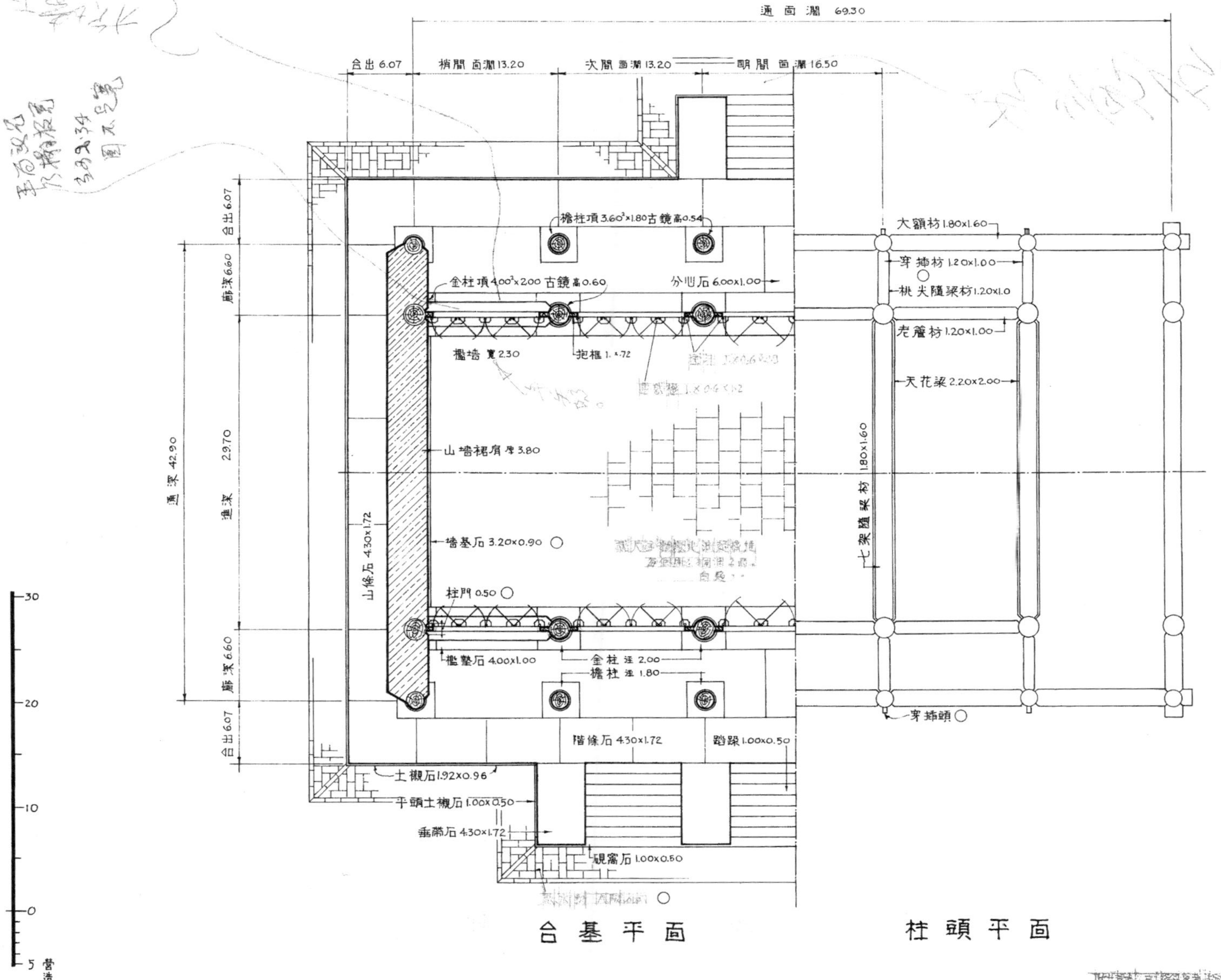
通面濶 69.30
台出 6.07
梢間 面濶 13.20
次間 面濶 13.20
明間 面濶 16.50
檐柱頂 3.60²×1.80 古鏡高 0.54
金柱頂 4.00²×2.00 古鏡高 0.60
分心石 6.00×1.00
檻墻 寬 2.30
抱框 1.×.72
山墻裙肩 厚 3.80
墻基石 3.20×0.90
柱門 0.50
檻墊石 4.00×1.00
金柱 徑 2.00
檐柱 徑 1.80
階條石 4.30×1.72
踏跺 1.00×0.50
土襯石 1.92×0.96
平頭土襯石 1.00×0.50
垂帶石 4.30×1.72
硯窩石 1.00×0.50
山條石 4.30×1.72
通深 42.90
進深 29.70
廊深 6.60
大額枋 1.80×1.60
穿插枋 1.20×1.00
桃尖隨梁枋 1.20×1.0
老檐枋 1.20×1.00
天花梁 2.20×2.00
七架隨梁枋 1.80×1.60
穿插頭
台基平面
柱頭平面
30
20
10
0
5
營造尺

图 8　清工部工程做法则例卷叁

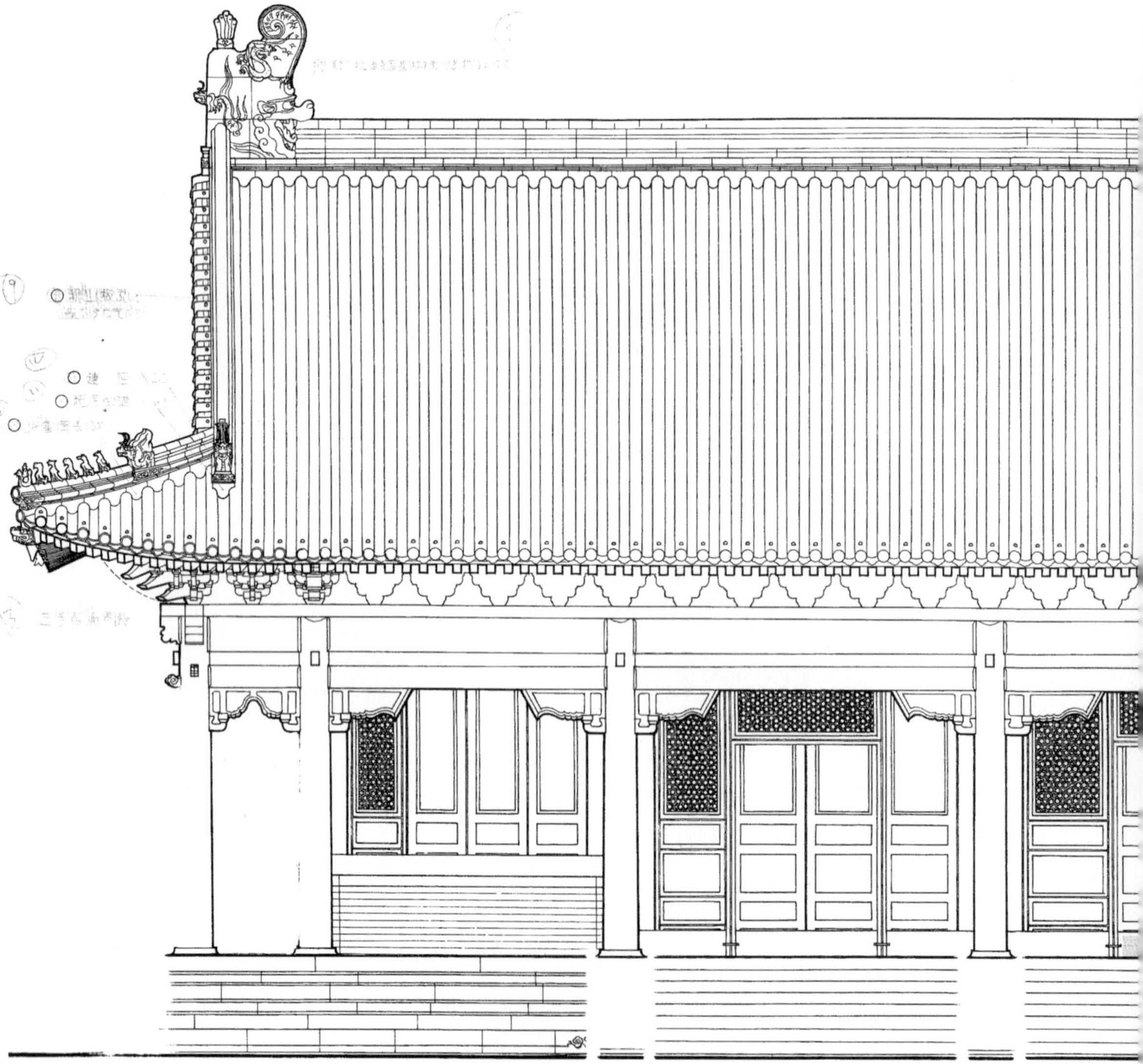

正　面　立　面

柒檩歇山轉角週圍廊重昂斗栱斗口二寸五分

清工部工程做法則例卷三

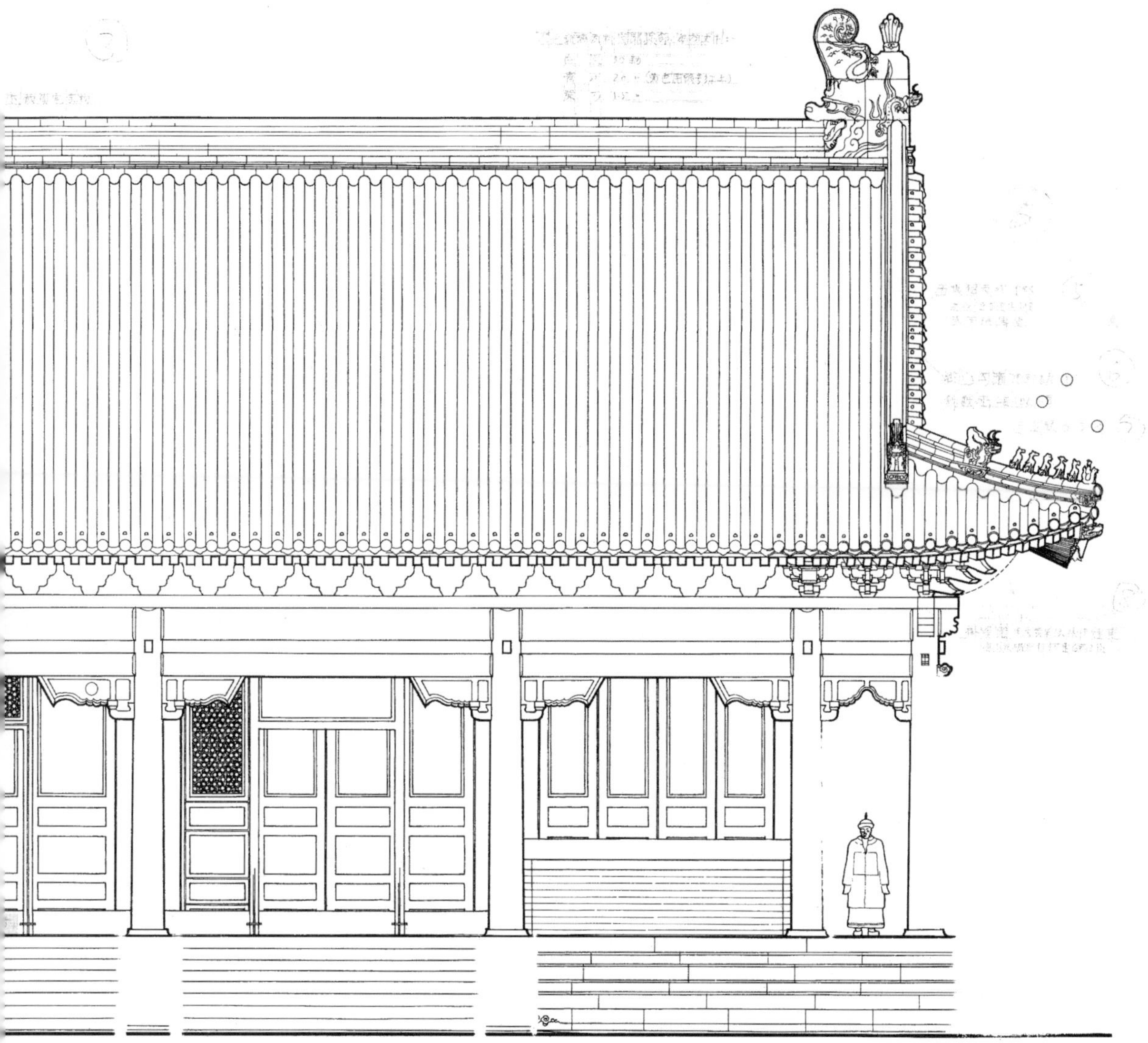

图9 清工部工程做法则例卷叁

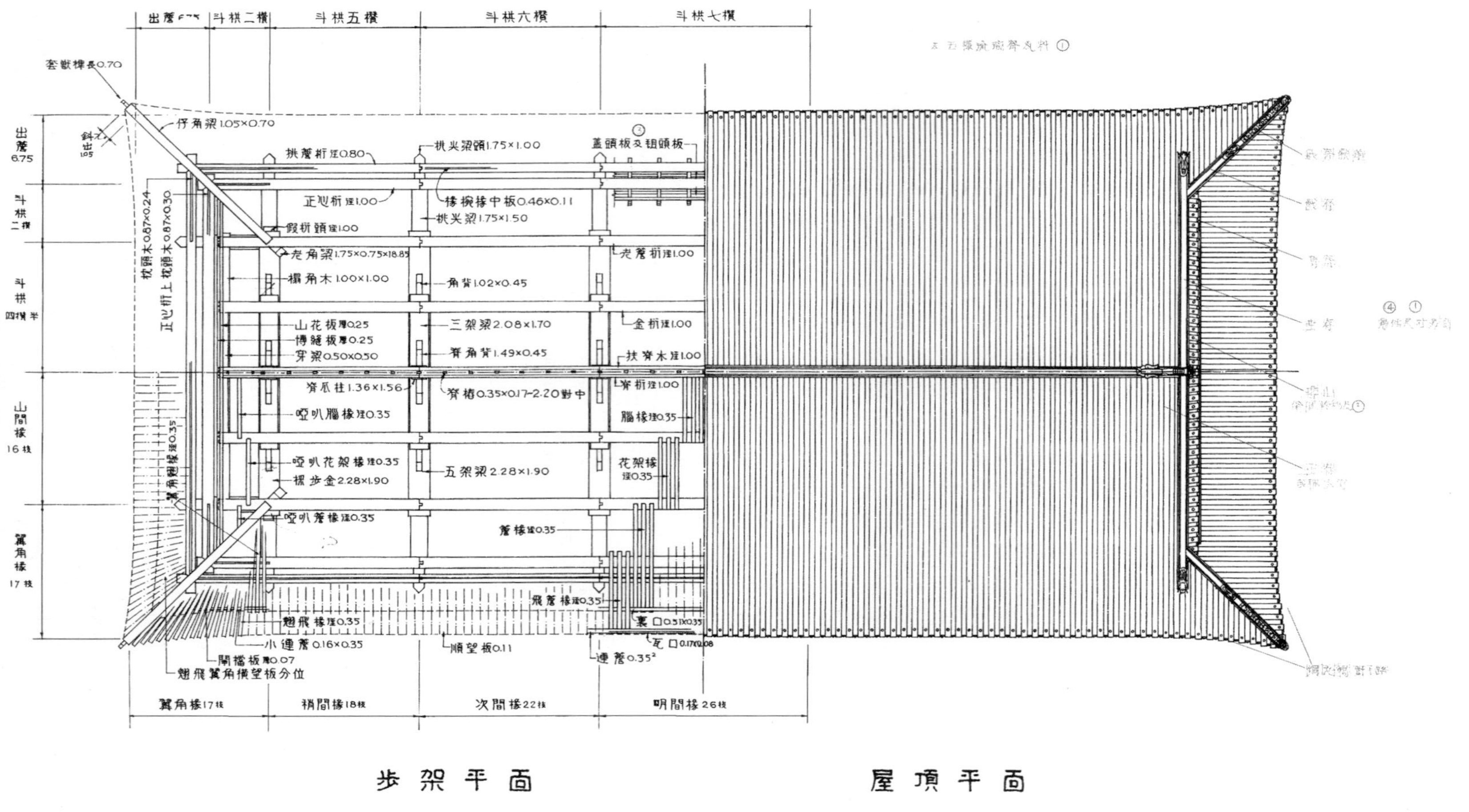

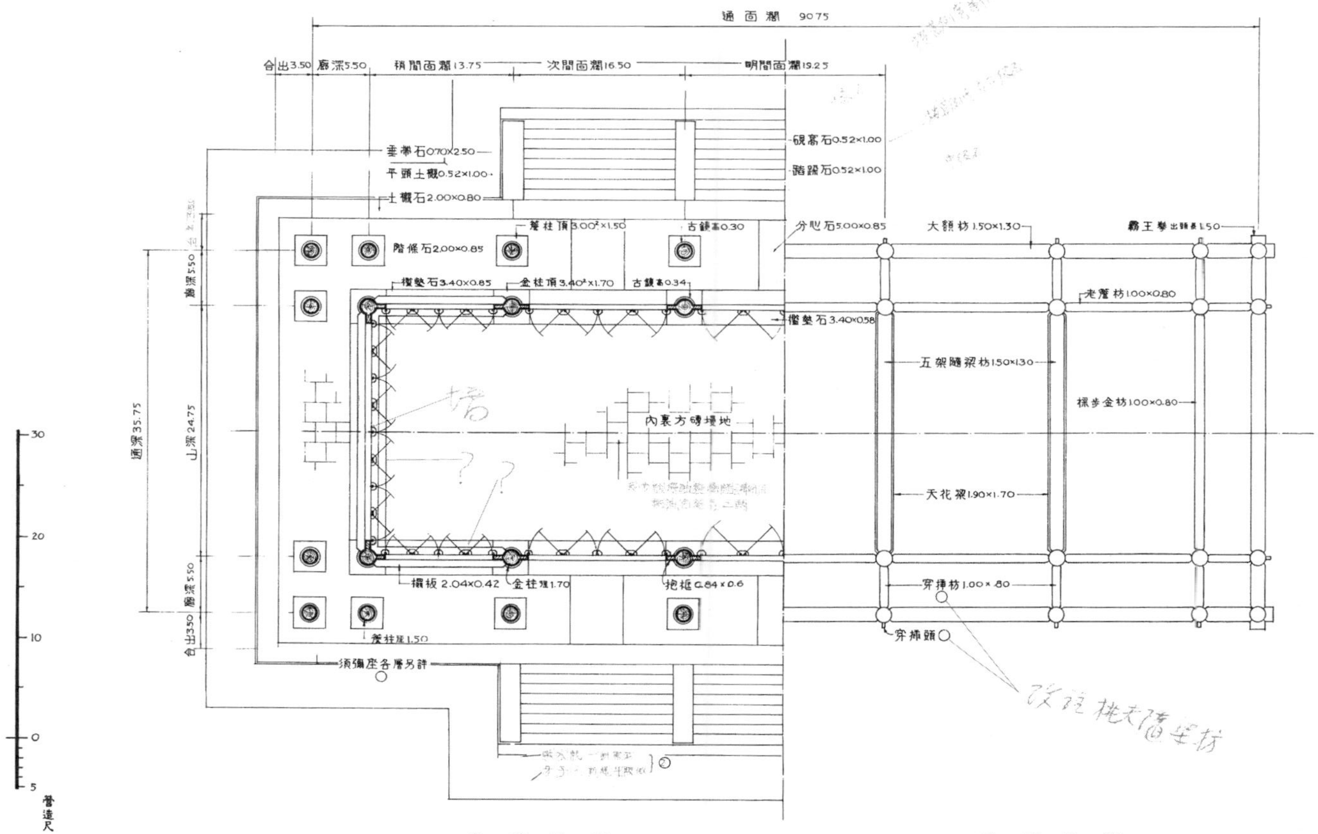
通面闊 9075
台出3.50
廊深5.50
稍間面闊13.75
次間面闊16.50
明間面闊19.25
垂帶石0.70×2.50
平頭土襯0.52×1.00
土襯石2.00×0.80
硯窩石0.52×1.00
踏跺石0.52×1.00
分心石5.00×0.85
簷柱頂3.00²×1.50
古鏡高0.30
階條石2.00×0.85
欄墊石3.40×0.85
金柱頂3.40²×1.70
古鏡高0.34
欄墊石3.40×0.58
內裏方磚墁地
通深35.75
山深24.75
廊深5.50
台出3.50
檻板2.04×0.42
金柱徑1.70
抱框0.84×0.6
簷柱徑1.50
須彌座各層另計
大額枋1.50×1.30
霸王拳出頭長1.50
老簷枋1.00×0.80
五架隨梁枋1.50×1.30
挑步金枋1.00×0.80
天花梁1.90×1.70
穿插枋1.00×.80
穿插頭
營造尺
30
20
10
0
5

台基平面

柱頭平面

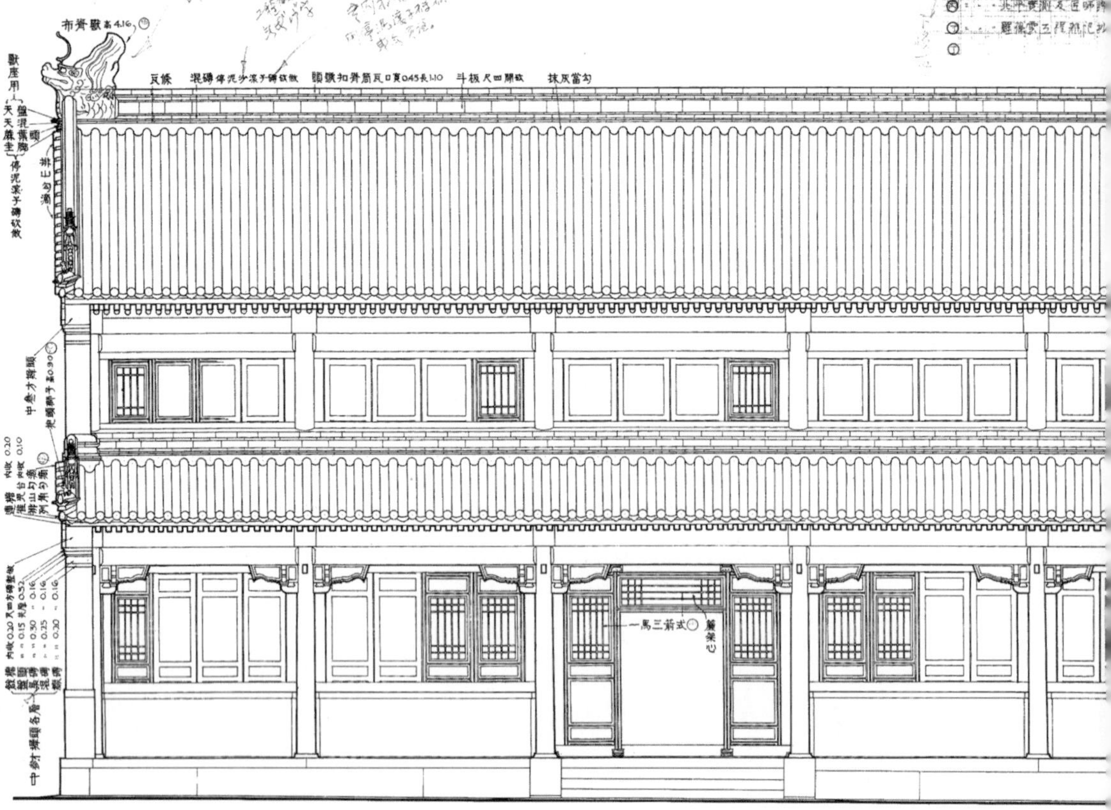

图 10　清工部工程做法则例卷肆

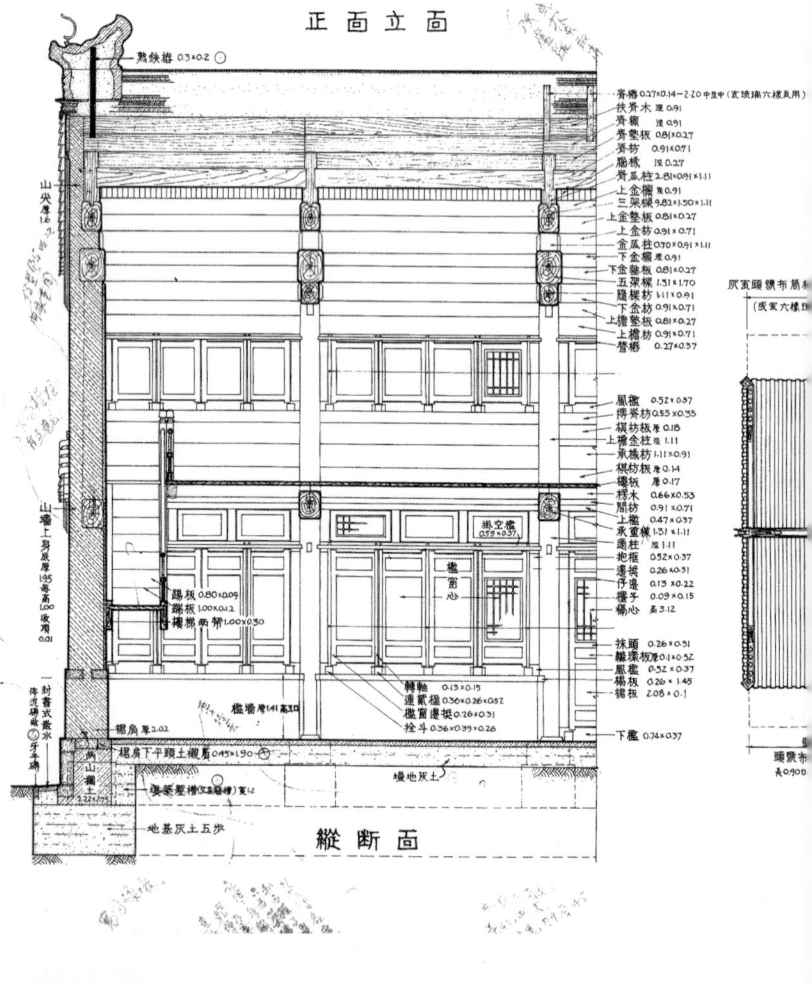

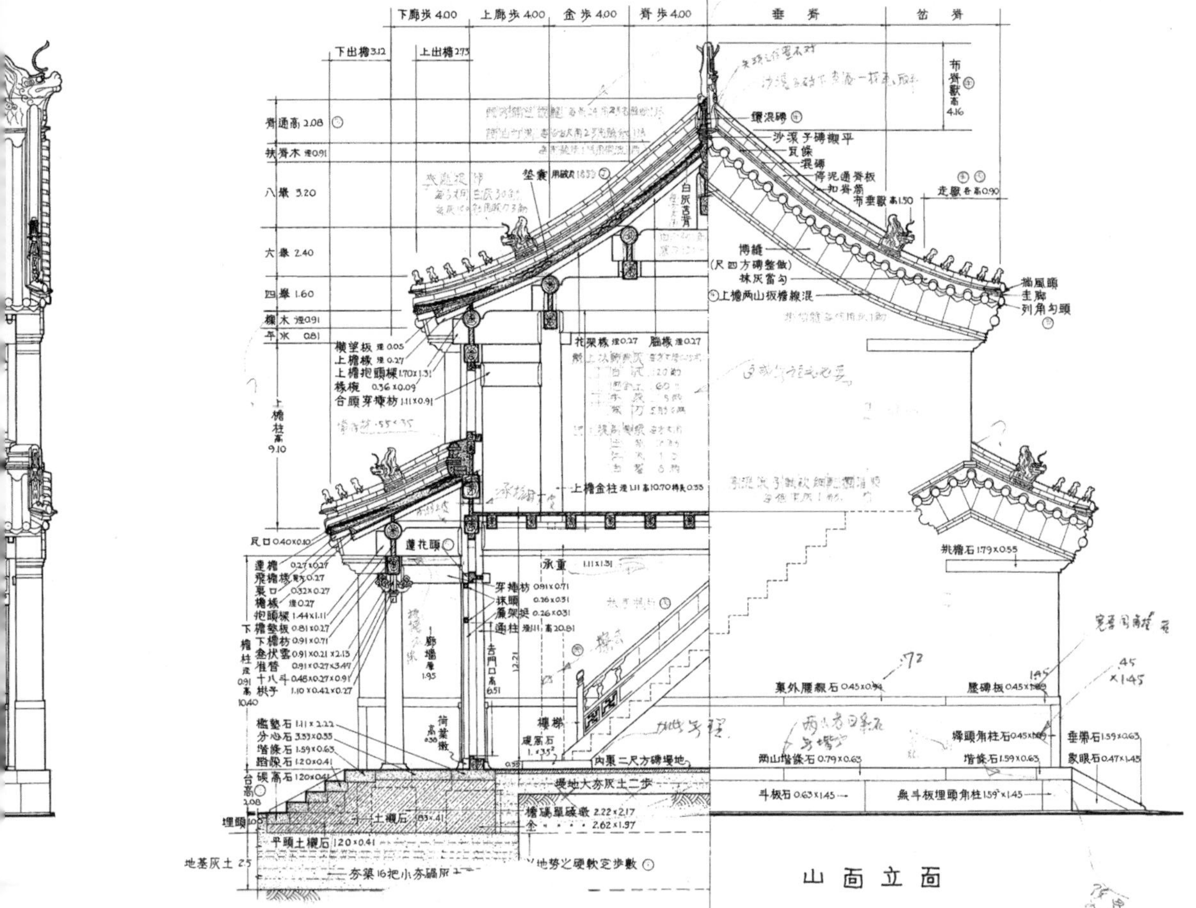

山面立面

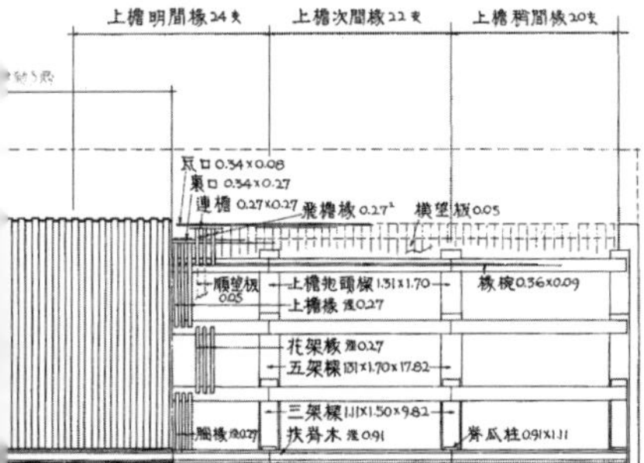

頂平面　　步架平面

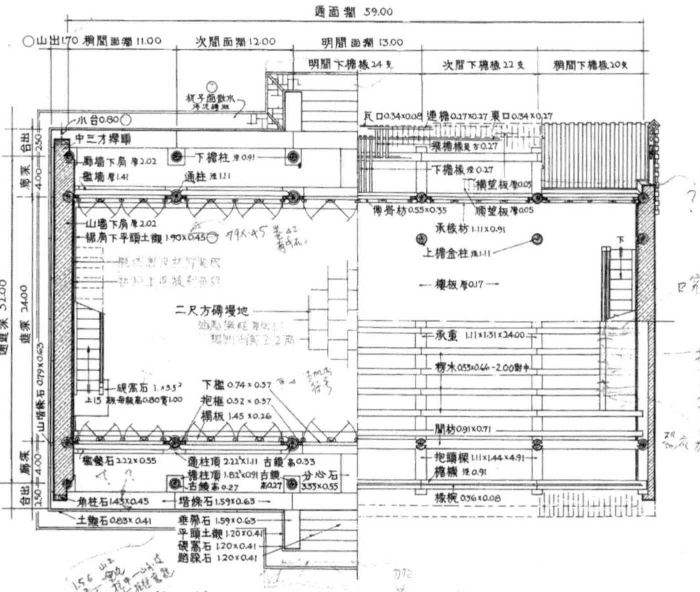

台基平面　　樓上平面

平面比例尺

断面立面比例尺

图 11 清工部工程做法则例卷伍

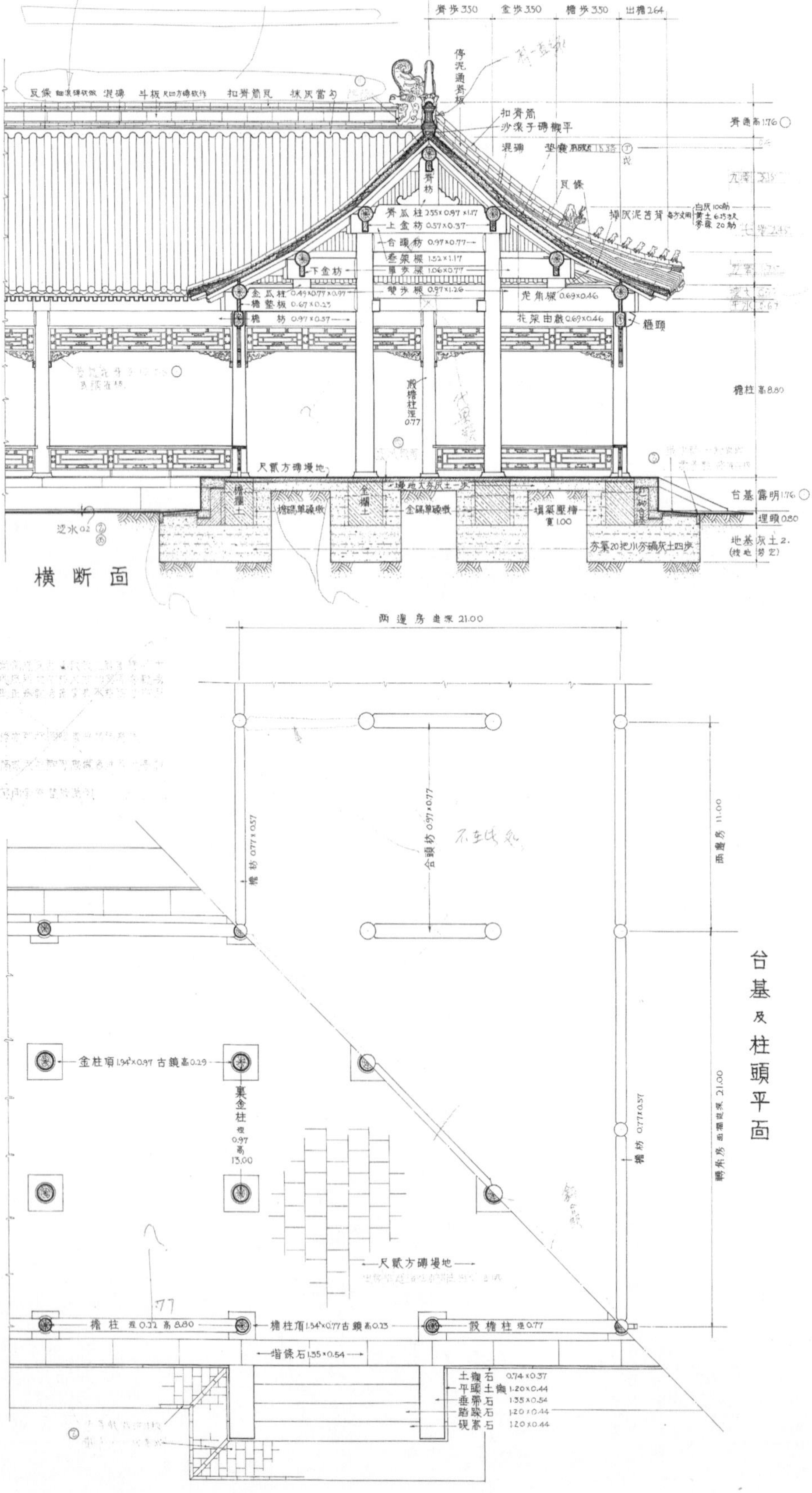

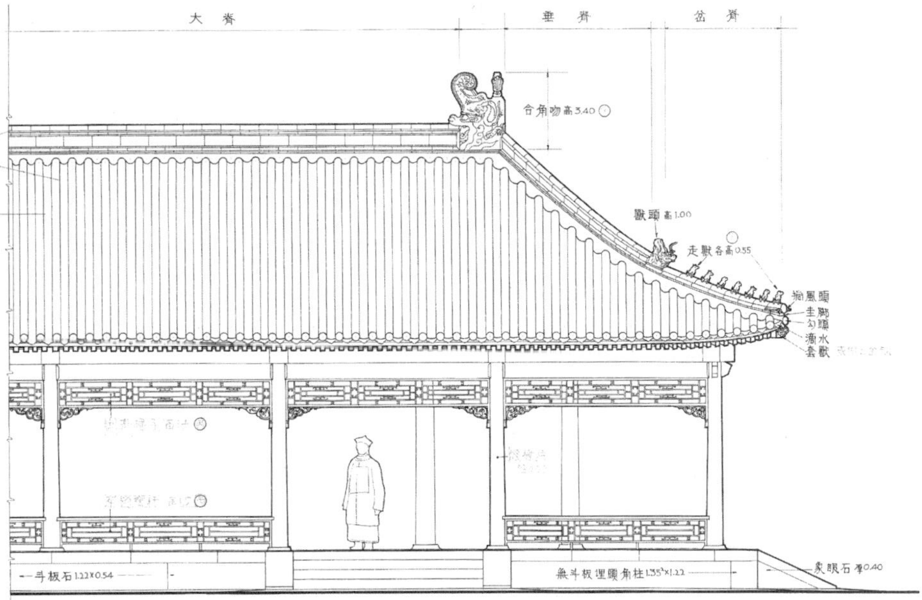

前面立面

步架及屋頂平面

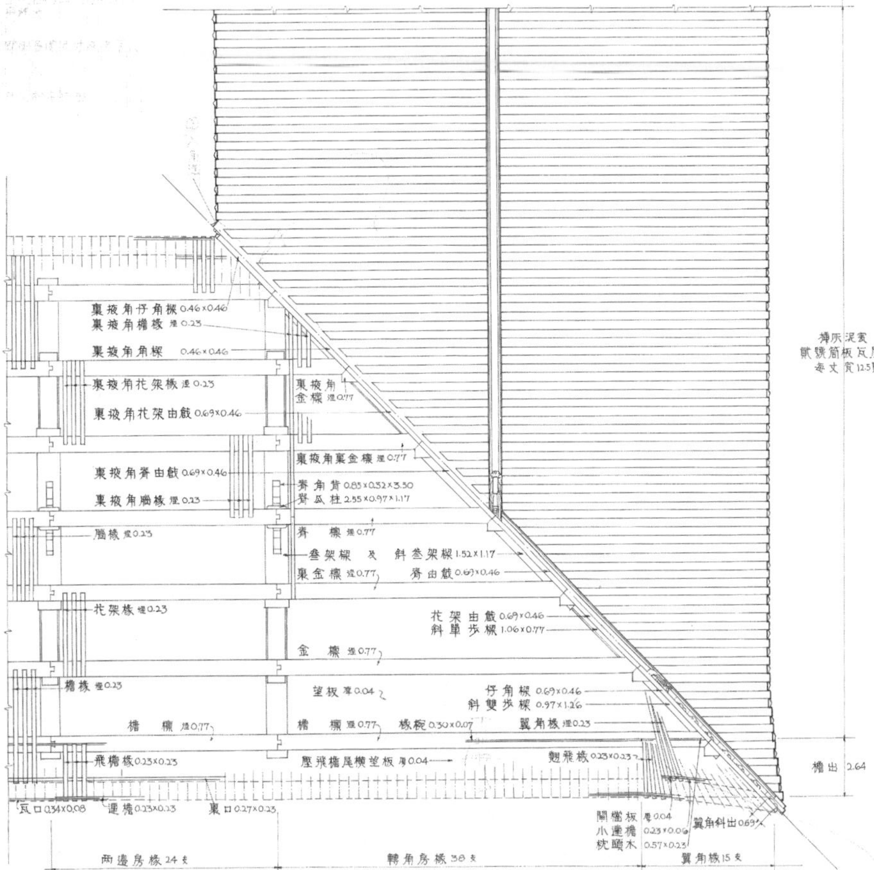

图12　清工部工程做法则例卷陆

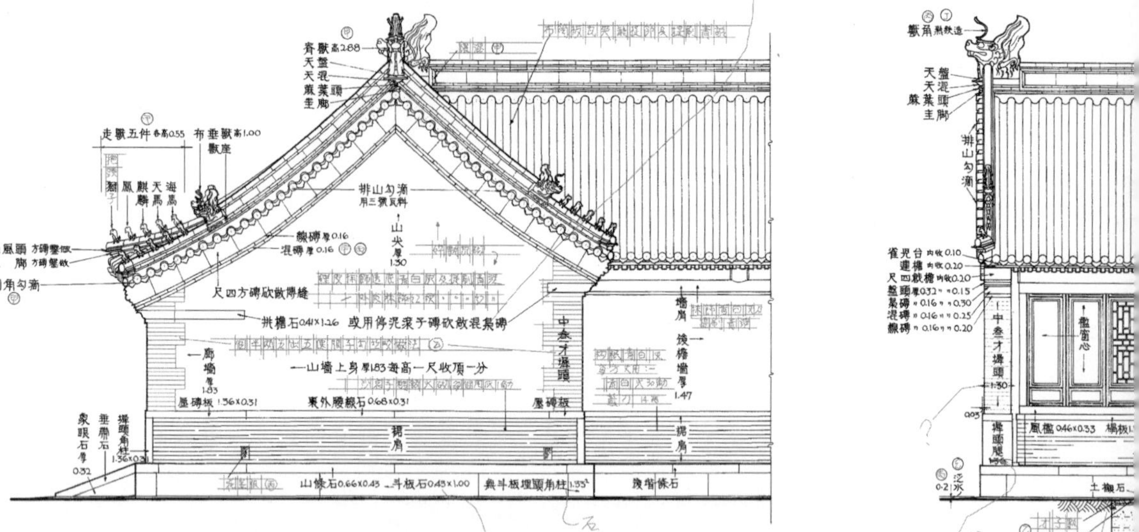

山後立面

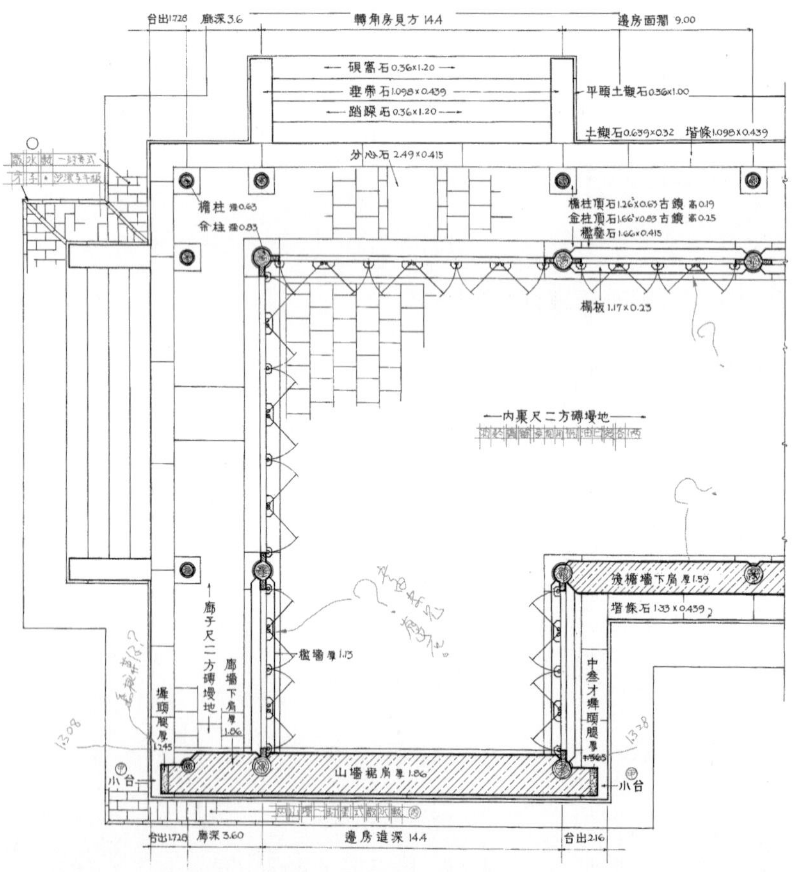

台基平面

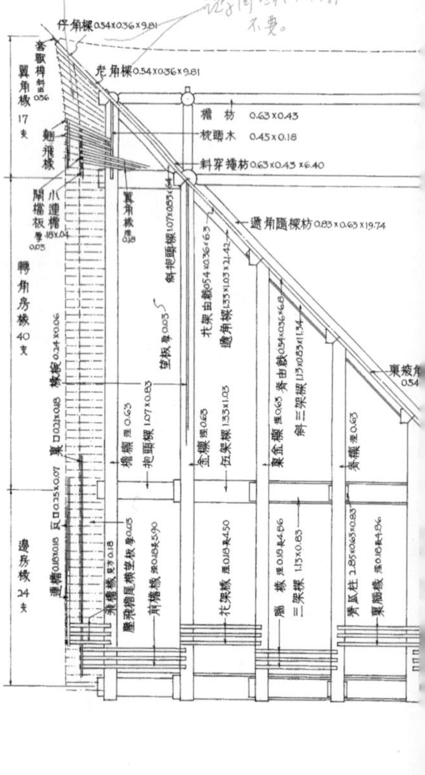

柱頂及步架平面

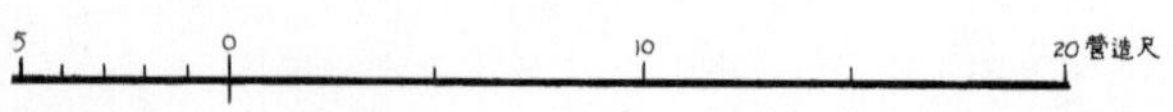

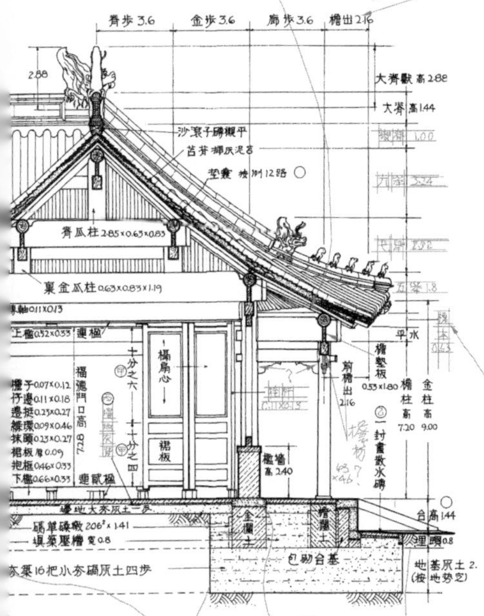

横断面

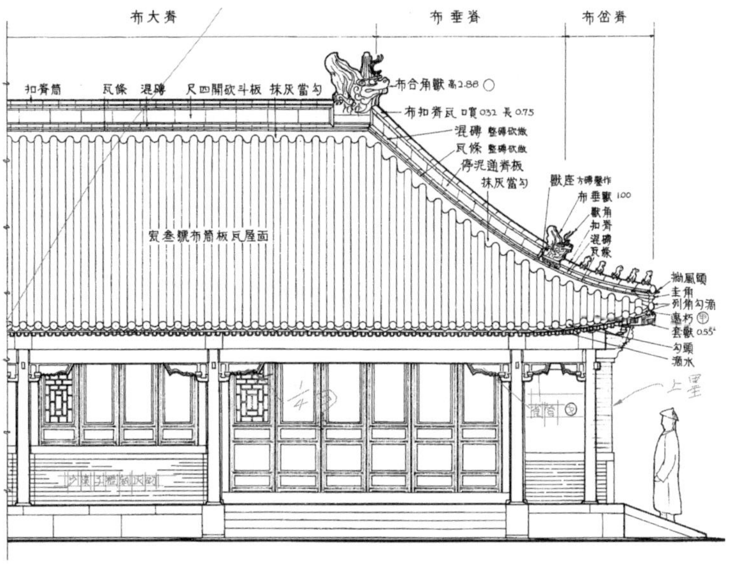

前面立面

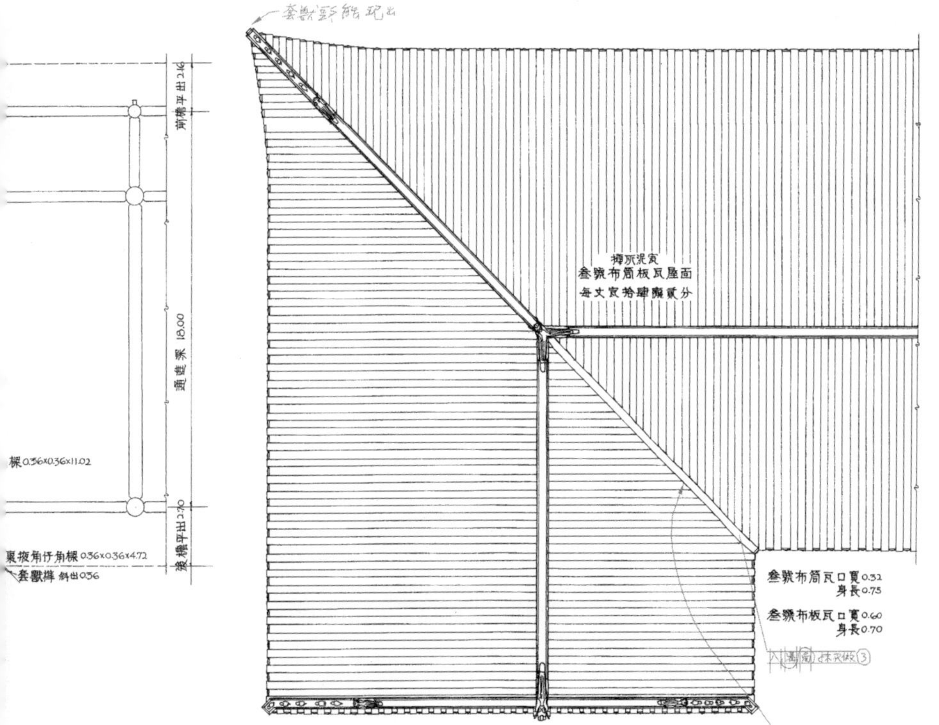

屋顶平面

符號

附註:

图13　清工部工程做法则例卷柒

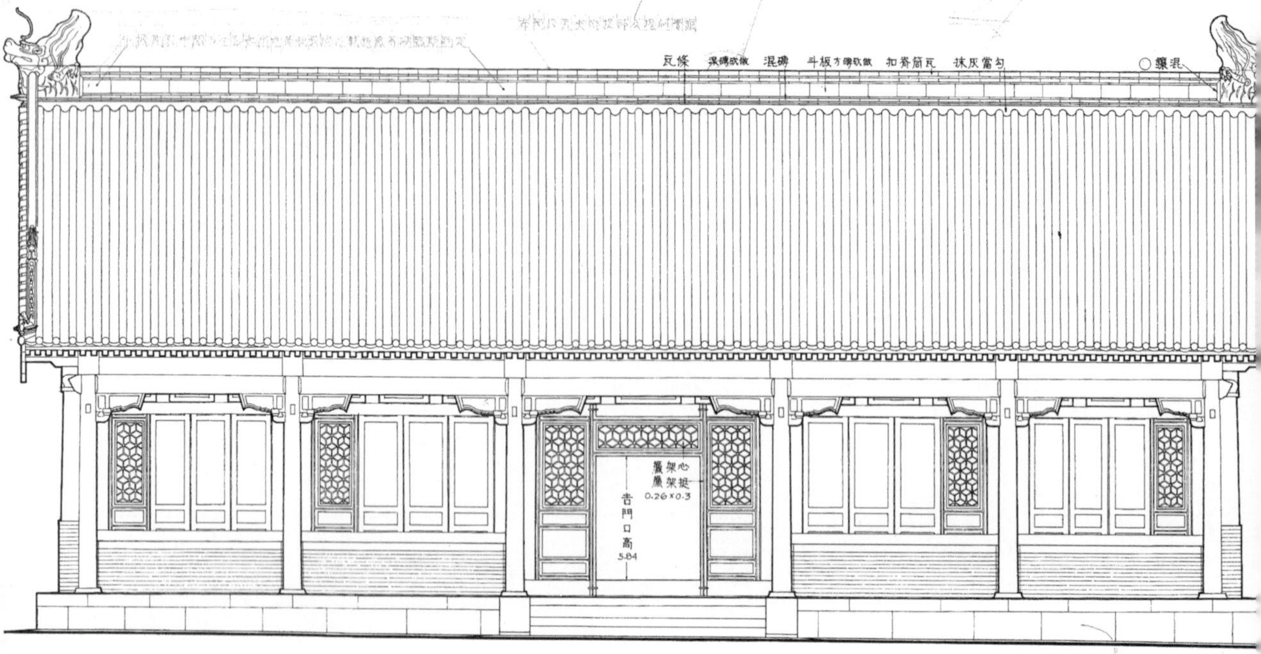

正面立面

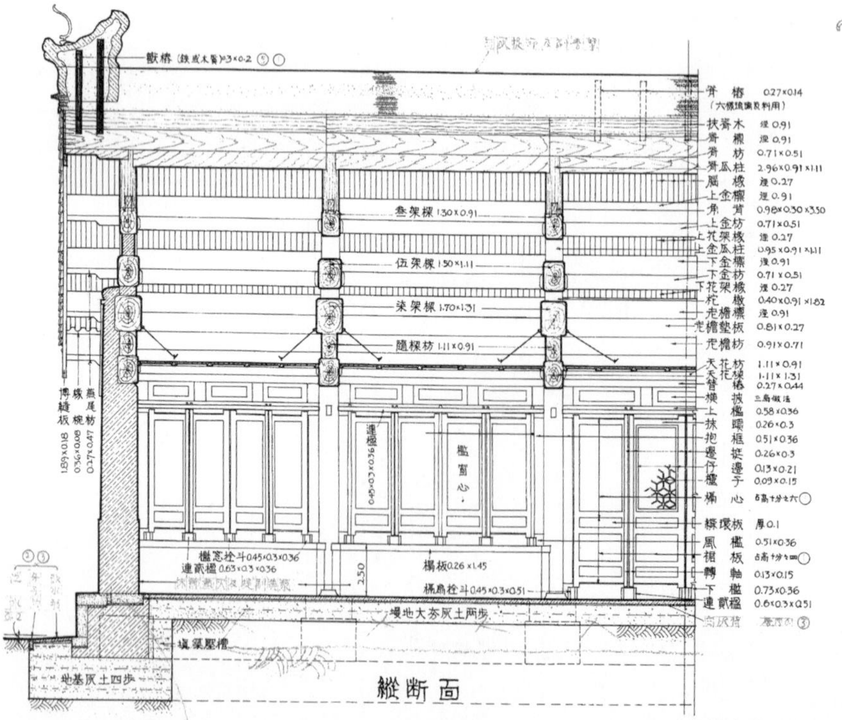

縦断面

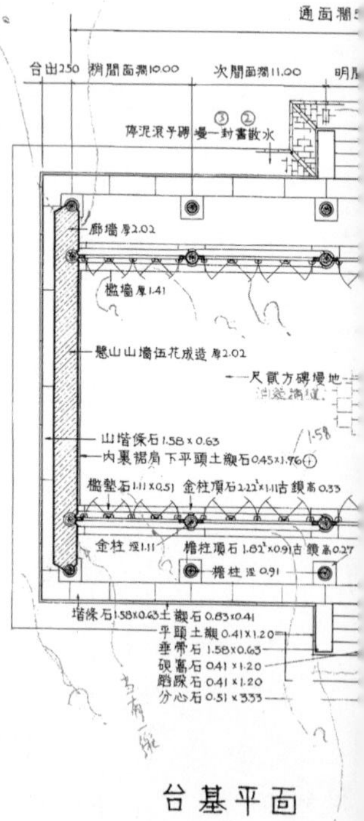

台基平面

断面立面比例尺

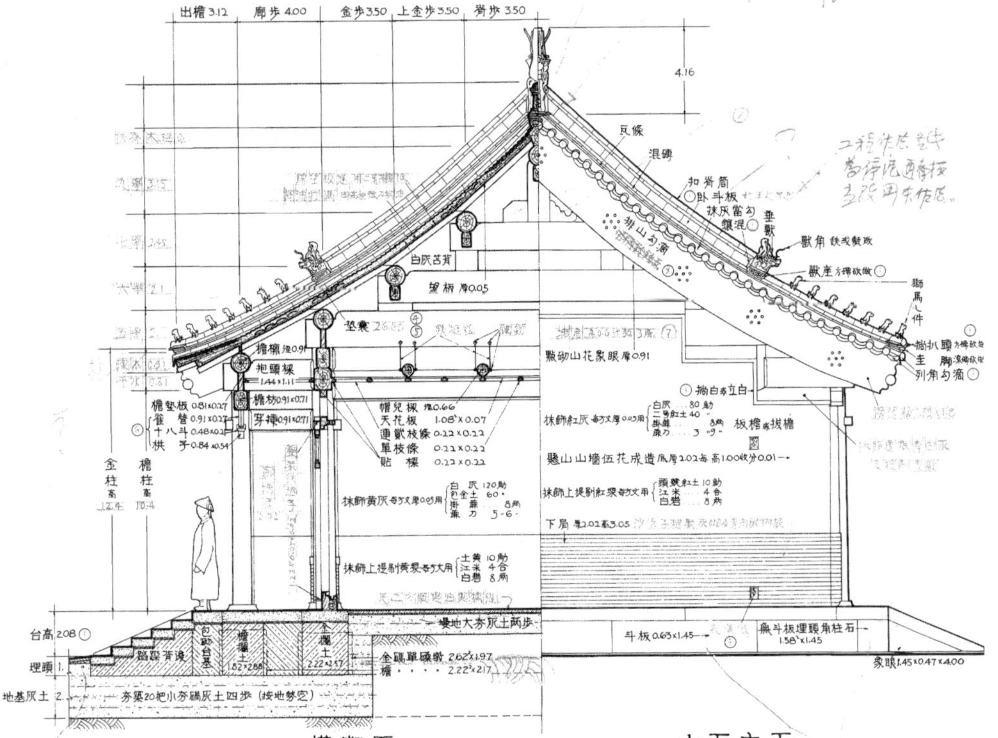

横断面

山面立面

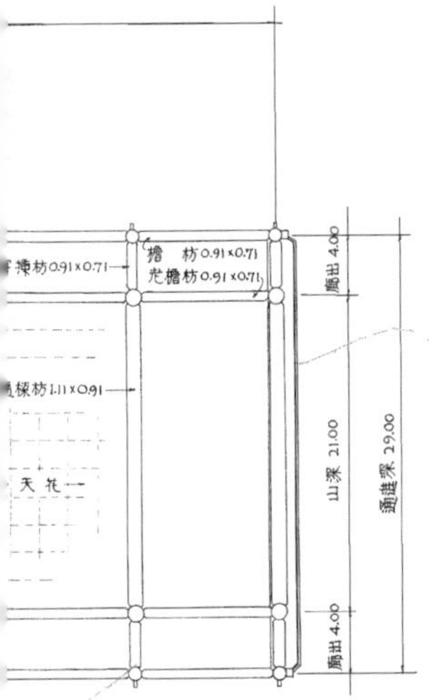

柱頭平面

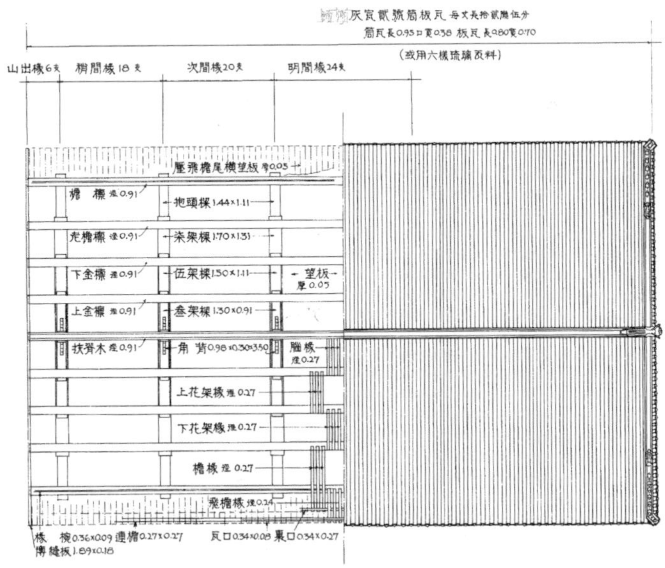

步架平面

屋頂平面

平面比例尺

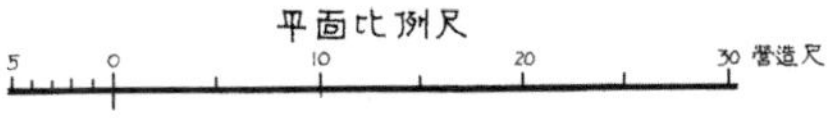

图14　清工部工程做法则例卷捌

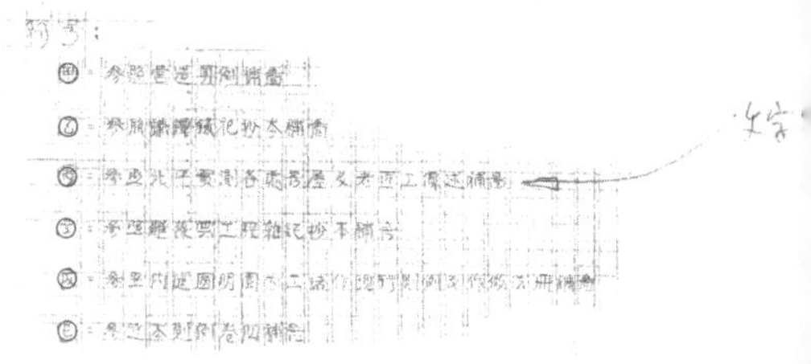

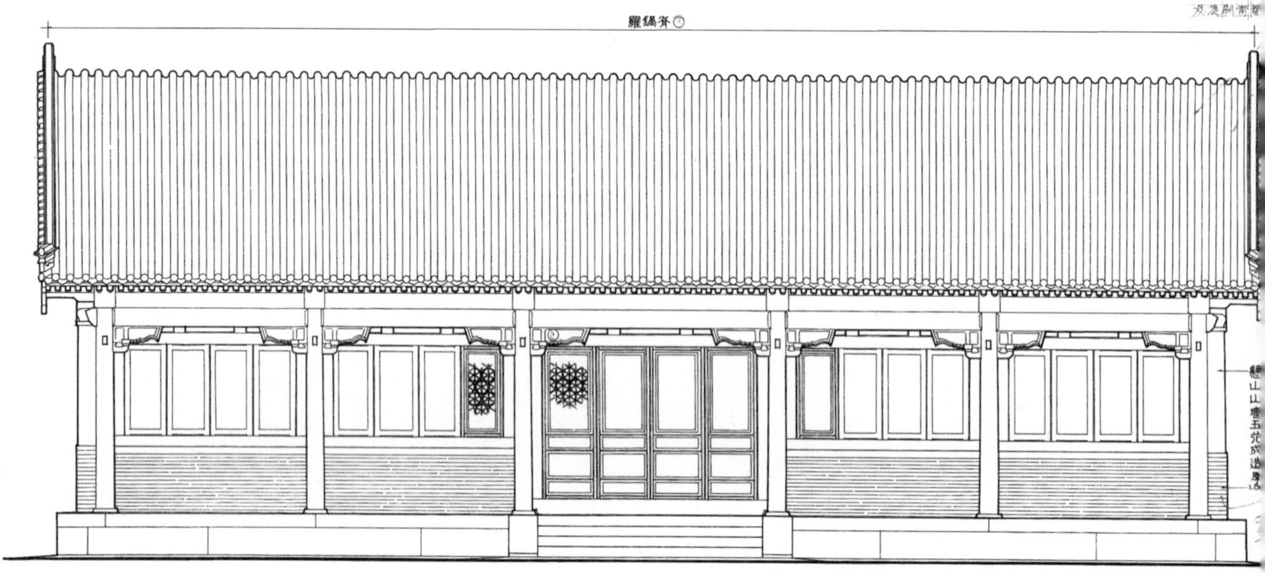

断面立面比例尺

正面立面

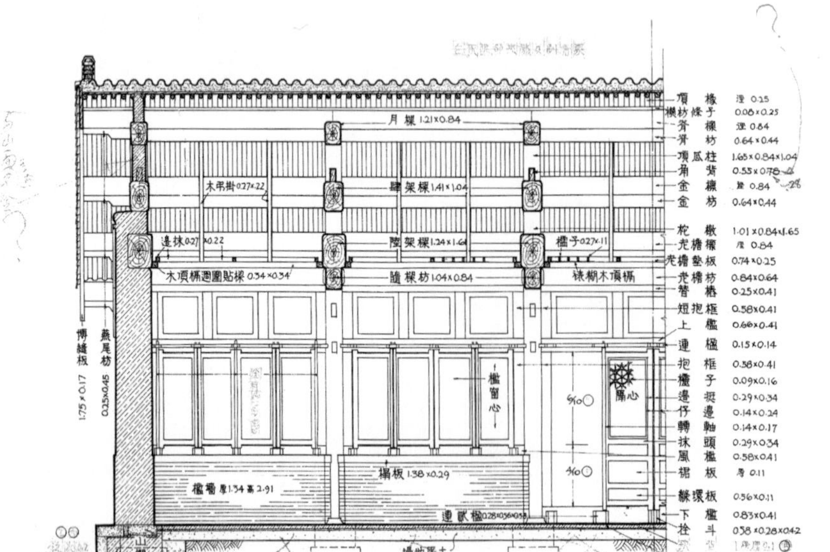

縱断面

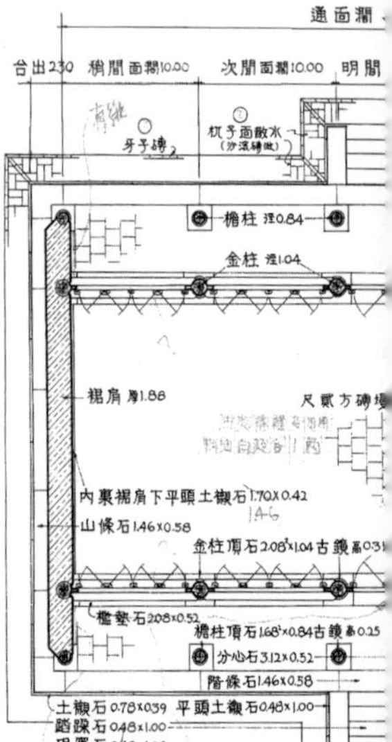

台基平面

捌檩卷棚

清工部工程做法则例卷八

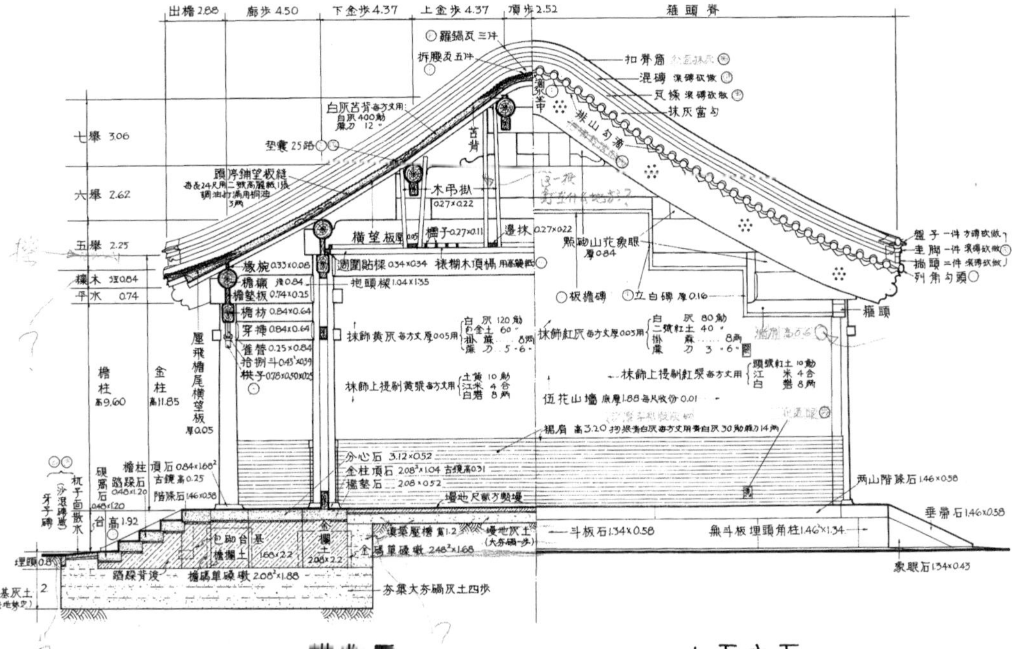

横断面　　山面立面

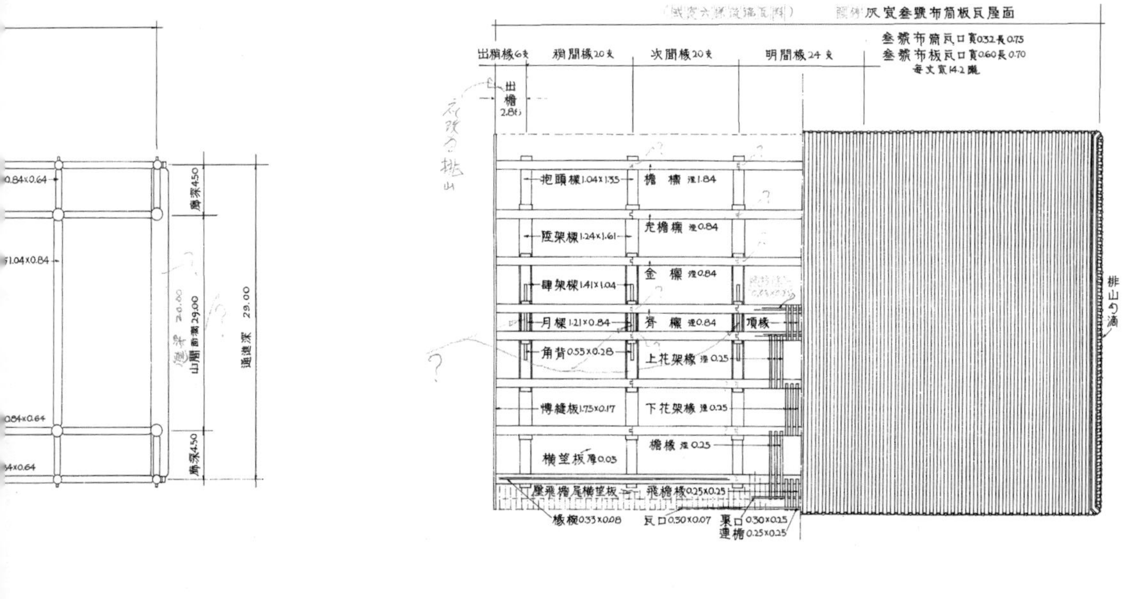

柱头平面　　步架平面　　屋顶平面

5　0　10　20 营造尺

平面比例尺

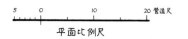

图15 清工部工程做法则例卷玖

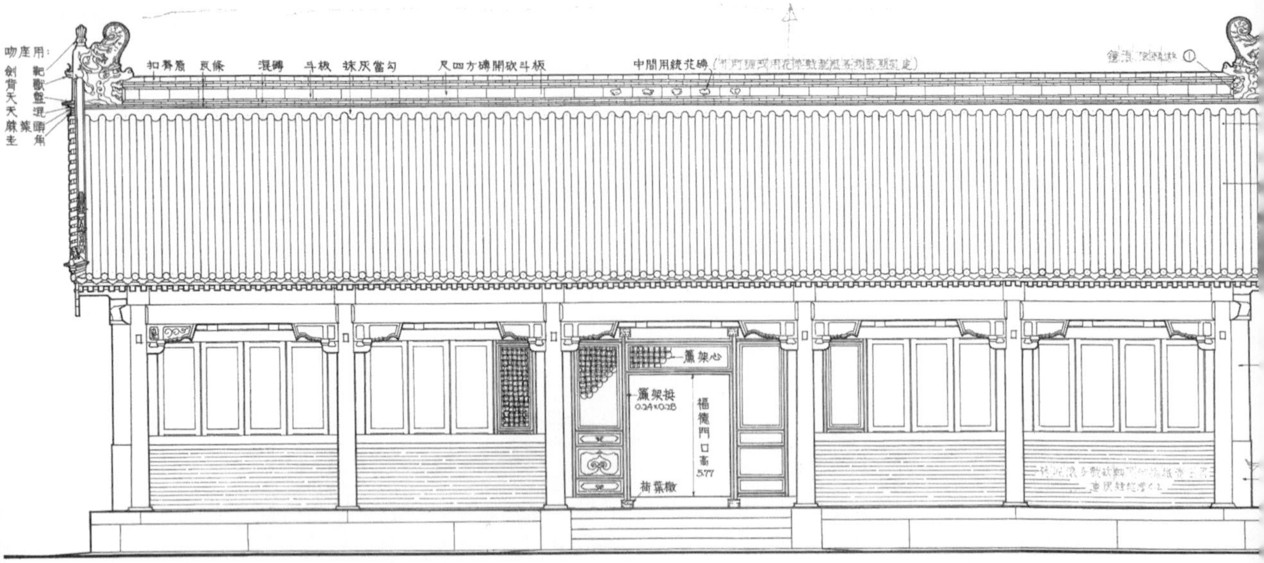

正面立面

断面立面比例尺

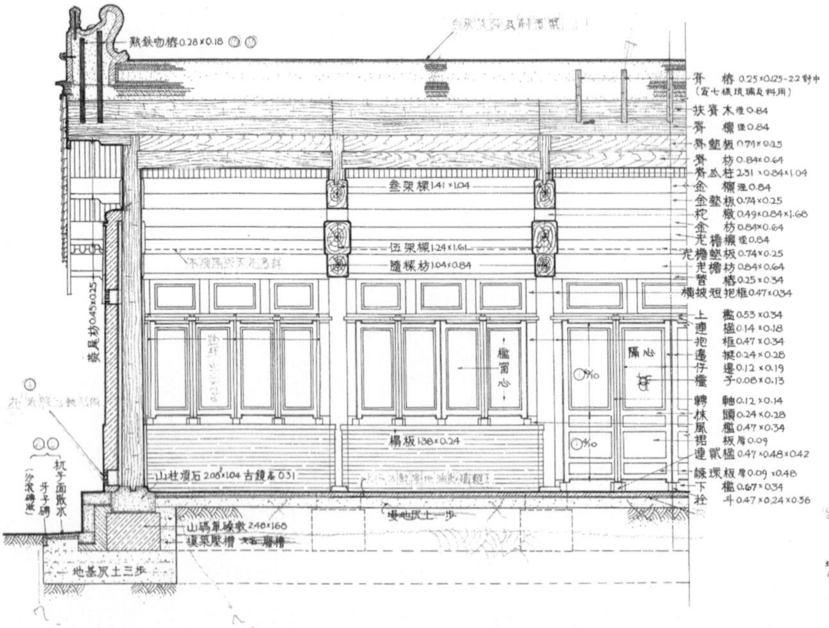

縱断面

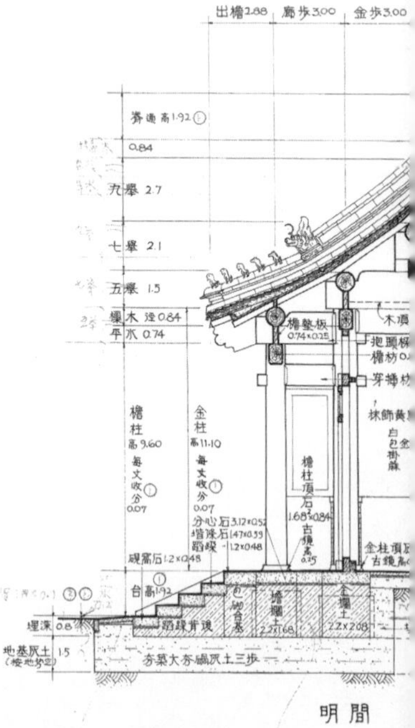

明間

横断面

柒檩悬山

清工部工程做法则例卷九

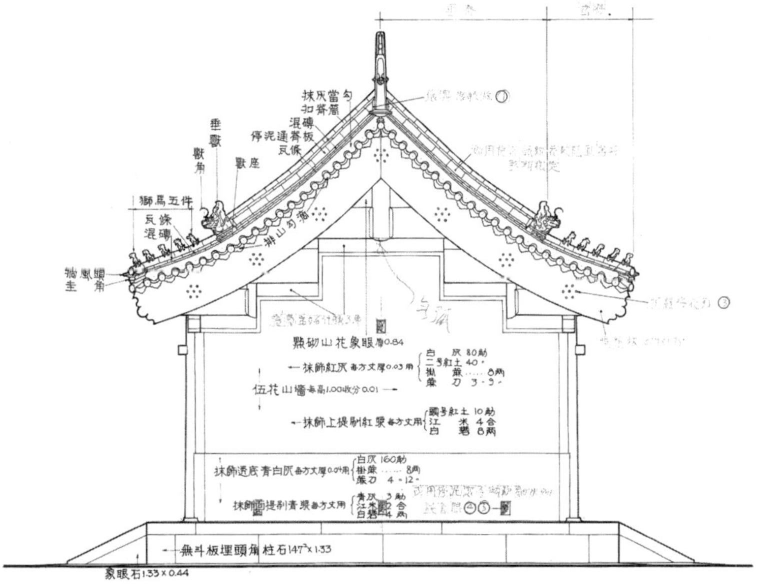

山面立面

平面比例尺

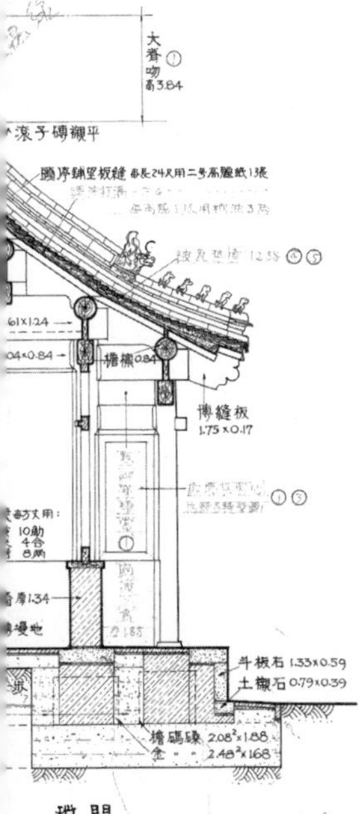

梢间

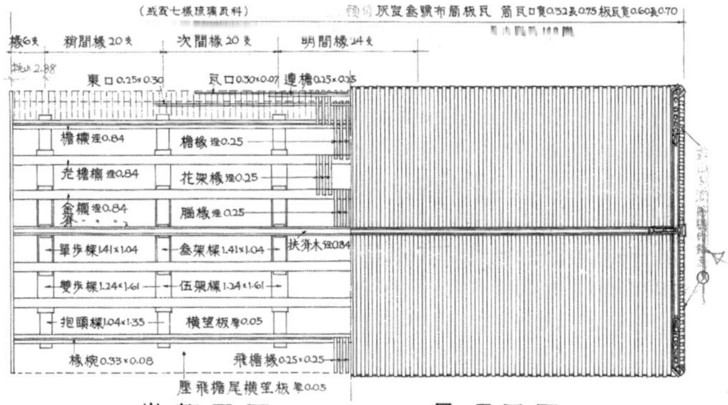

步架平面　屋顶平面

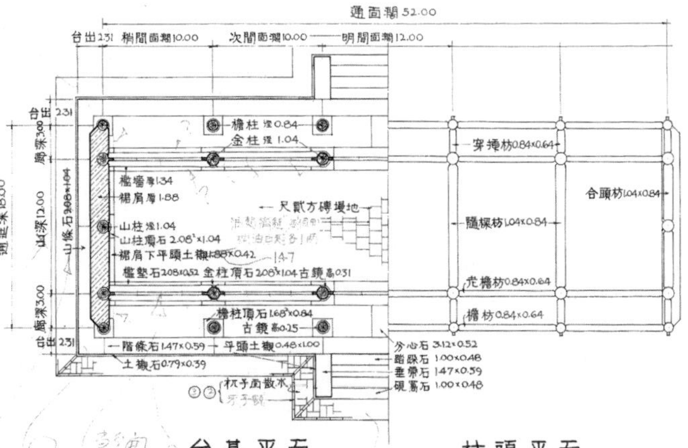

台基平面　柱头平面

图16　清工部工程做法则例卷拾

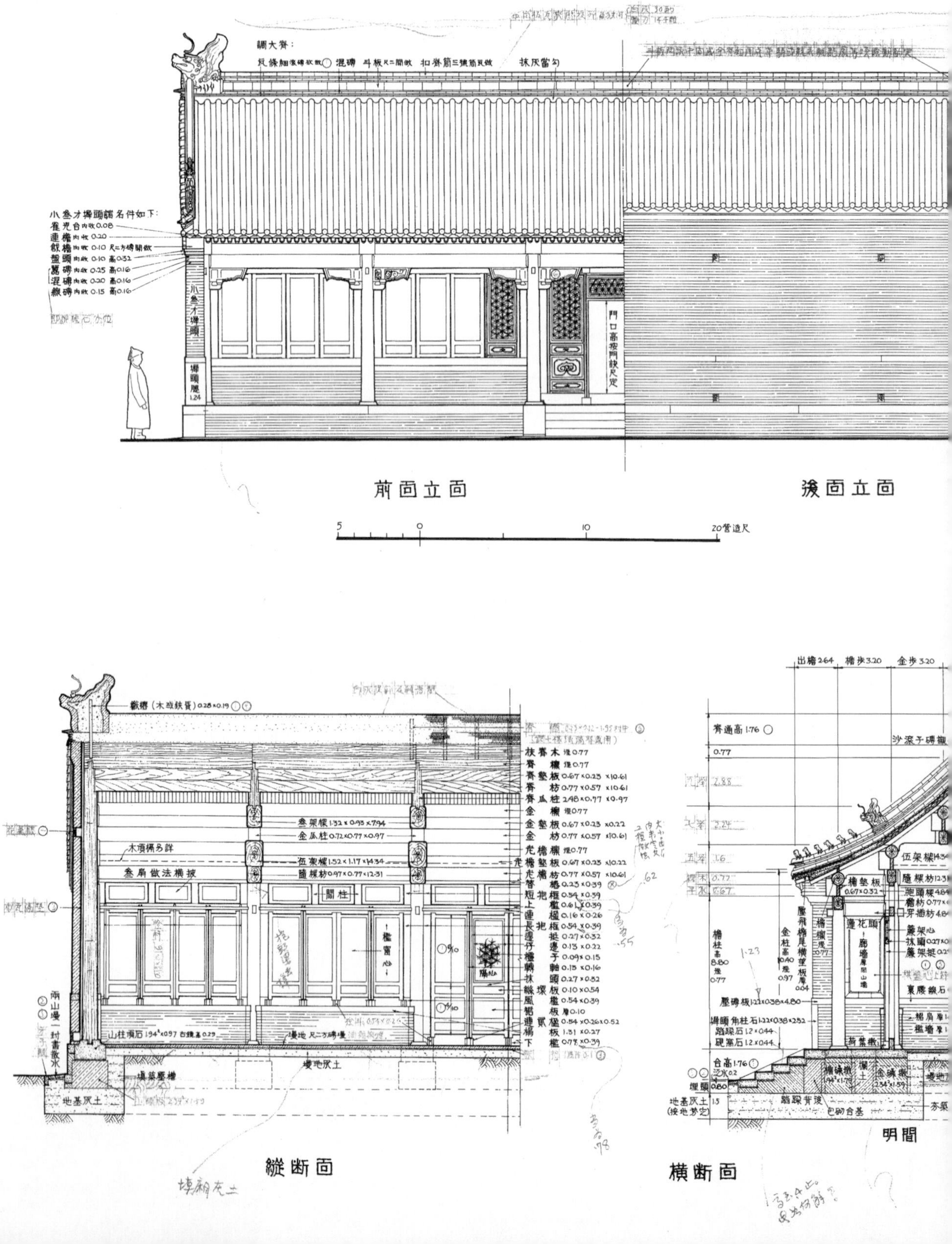

陸檩硬山

清工部工程做法則例卷十

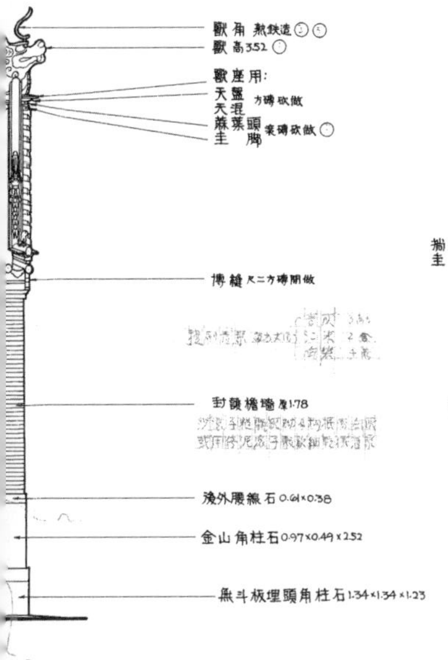

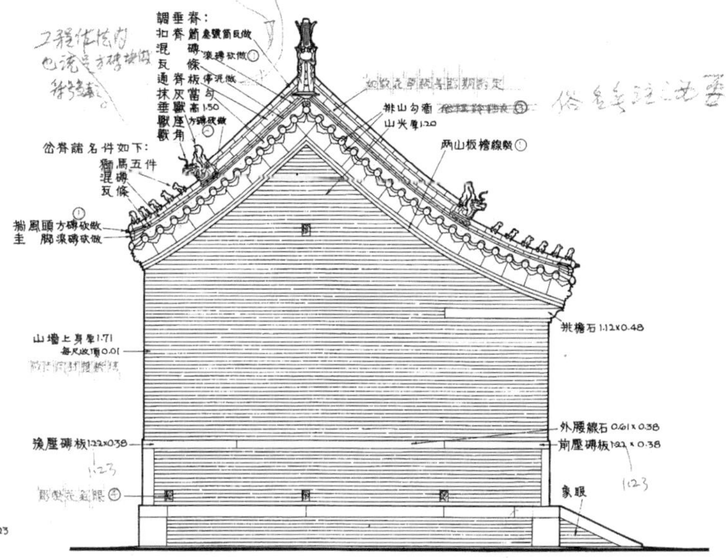

山面立面

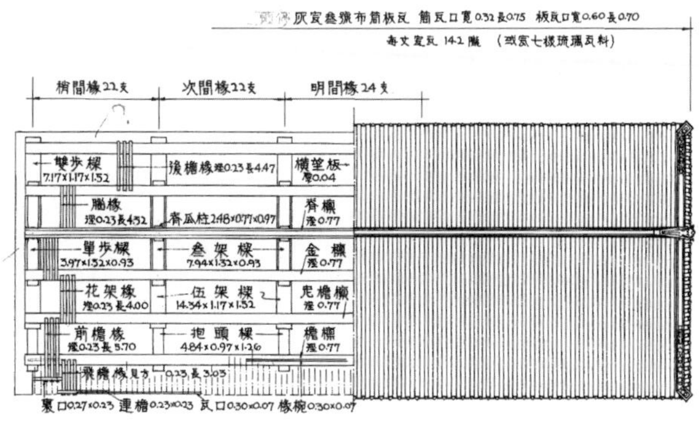

步架平面　　屋頂平面

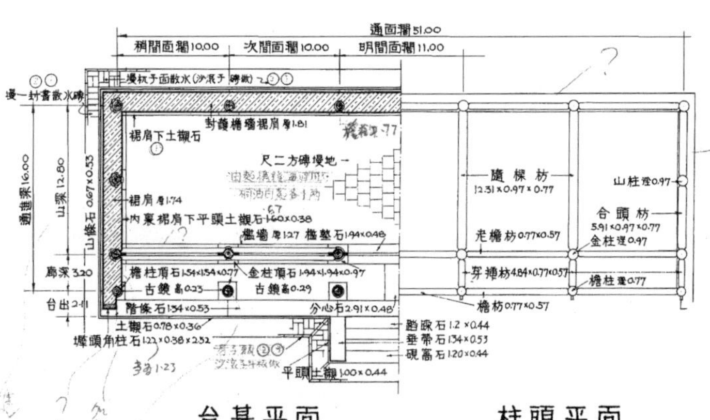

台基平面　　柱頭平面

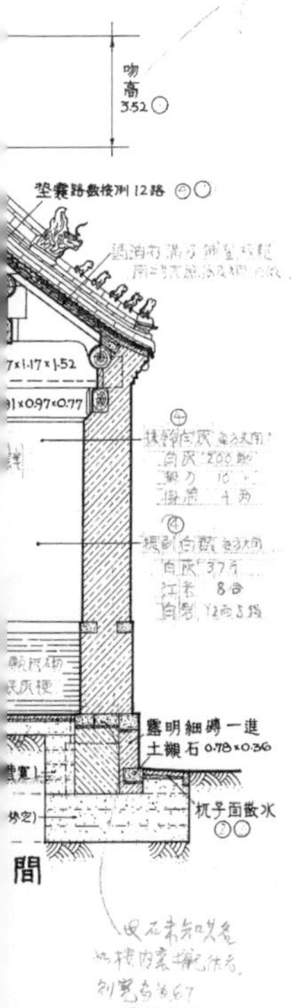

5　0　10　20 營造尺

图17　清工部工程做法则例卷拾壹

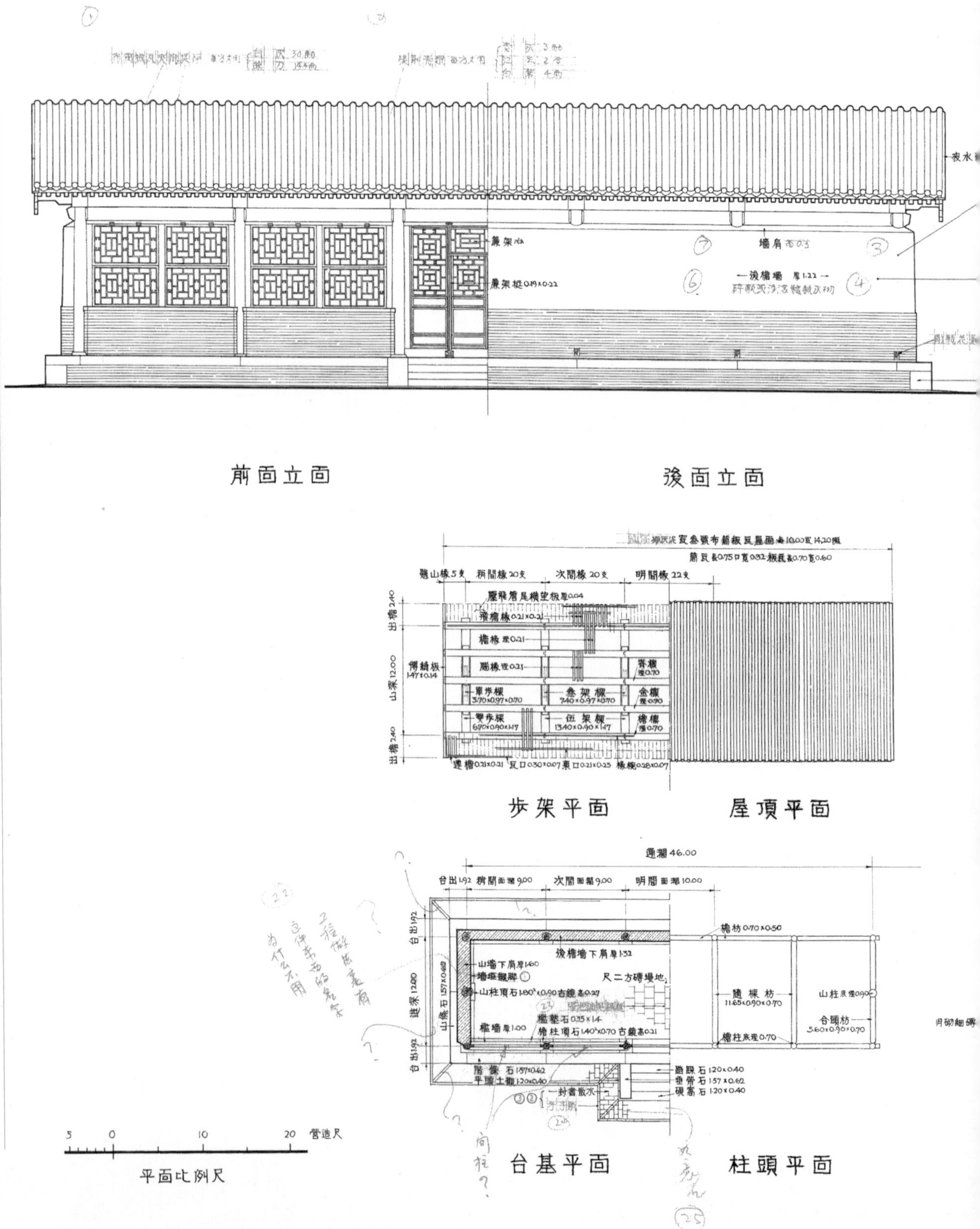

伍檩懸山

清工部工程做法則例卷十一

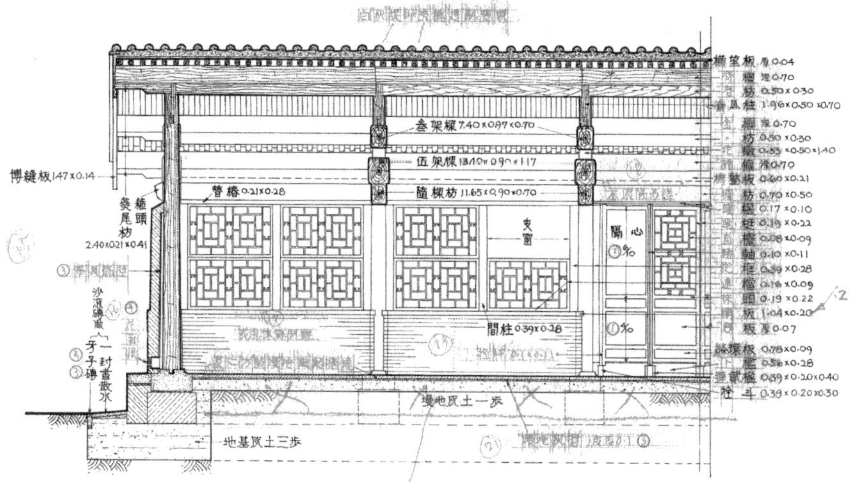

縱断面

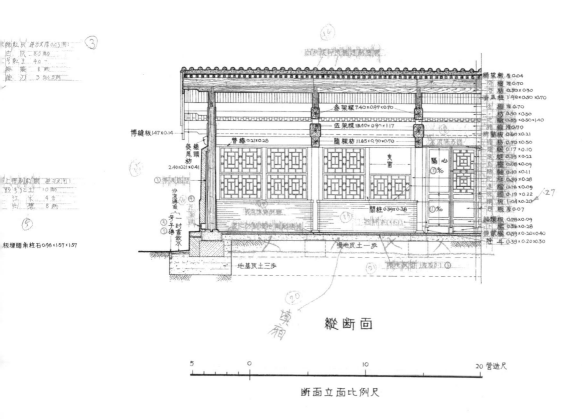

断面立面比例尺

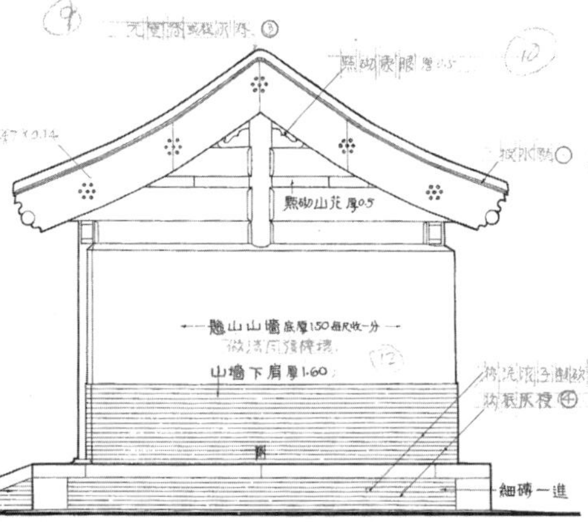

山面立面

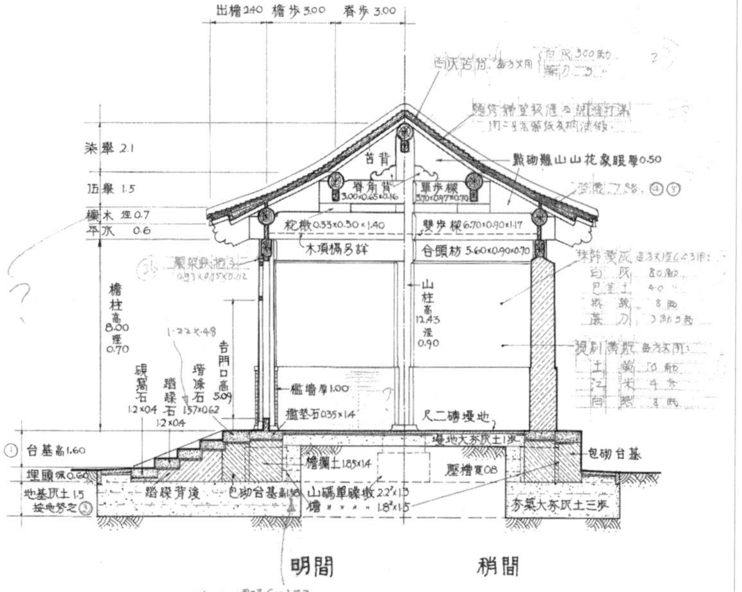

横断面

图18　清工部工程做法则例卷拾贰

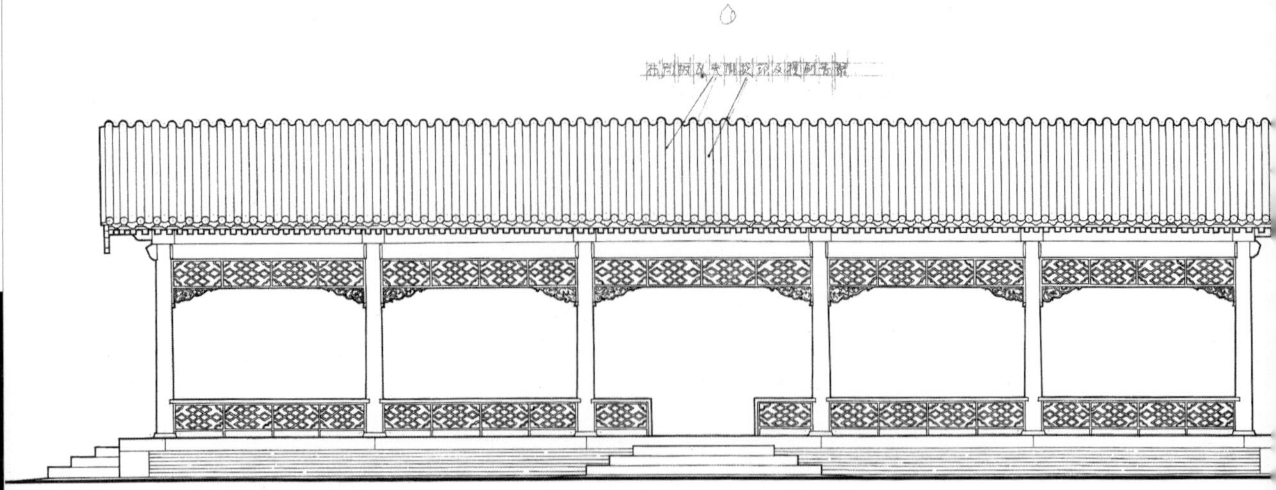

正面立面

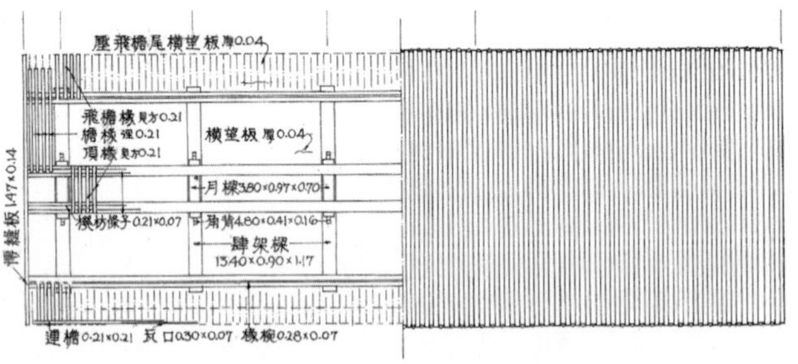

步架平面　屋頂平面

平面比例尺

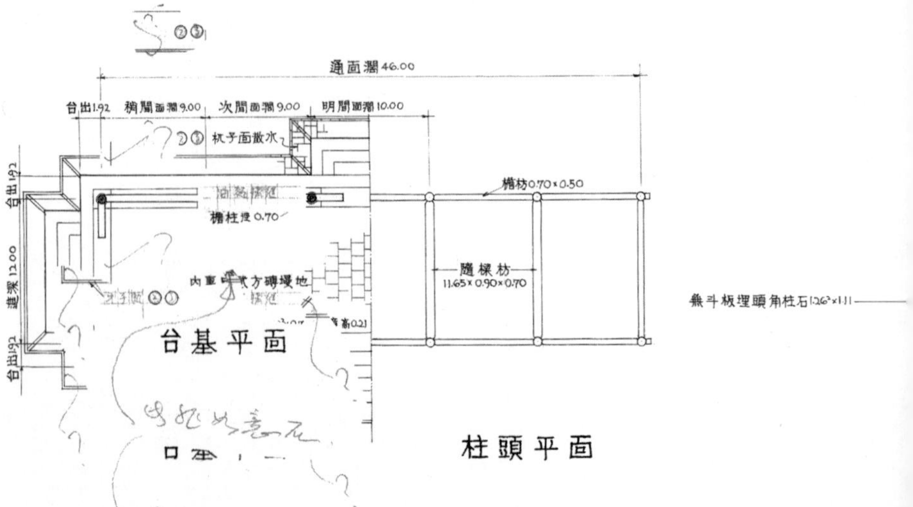

台基平面　柱頭平面

肆檩捲棚

清工部工程做法則例卷十二

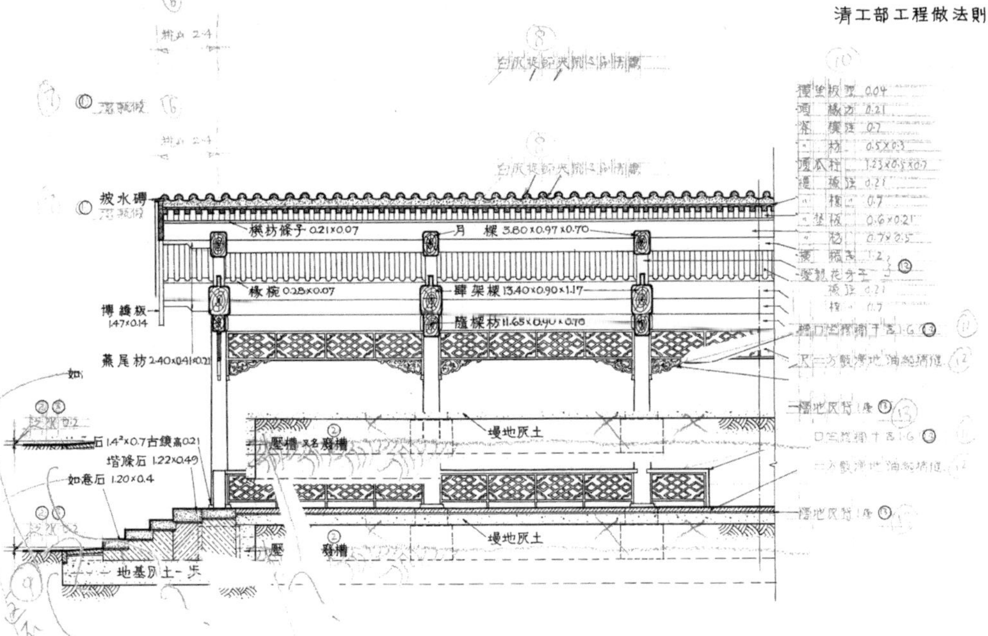

縱断面

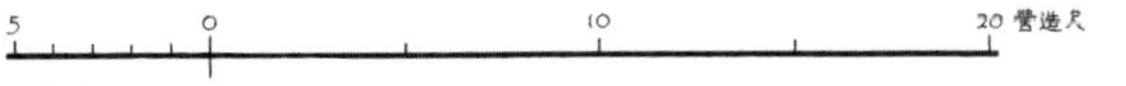

断面立面比例尺

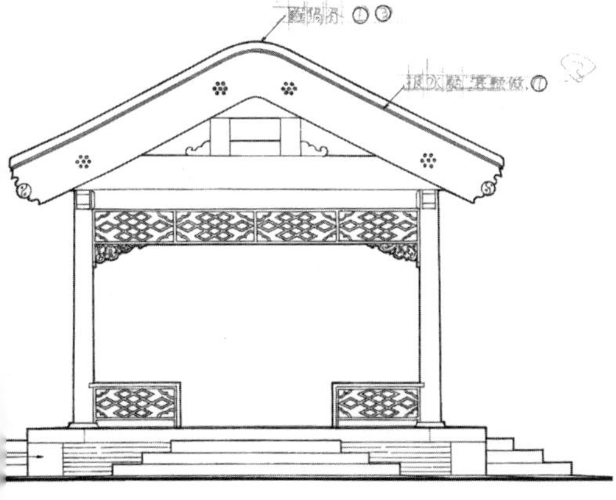

山面立面

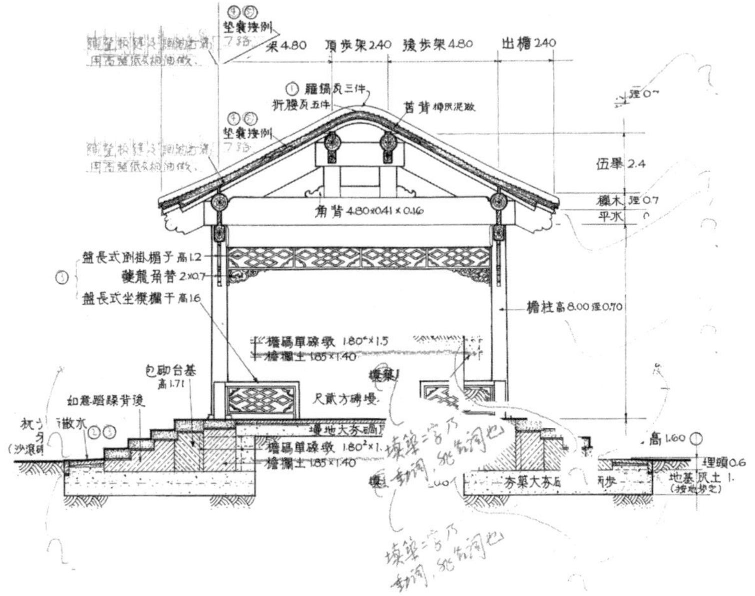

横断面

图19　清工部工程做法则例卷拾叁

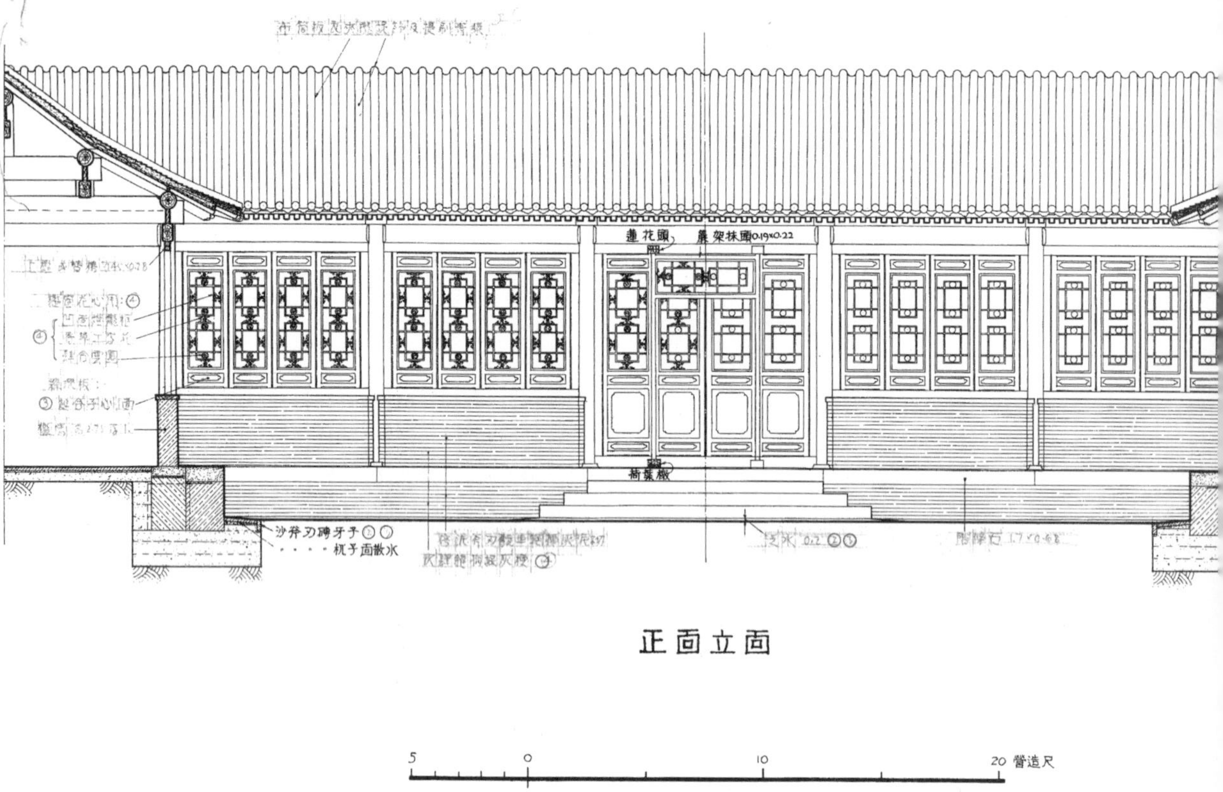

正面立面

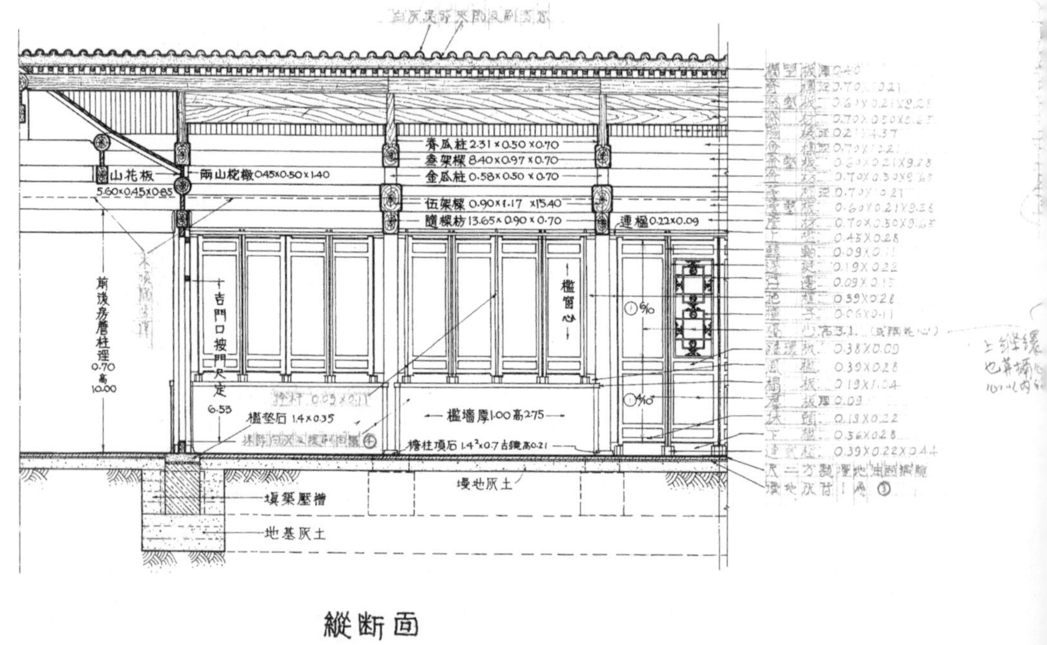

縱断面

伍檩川堂

清工部工程做法则例卷十三

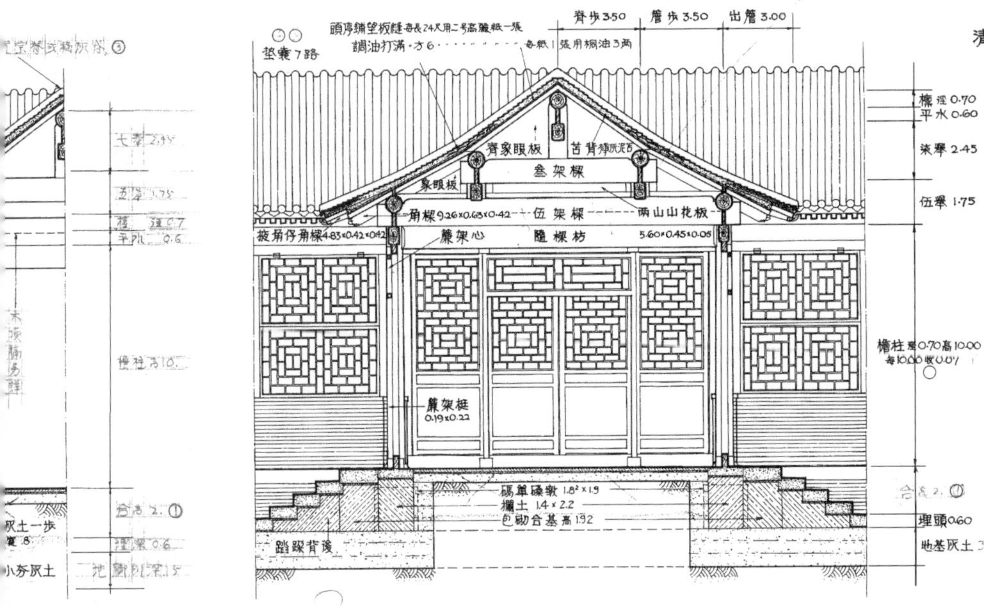

横断面

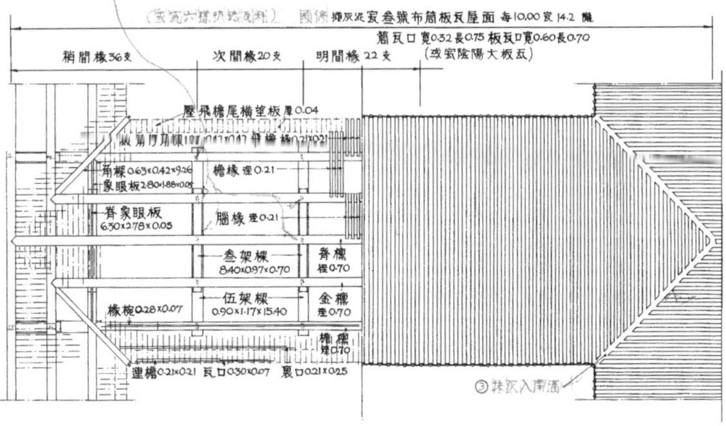

步架平面　　屋顶平面

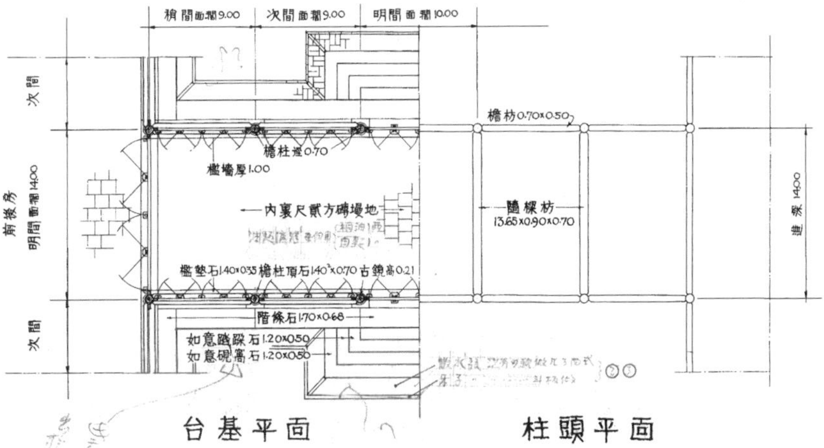

台基平面　　柱头平面

图 20　清工部工程做法则例卷拾肆

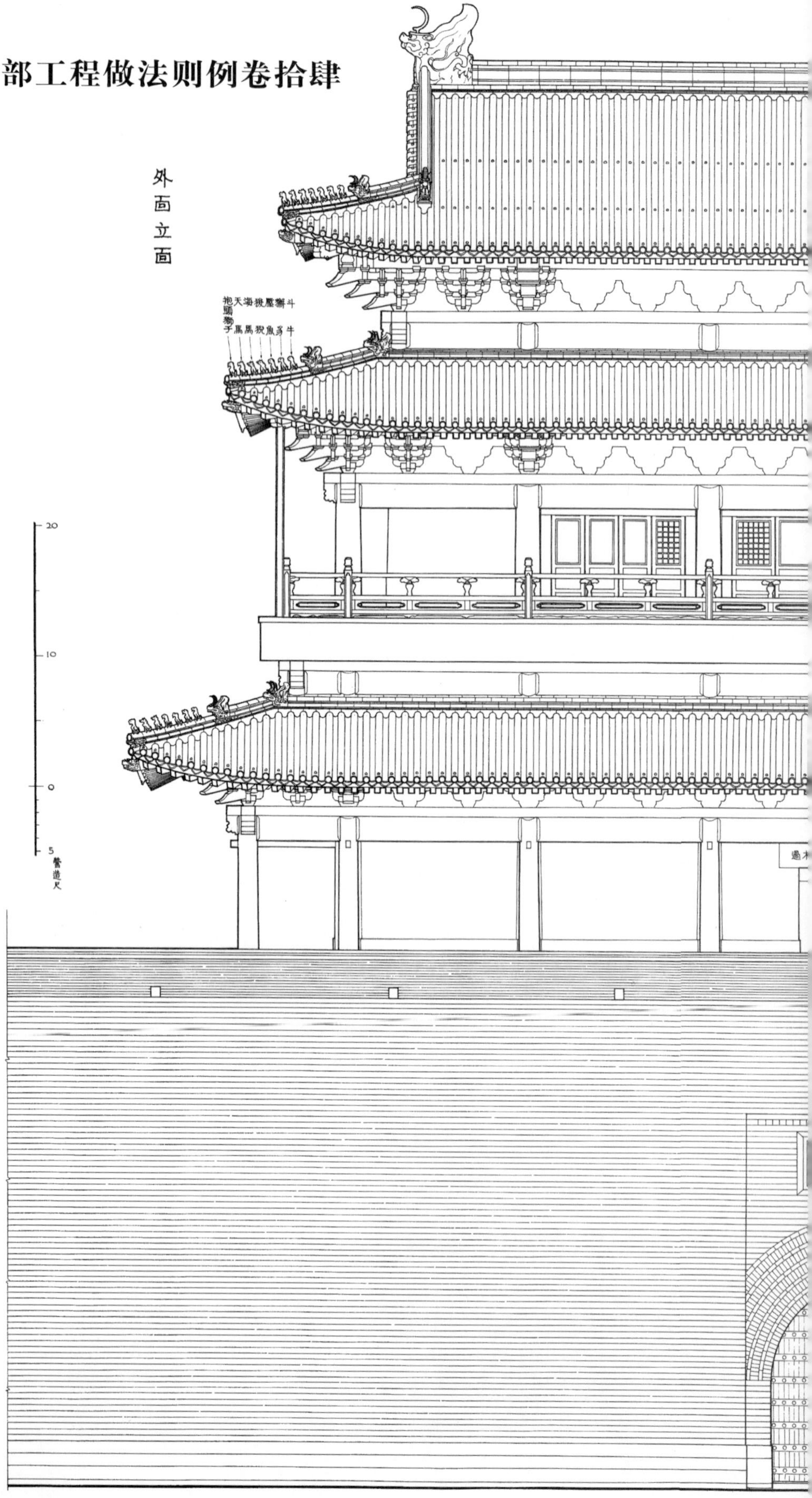

柒檁叁滴水歇山正樓

上檐斗口重昂斗科斗口四寸五分
中檐斗口重昂斗科斗口四寸
下檐斗口單昂斗科斗口四寸

清工部工程做法則例卷十四

裏面立面

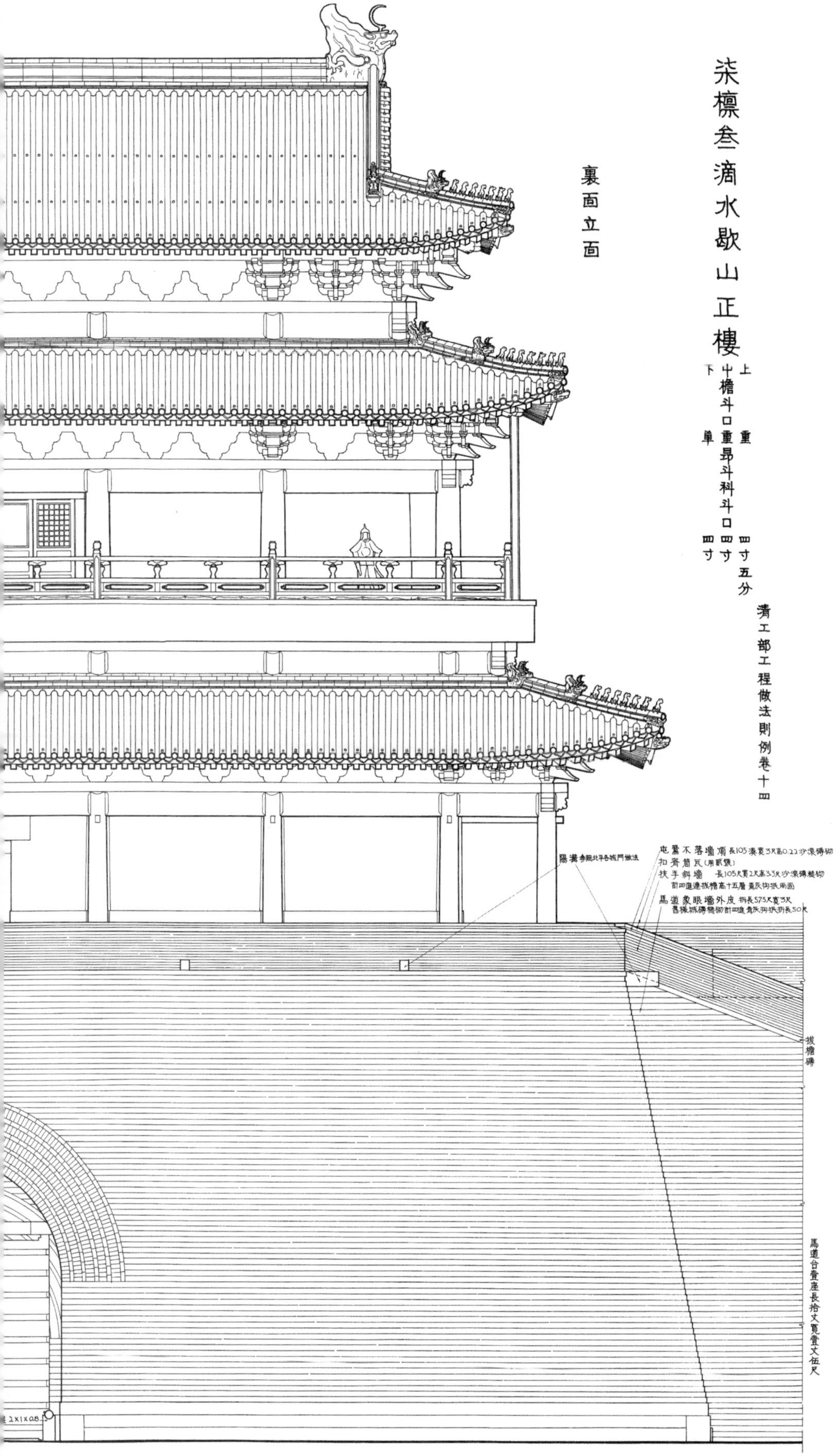

图21　清工部工程做法则例卷拾肆

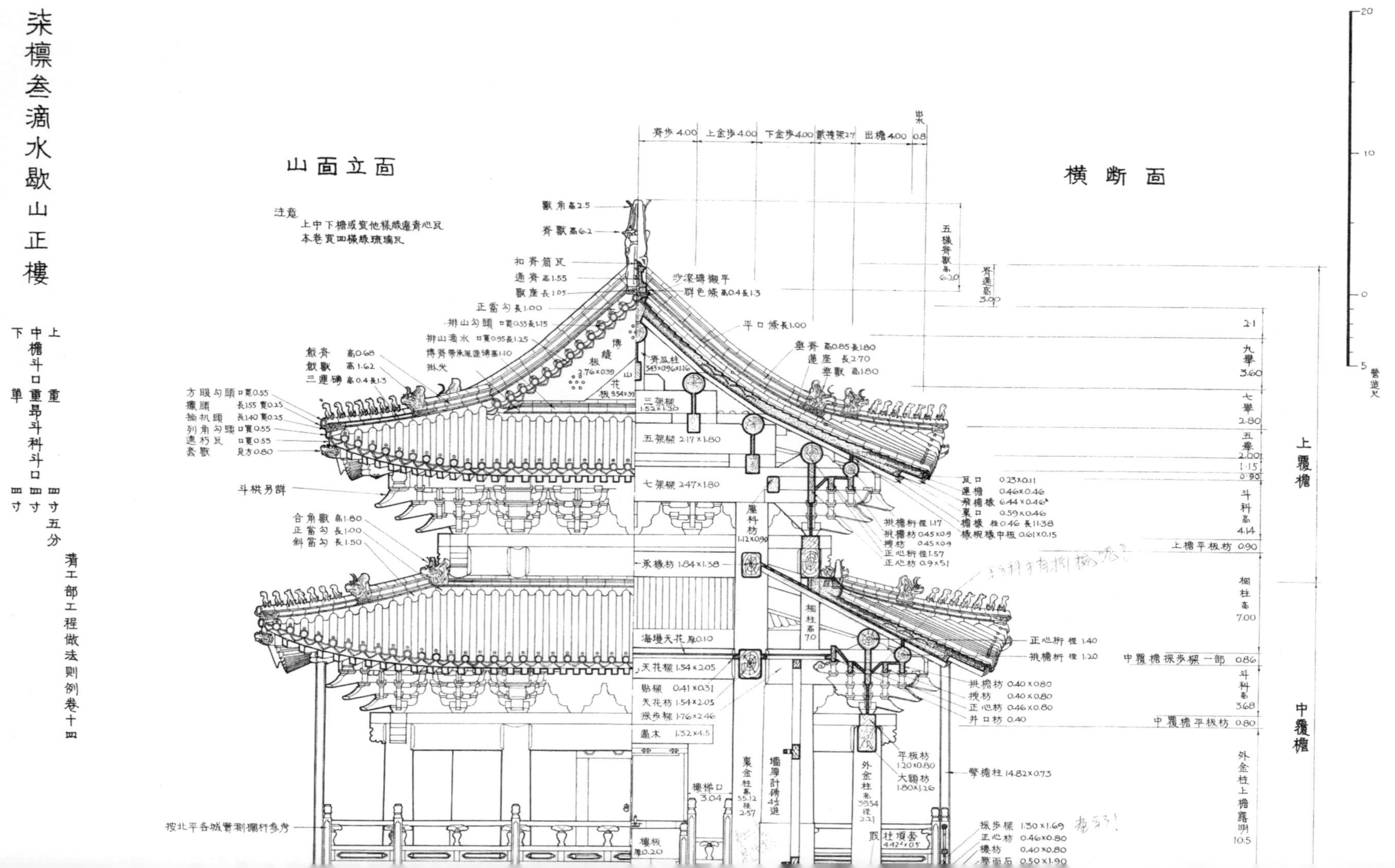

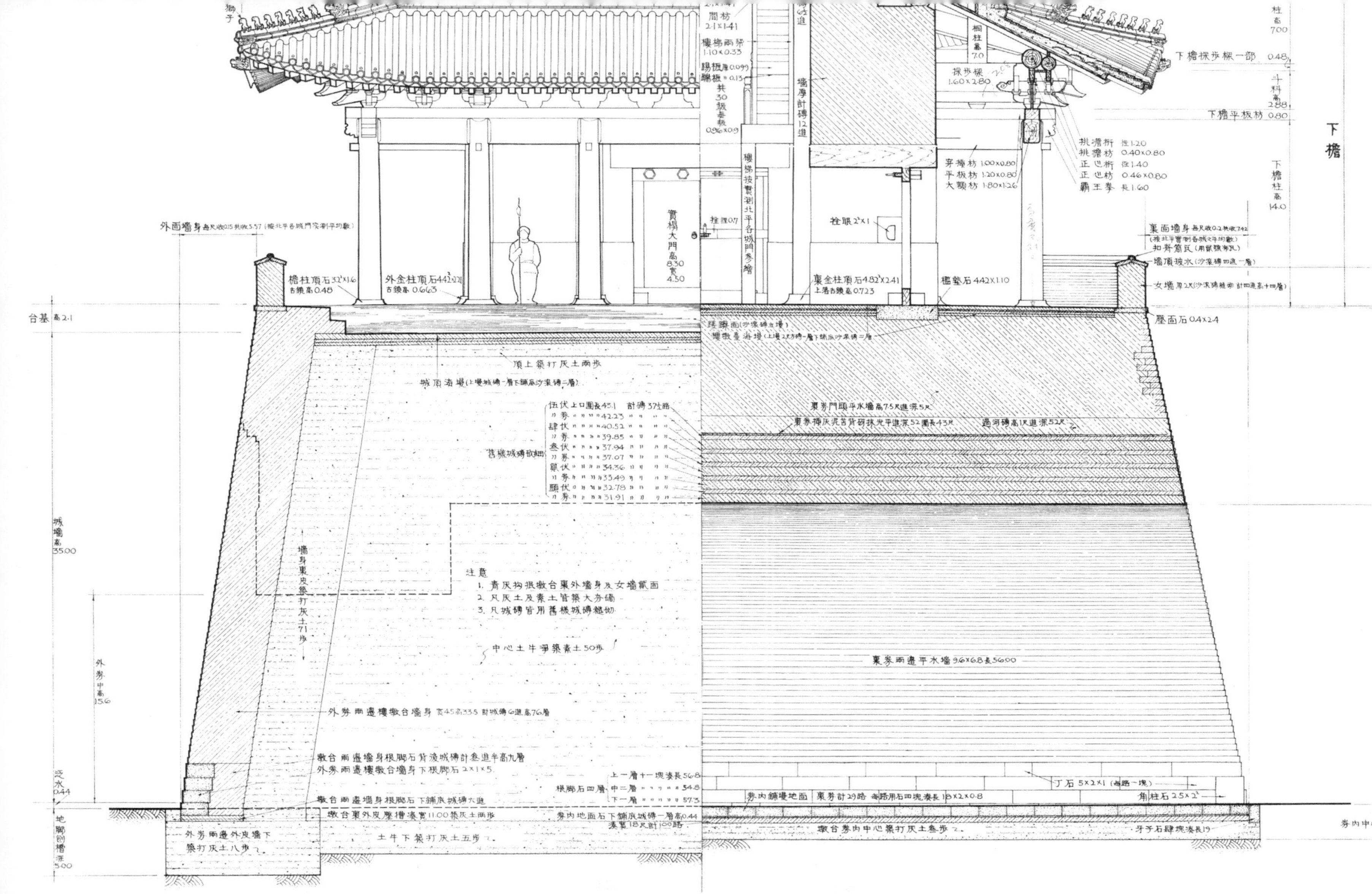
下檐
下檐採步樑一部 0.48
斗科高 2.88
下檐平板枋 0.80
下檐柱高 14.0
柱高 7.00
挑檐桁 徑1.20
挑檐枋 0.40×0.80
正心桁 徑1.40
正心枋 0.46×0.80
霸王拳 長1.60
穿插枋 1.00×0.80
平板枋 1.20×0.80
大額枋 1.80×1.26
採步樑 1.60×2.80
桐柱高 7.0
間枋 2.1×1.41
樓梯兩幫 1.10×0.33
踢脚板 0.099
踏板 0.13
共30級
踏板 0.96×0.9
牆厚計磚12進
樓梯按實測北平各城門參繪
實榻大門 高8.30 寬4.50
栓眼 2×1
栓 徑0.7
外面墻身 每尺收0.15 共收3.57（按北平各城門實測平均數）
裏面墻身 每尺收0.2 共收7.42
扣脊筒瓦
墻頂拔水（沙滾磚四進一層）
女墻 高2尺（沙滾磚糙砌 計四進高十四層）
女墻高 3.1
泛水 0.2
檐柱頂石 3.2×1.6 古鏡高0.48
外金柱頂石 4.42×2.21 古鏡高0.663
裏金柱頂石 4.82×2.41 上居古鏡高0.723
檻墊石 4.42×1.10
壓面石 0.4×2.4
台基 高2.1
陡磚面（沙滾磚立墁）
樓墩臺海墁（上墁二尺方磚一層 下鋪底沙滾磚二層）
頂上築打灰土兩步
城頂海墁（上墁城磚一層 下鋪底沙滾磚二層）
伍伏 上口圍長43.1 計磚37路
舊樣城磚砍細
東券門頭平水墻高7.5尺 進深5尺
東券抹灰泥苫背砌抹光平 進深52 圍長43尺
過河磚高1尺 進深52尺
墻身裏皮築打灰土71步
注意
1. 青灰构抿墩台裏外墻身及女墻罩面
2. 凡灰土及素土皆築大夯碣
3. 凡城磚皆用舊樣城磚糙砌
中心土牛淨築素土50步
東券兩邊平水墻 9.6×6.8 長56.00
外券兩邊樓墩台墻身
墩台兩邊墻身根脚石背後城磚計叁進半高九層
外券兩邊樓墩台墻身下根脚石 2×1×5
墩台兩邊墻身根脚石下鋪底城磚六進
墩台裏外皮壓槽寬11.00 築灰土兩步
券內地面石下鋪底城磚一層高0.44 寬18尺計100路
土牛下築打灰土五步
外券兩邊外皮墻下築打灰土八步
根脚石四層
上一層十一塊湊長56.8
中二層 34.8
下一層 57.3
券內鋪墁地面
東券計29路 每路用石四塊湊長 18×2×0.8
丁石 5×2×1（每路一塊）
角柱石 2.5×2
墩台券內中心築打灰土叁步
牙子石肆塊湊長19
城墻高 35.00
外券中高 15.6
泛水 0.44
地脚刨槽深 5.00
城門樓墩台高 37.1
裏券中高 22.3
券內中心刨深2.8

图22　清工部工程做法则例卷拾肆

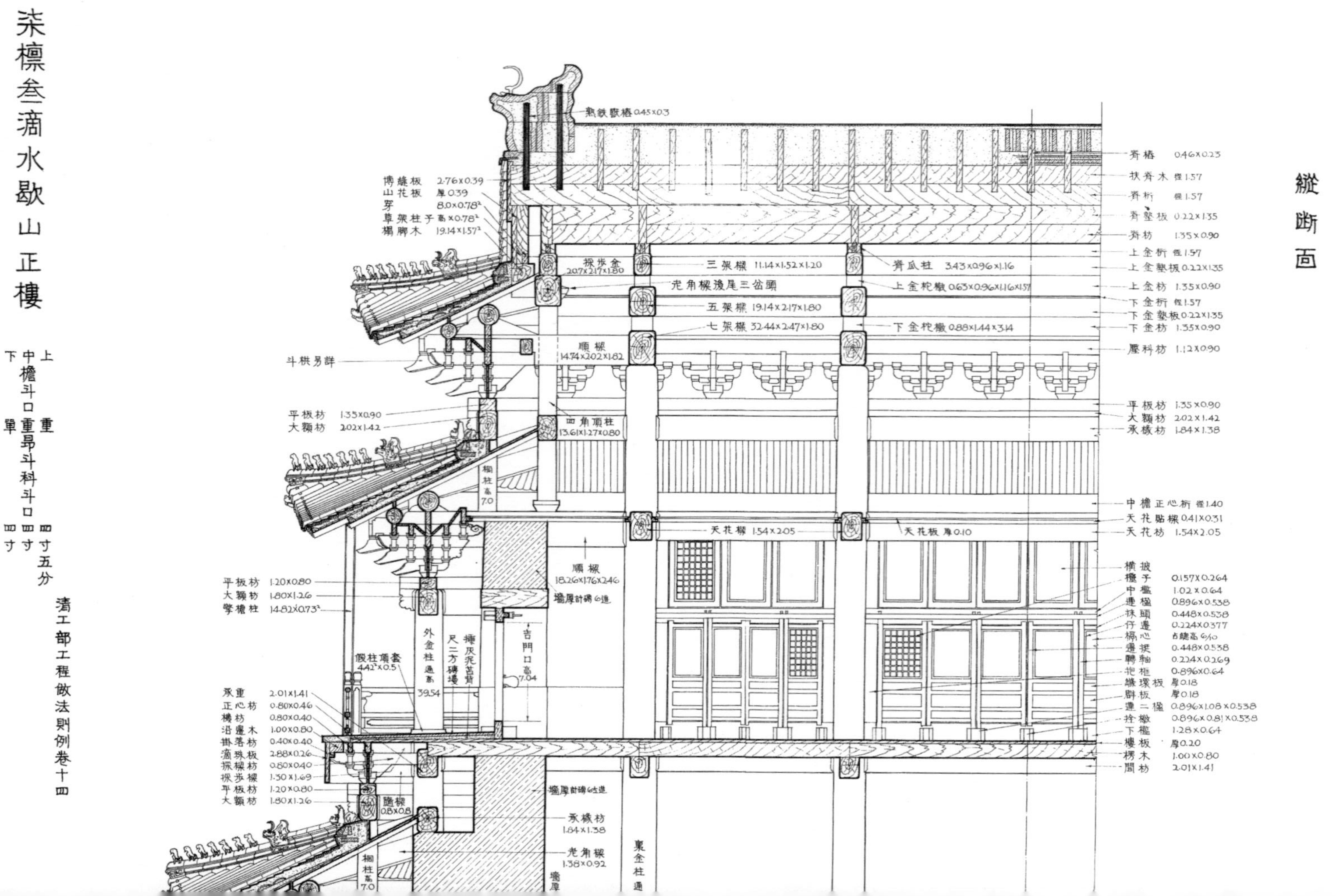

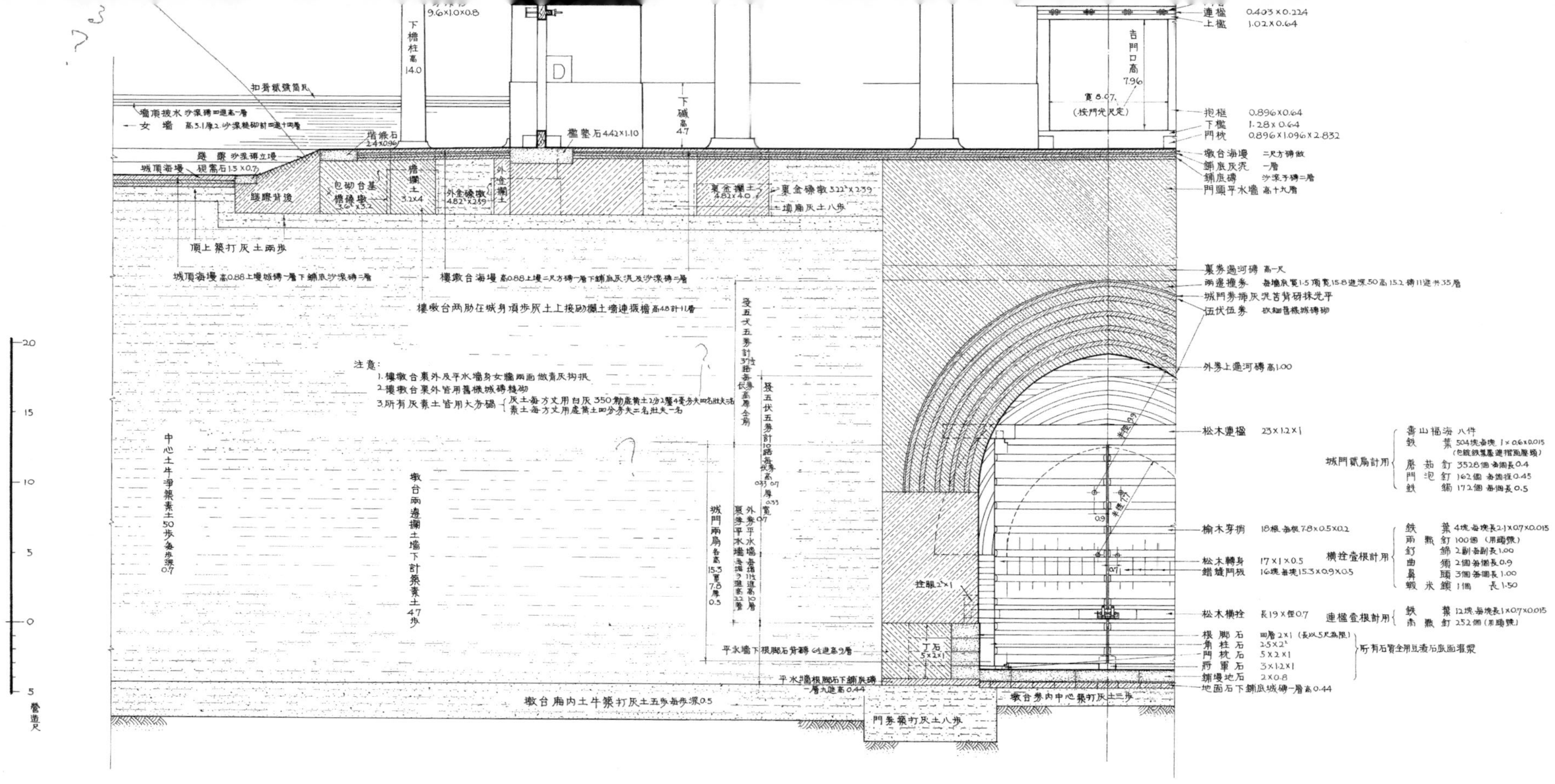
連檻 0.403×0.224
上檻 1.02×0.64
吉門口高 7.96
寬 8.07 (按門光尺定)
抱框 0.896×0.64
下檻 1.28×0.64
門枕 0.896×1.096×2.832
墩台海墁 二尺方磚做
鋪底灰泥 一層
鋪底磚 沙滾子磚二層
門頭平水牆 高十九層
裏券過河磚 高一尺
兩邊攛券
城門券掃灰泥苫背研抹光平
伍伏伍券
外券上過河磚 高1.00
松木連楹 23×1.2×1
城門鐵鳥計用
松木穿梢
松木轉身 17×1×0.5
鑲鐵門扳
橫拴壹根計用
松木橫拴 長19×徑0.7
連楹壹根計用
根腳石
角柱石
門枕石
將軍石
鋪墁地石
地面石下鋪底城磚一層高0.44
所有石皆全用豆渣石底面灌漿
下檐柱 高14.0
扣背獸頭筒瓦
墻頂拔水 沙滾磚四進高一層
女墻
壘臌 沙滾磚立墁
城頂海墁
硯窩石 1.5×0.7
階條石 2.4×0.96
檻墊石 4.42×1.10
下礎 高4.7
頂上築打灰土兩步
城頂海墁
樓墩台海墁
樓墩台兩肋在城身頂步灰土上接砌攔土墻連擺檐 高48計11層
注意:
1.樓墩台裏外及平水墻身女牆兩面做青灰扮抿
2.樓墩台裏外皆用舊樣城磚糙砌
3.所有灰素土皆用大夯碣
中心土牛淨築素土50步
墩台兩邊攔土墻下計築素土47步
平水墻下根腳石背磚
平水墻根腳石下鋪底磚
墩台廂內土牛築打灰土五步每步深0.5
墩台券內中心築打灰土三步
門券築打灰土八步
營造尺

图23　清工部工程做法则例卷拾肆

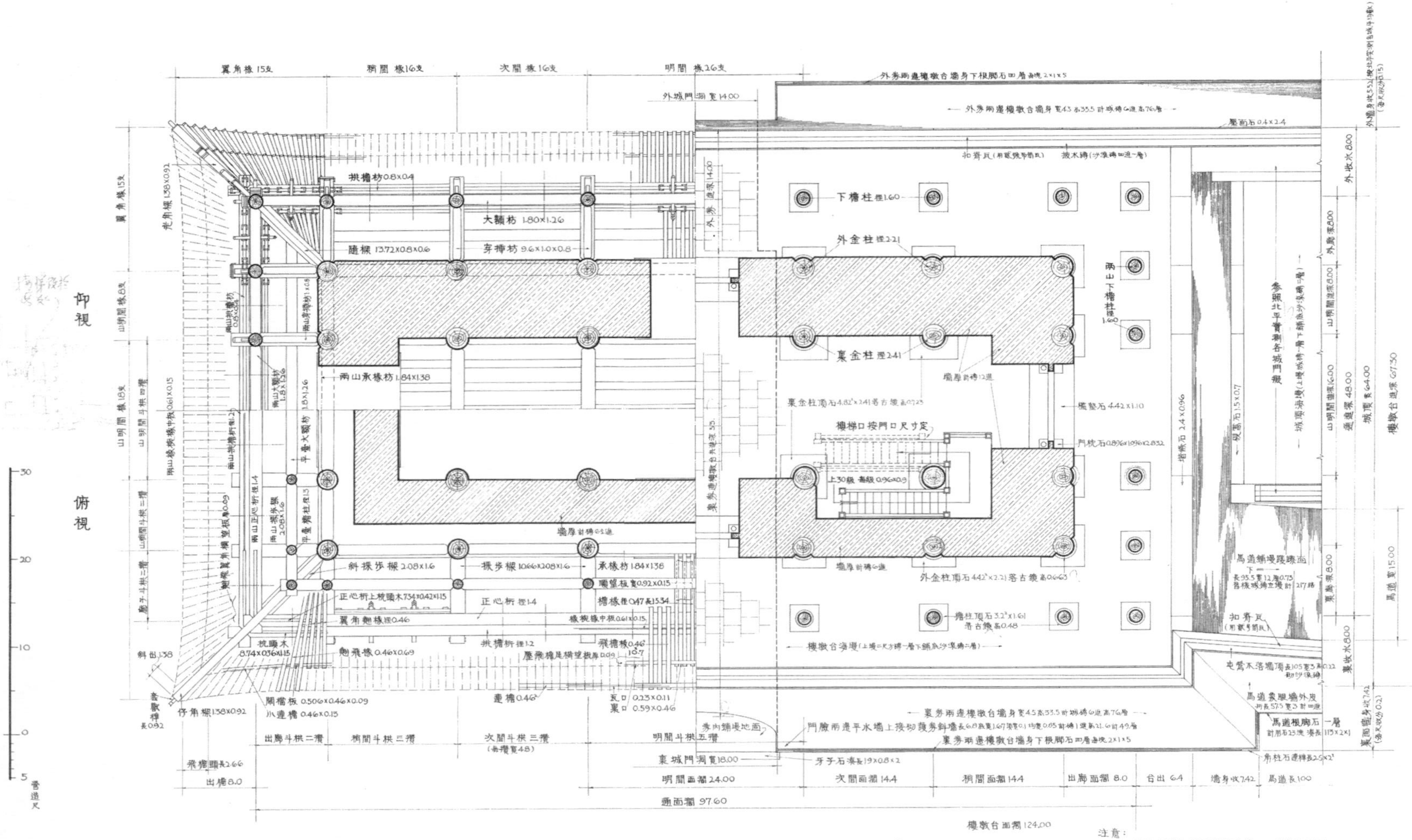

下檐平面　　城顶平面

注意：
1.樓敦台裏外及平水牆身女牆兩面均做青灰扮提
2.樓敦台裏外皆用舊樣城磚糙砌

宋欞叁滴水歇山正樓

上 中 下 檐斗口 重昂斗科斗口 四寸五分 / 單…四寸

清工部工程做法則例卷十四

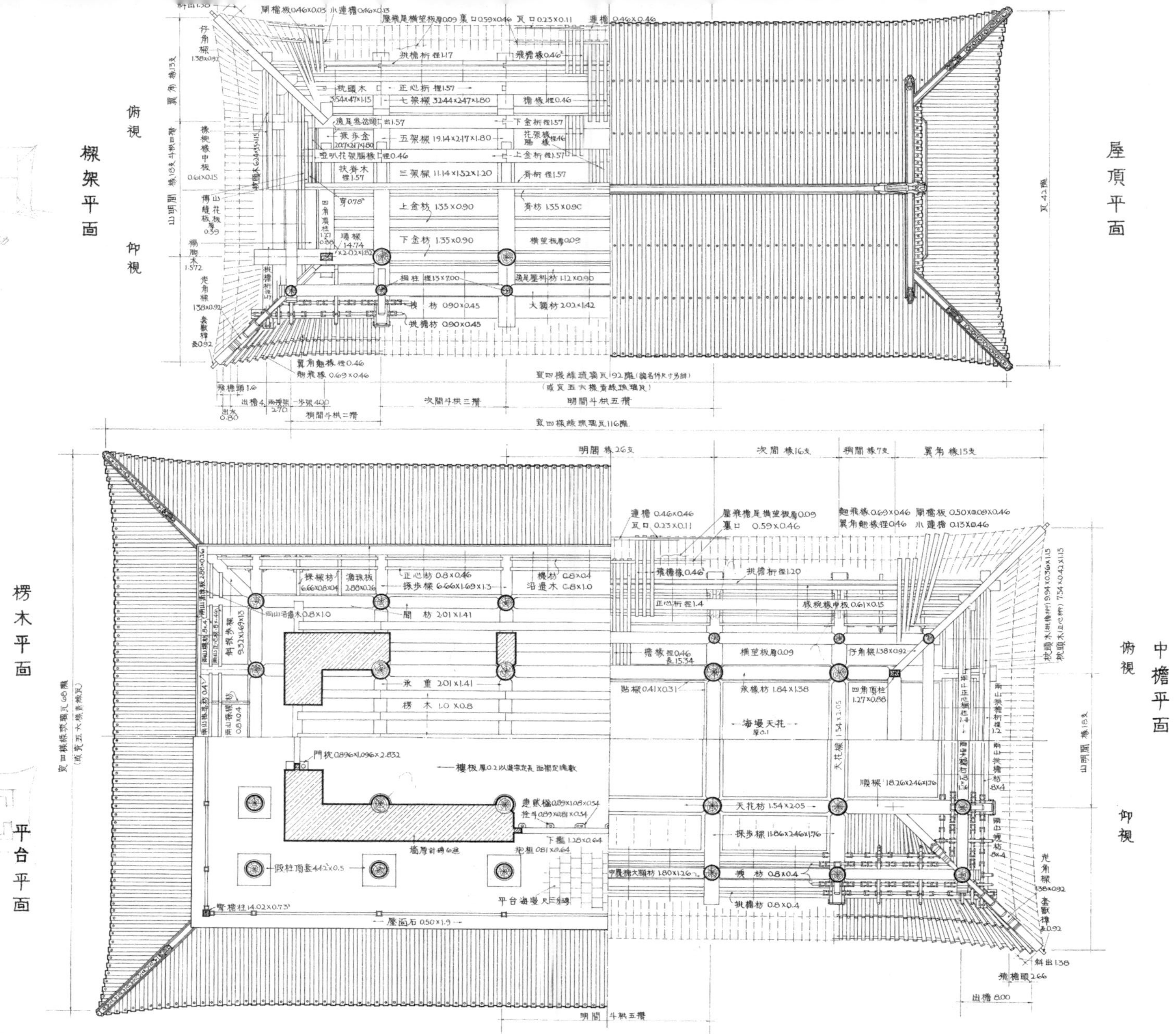

图24　清工部工程做法则例卷拾伍

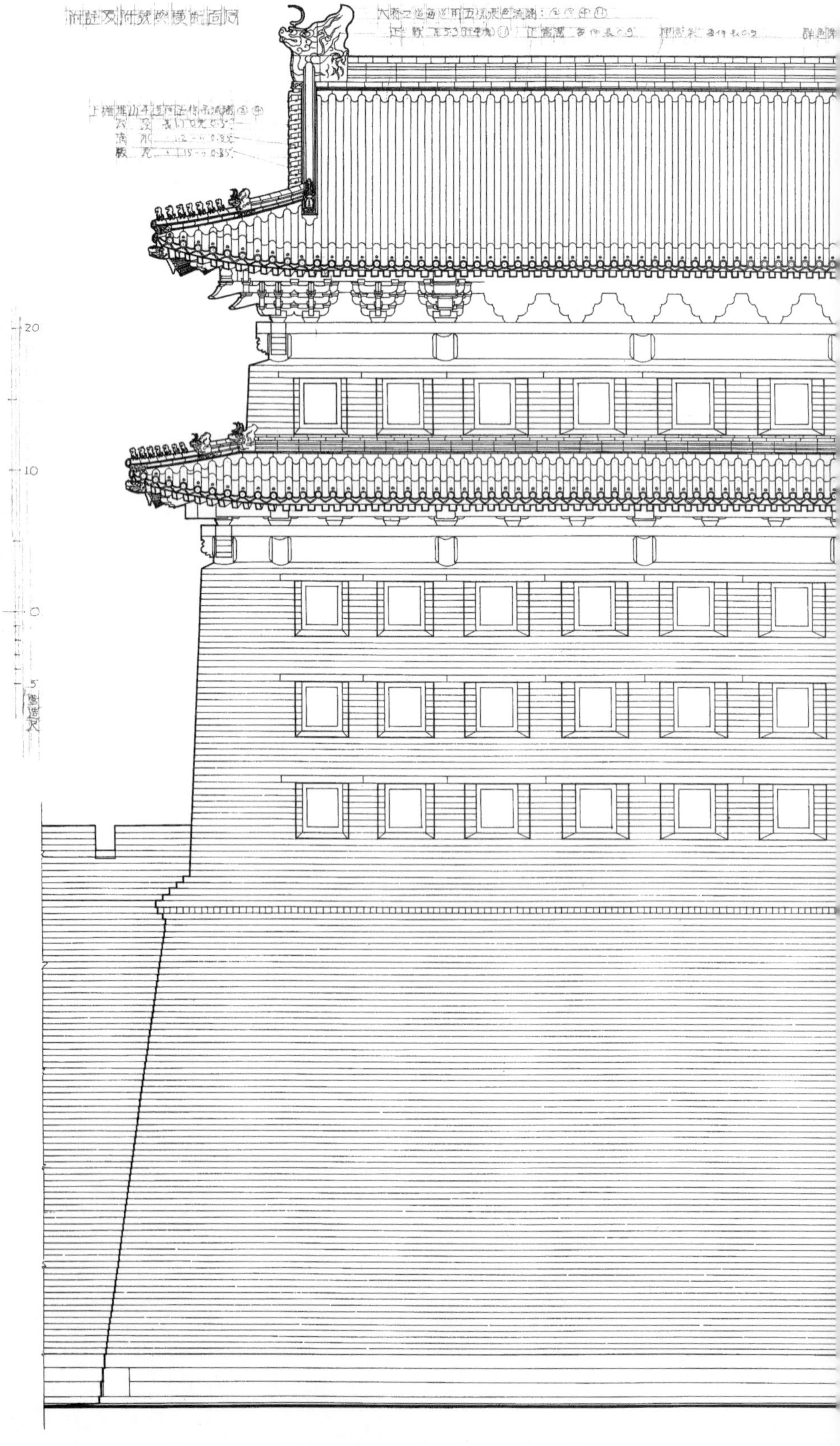

重檐歇山轉角樓

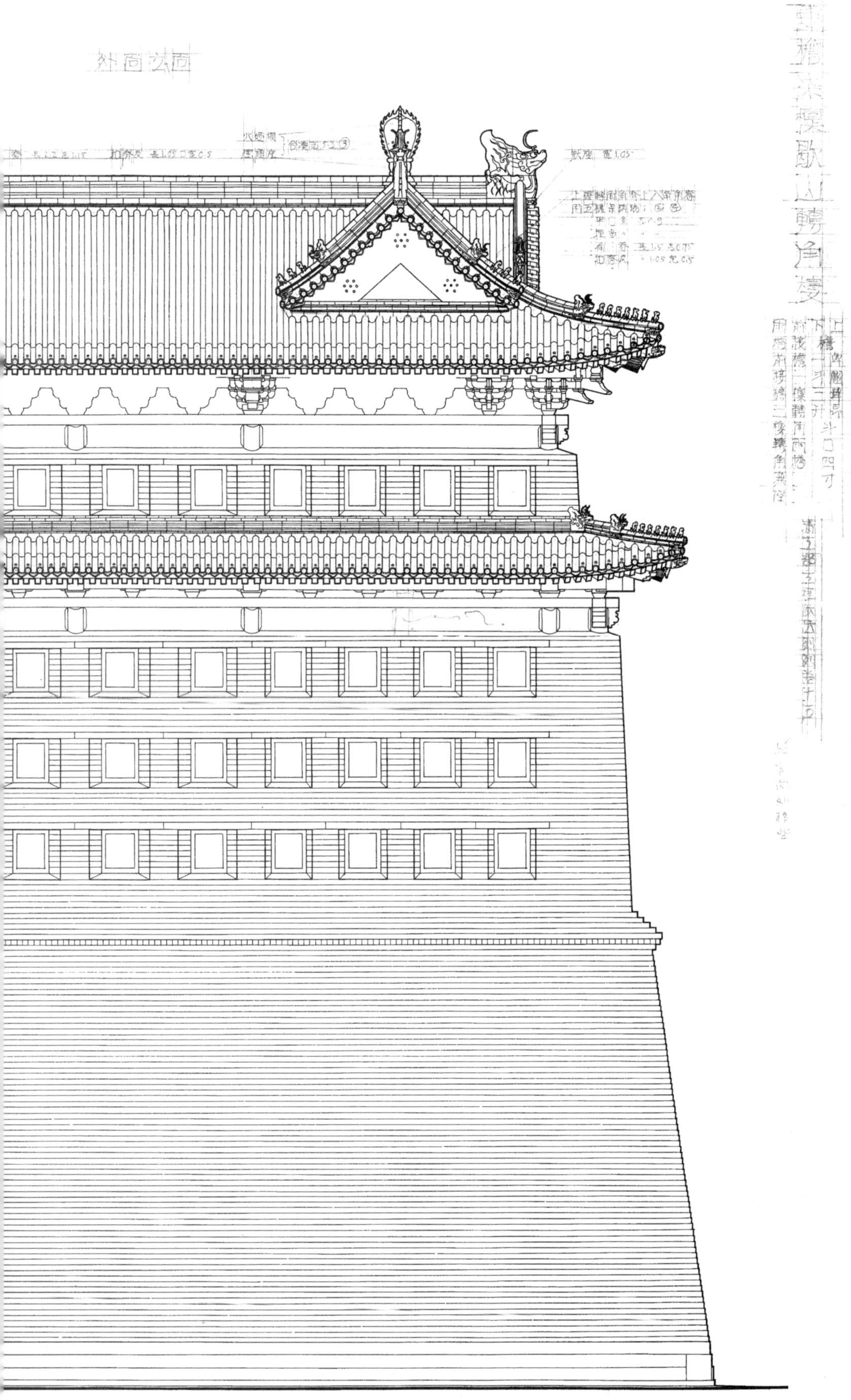

图25 清工部工程做法则例卷拾伍

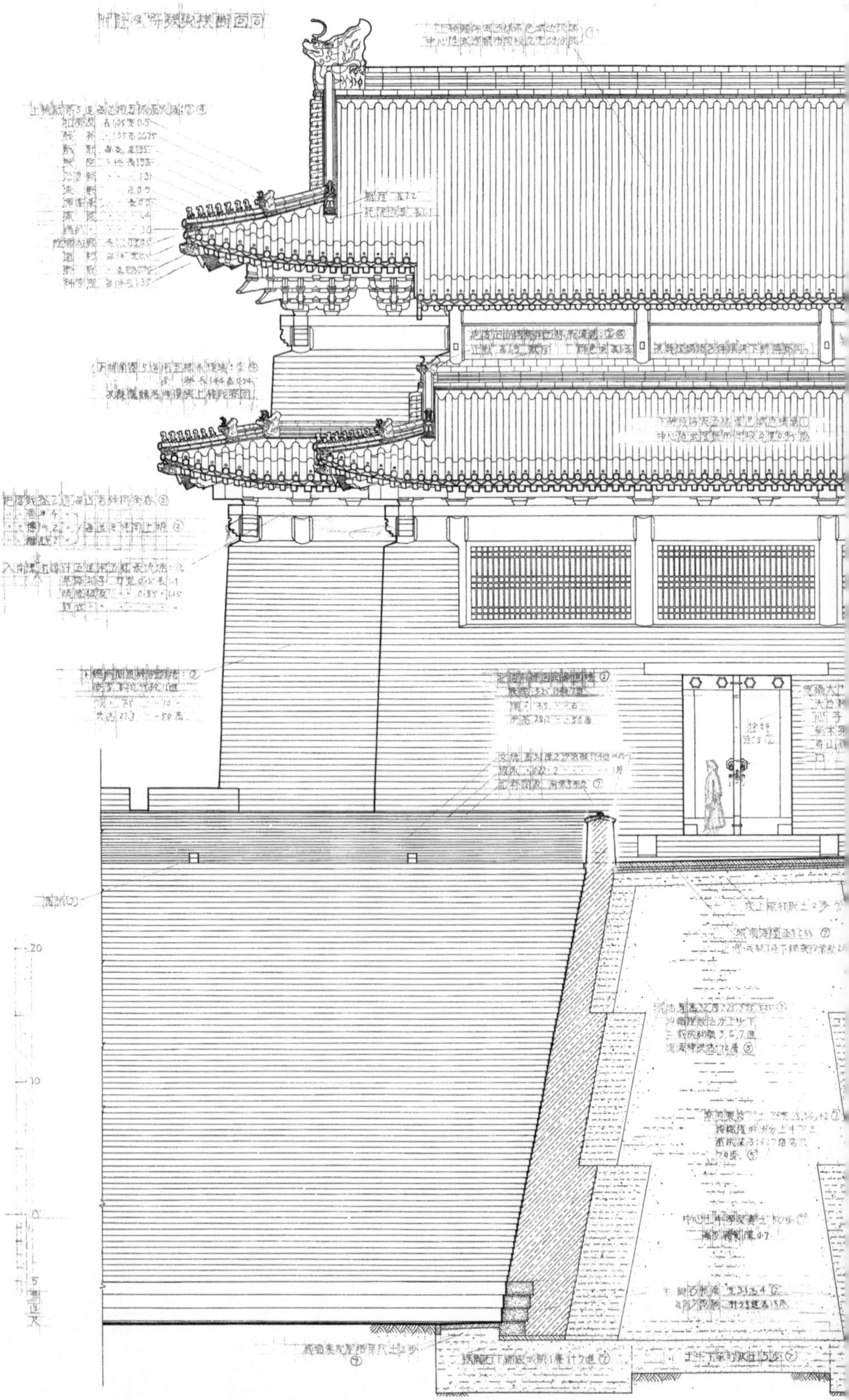

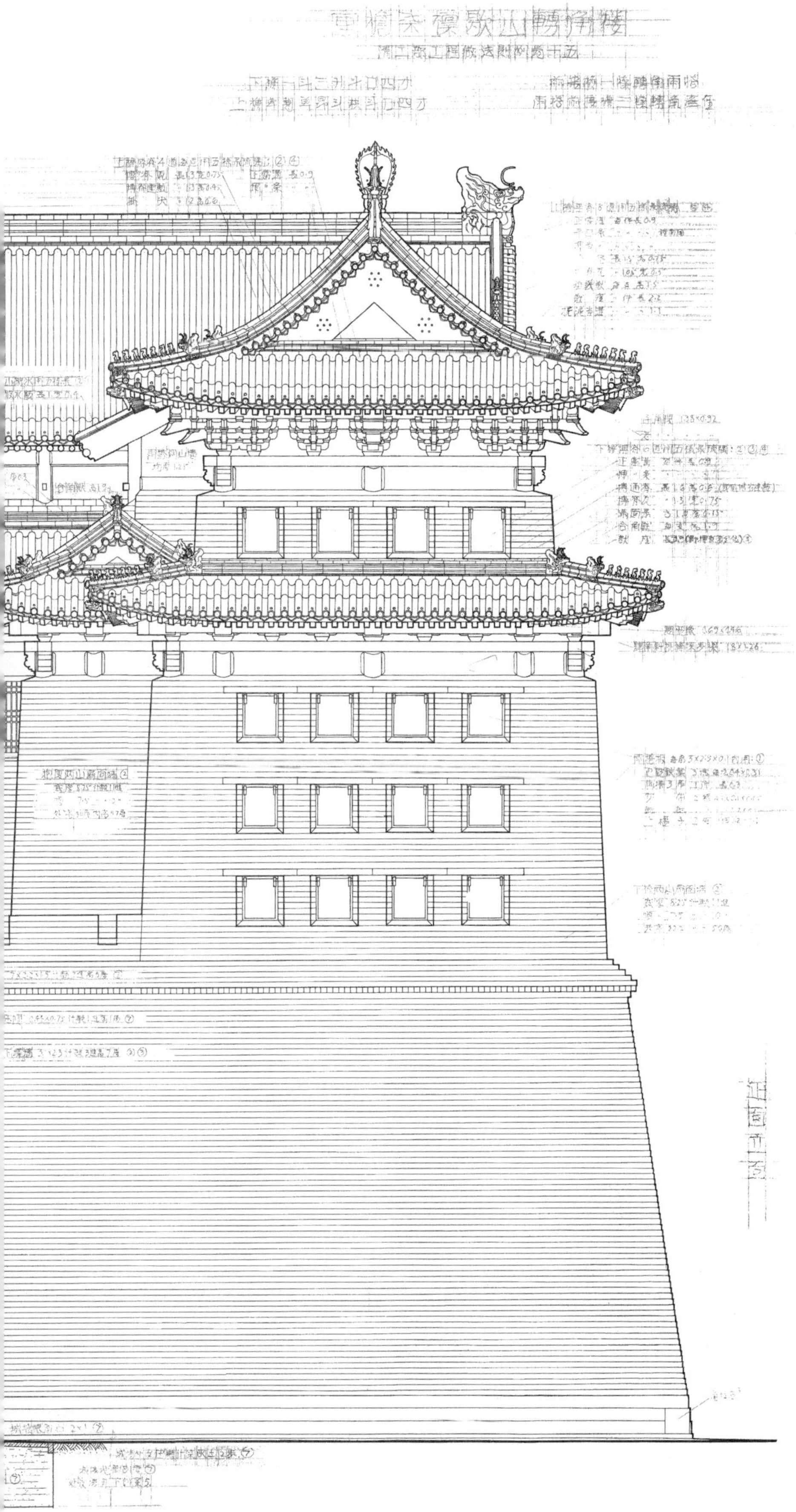

图 26　清工部工程做法则例卷拾伍

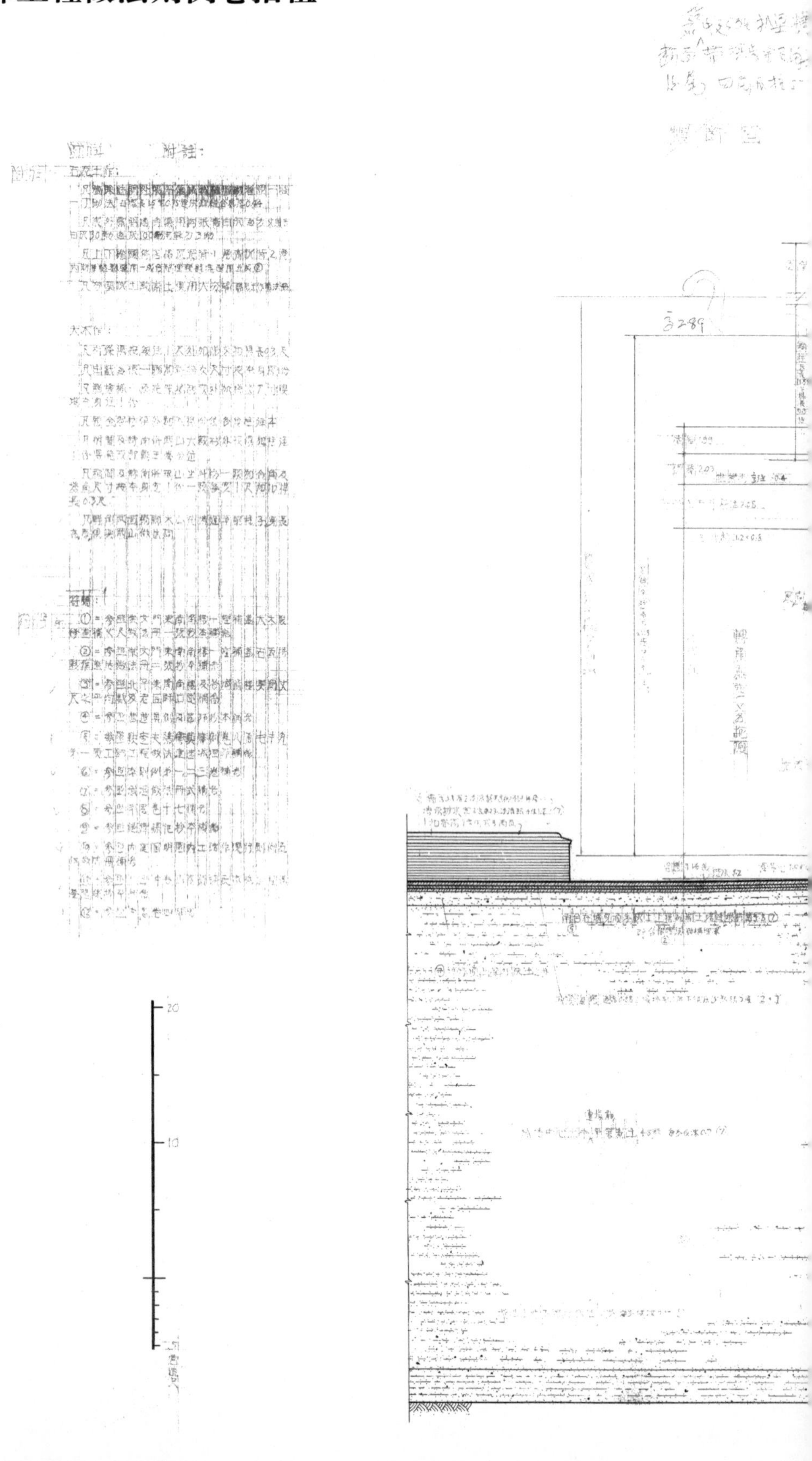

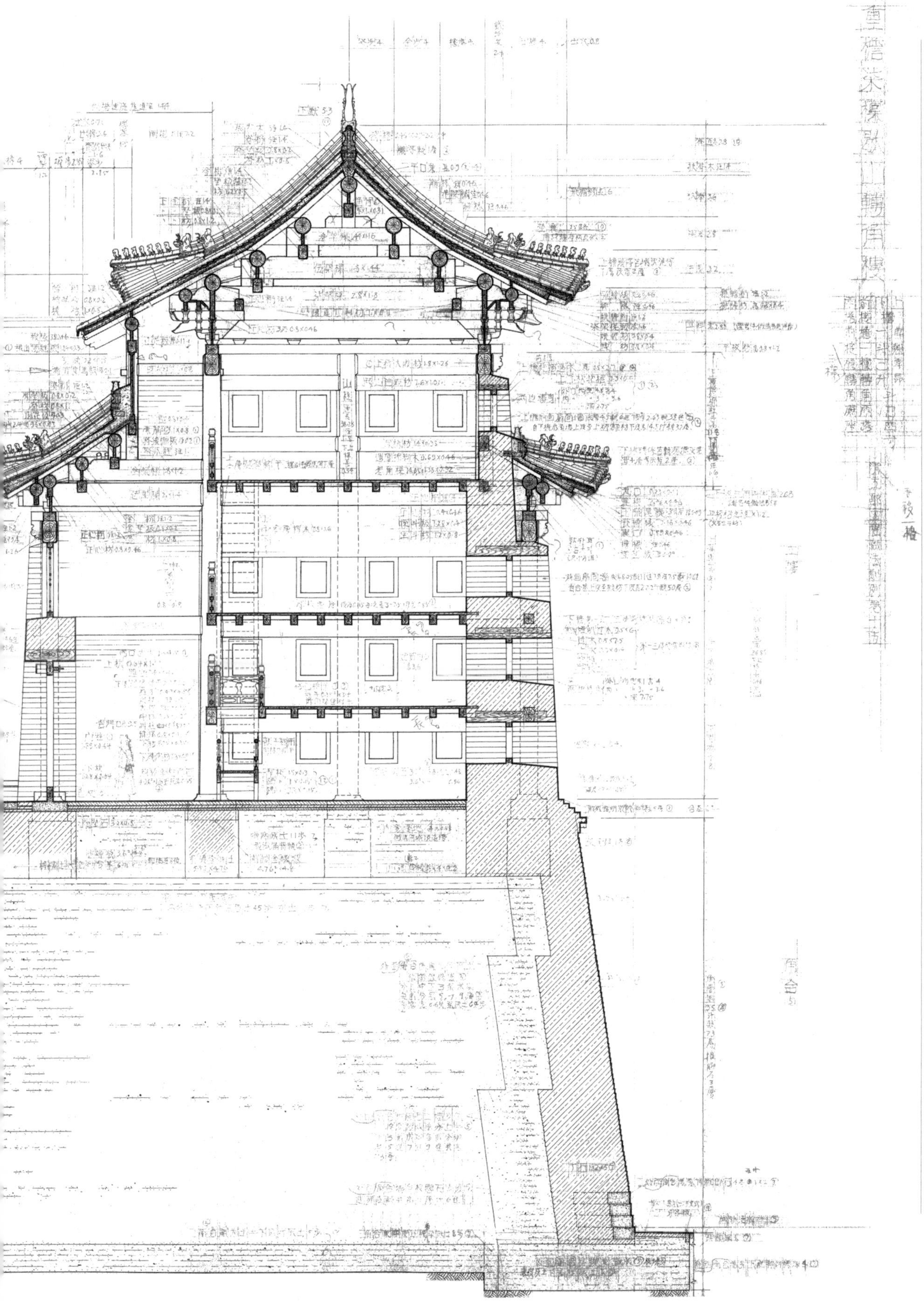

图27　清工部工程做法则例卷拾伍

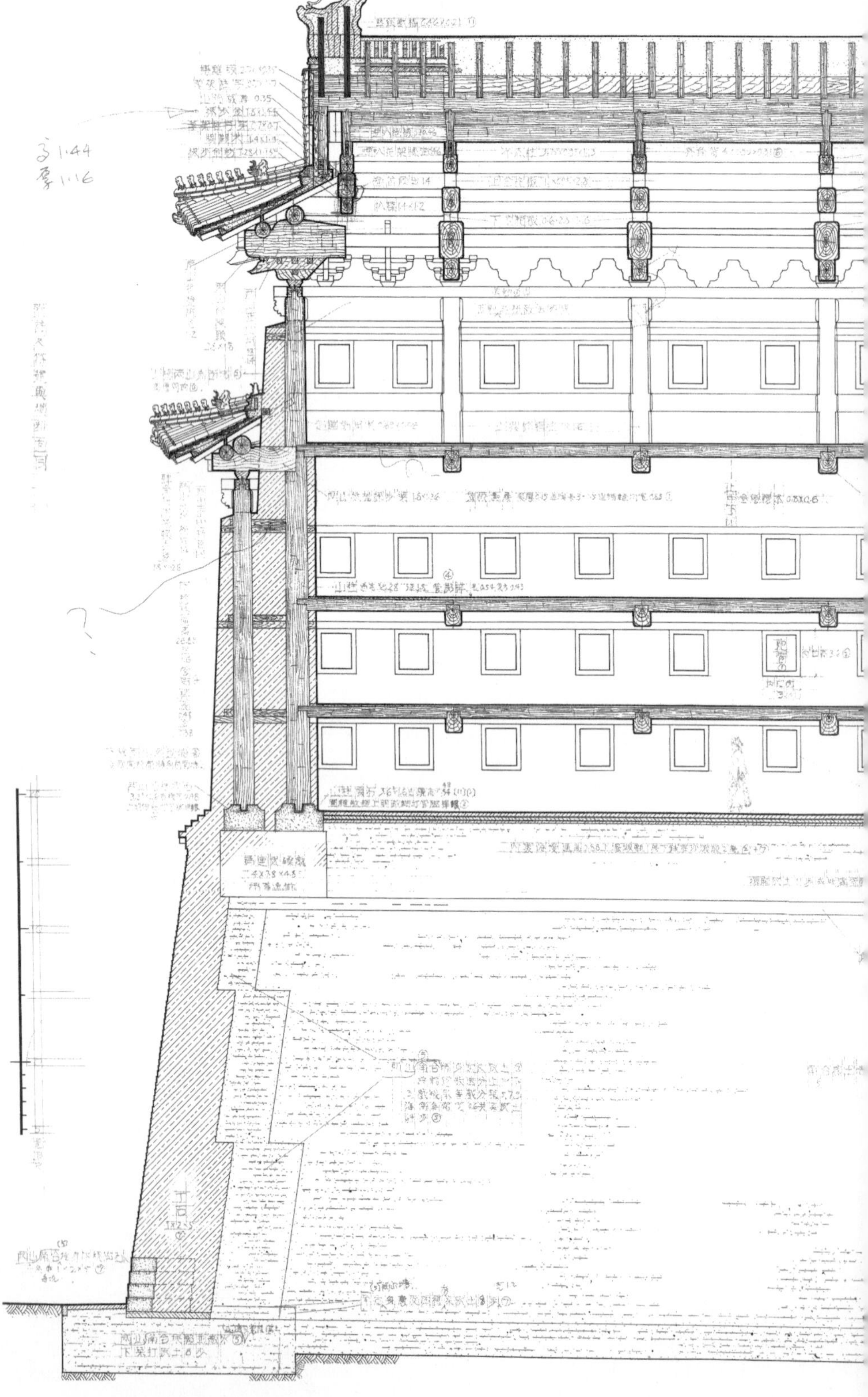

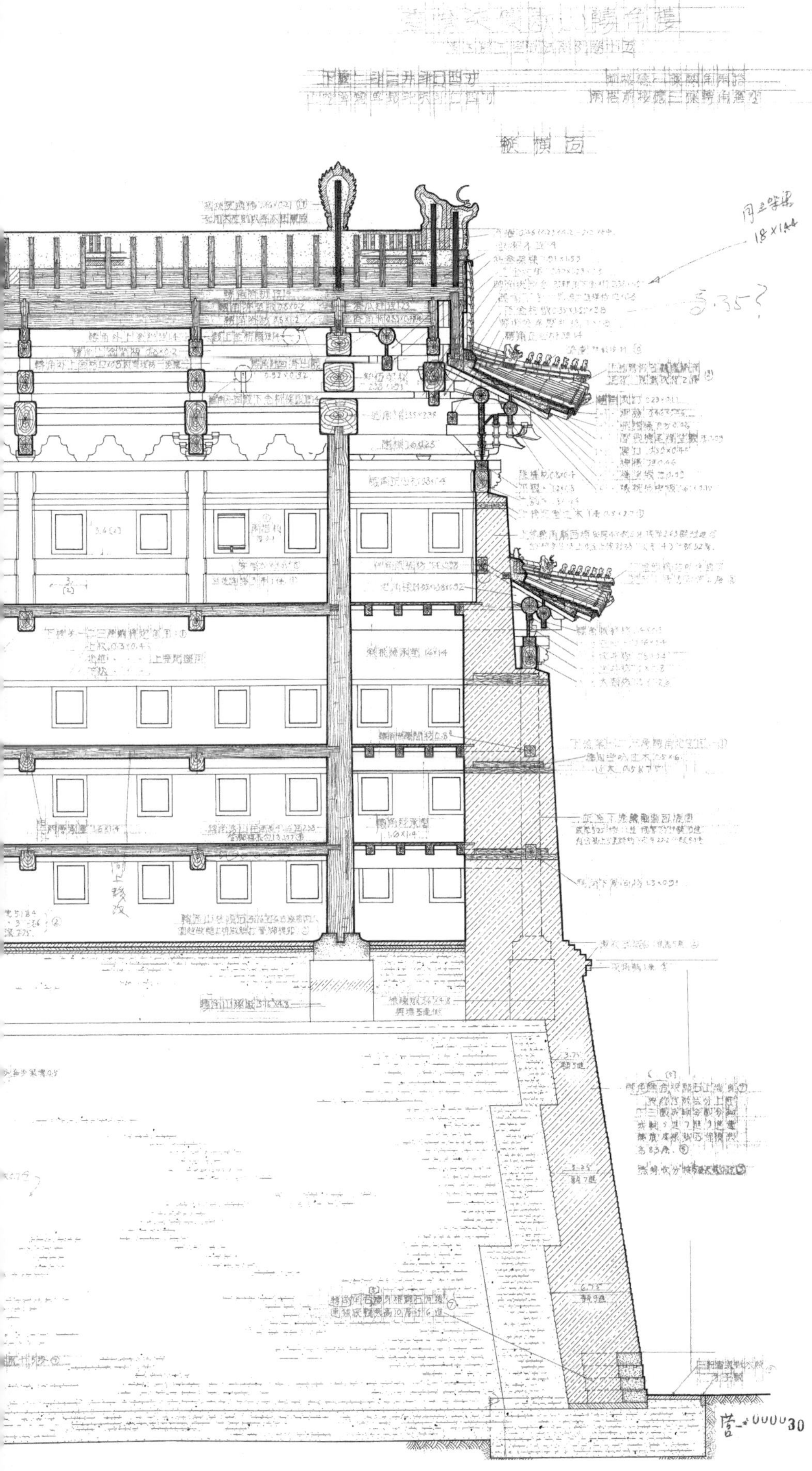
18×144
5.35?
宫-0000 30

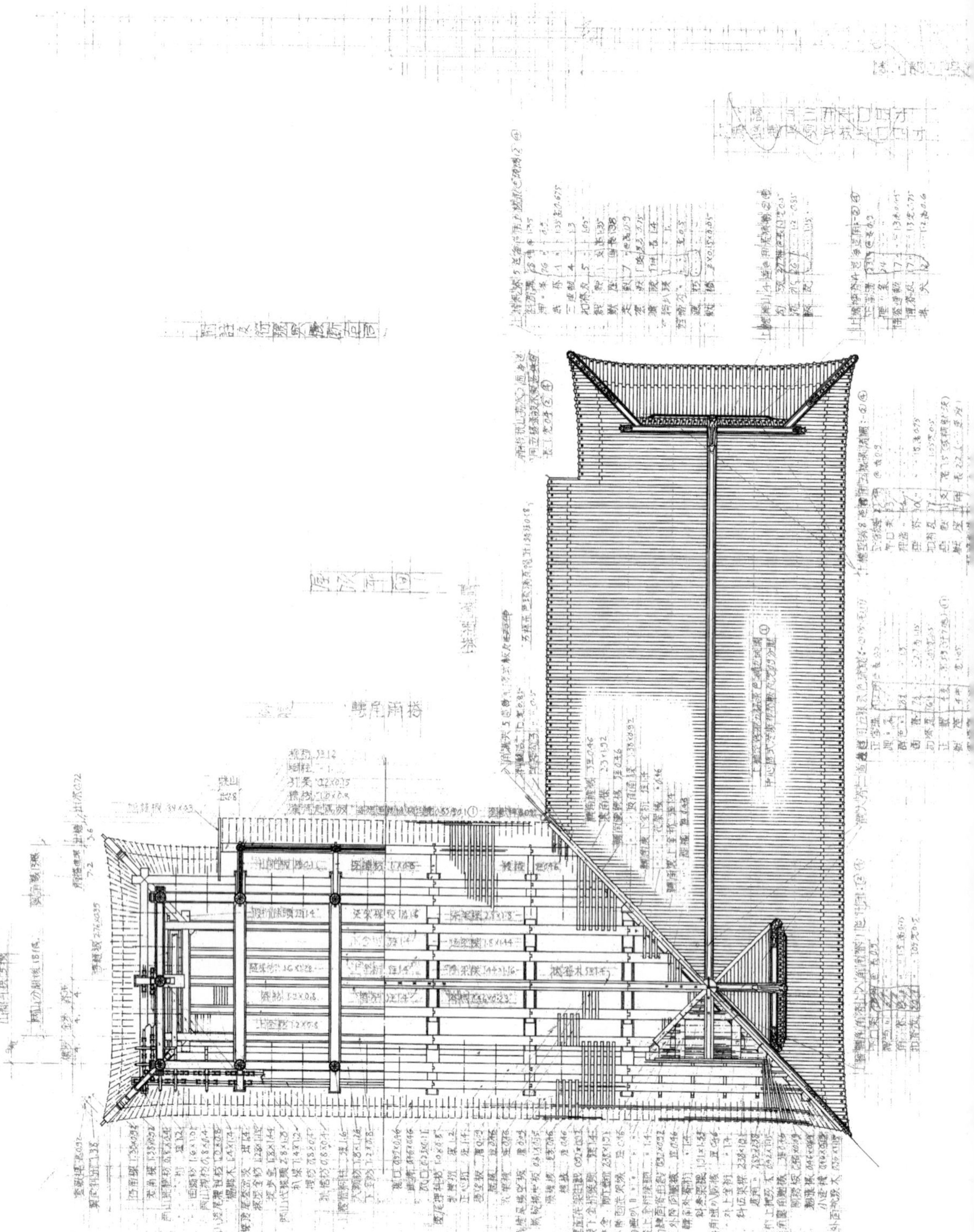

图28 清工部工程做法则例卷拾伍

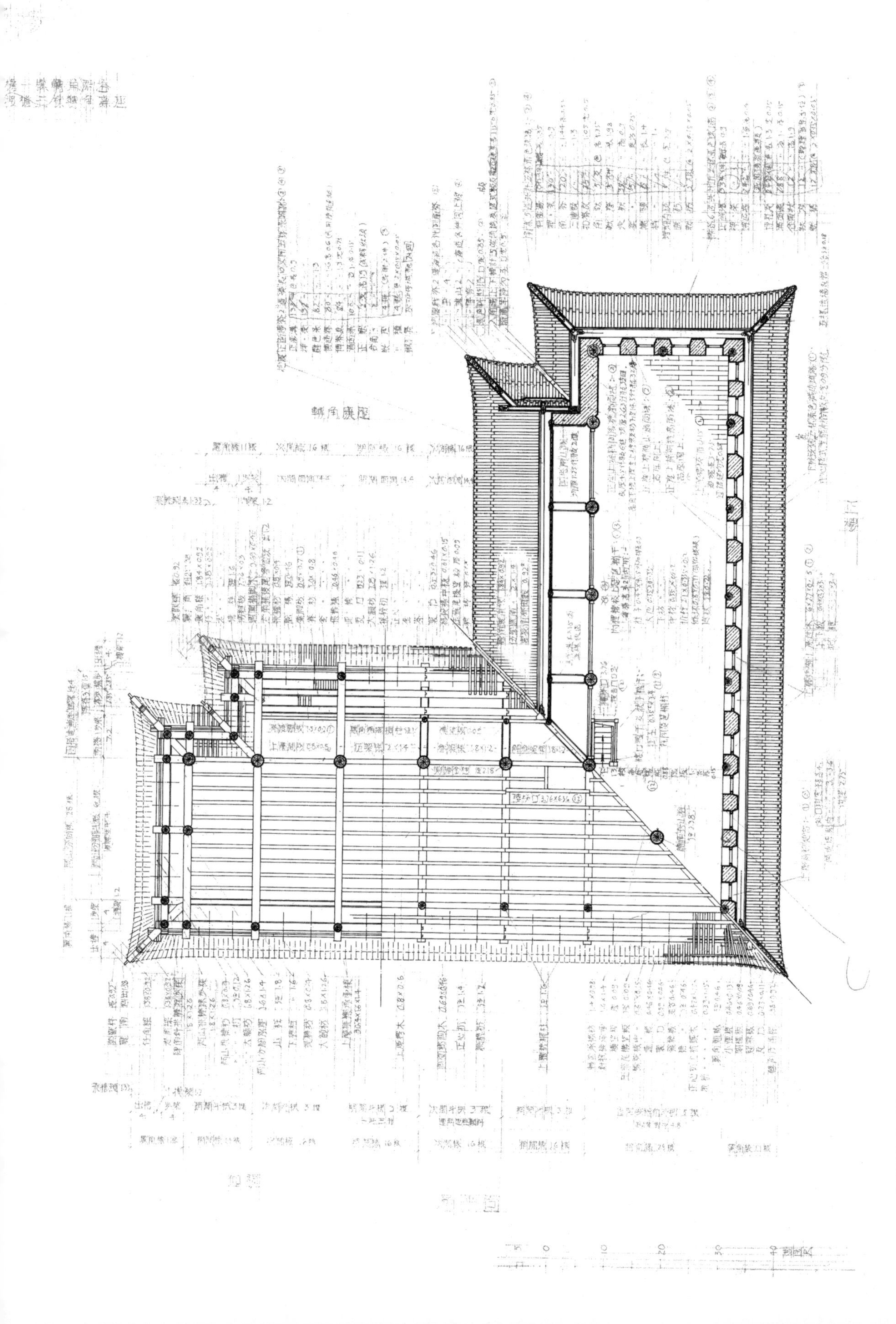

图29　清工部工程做法则例卷拾伍

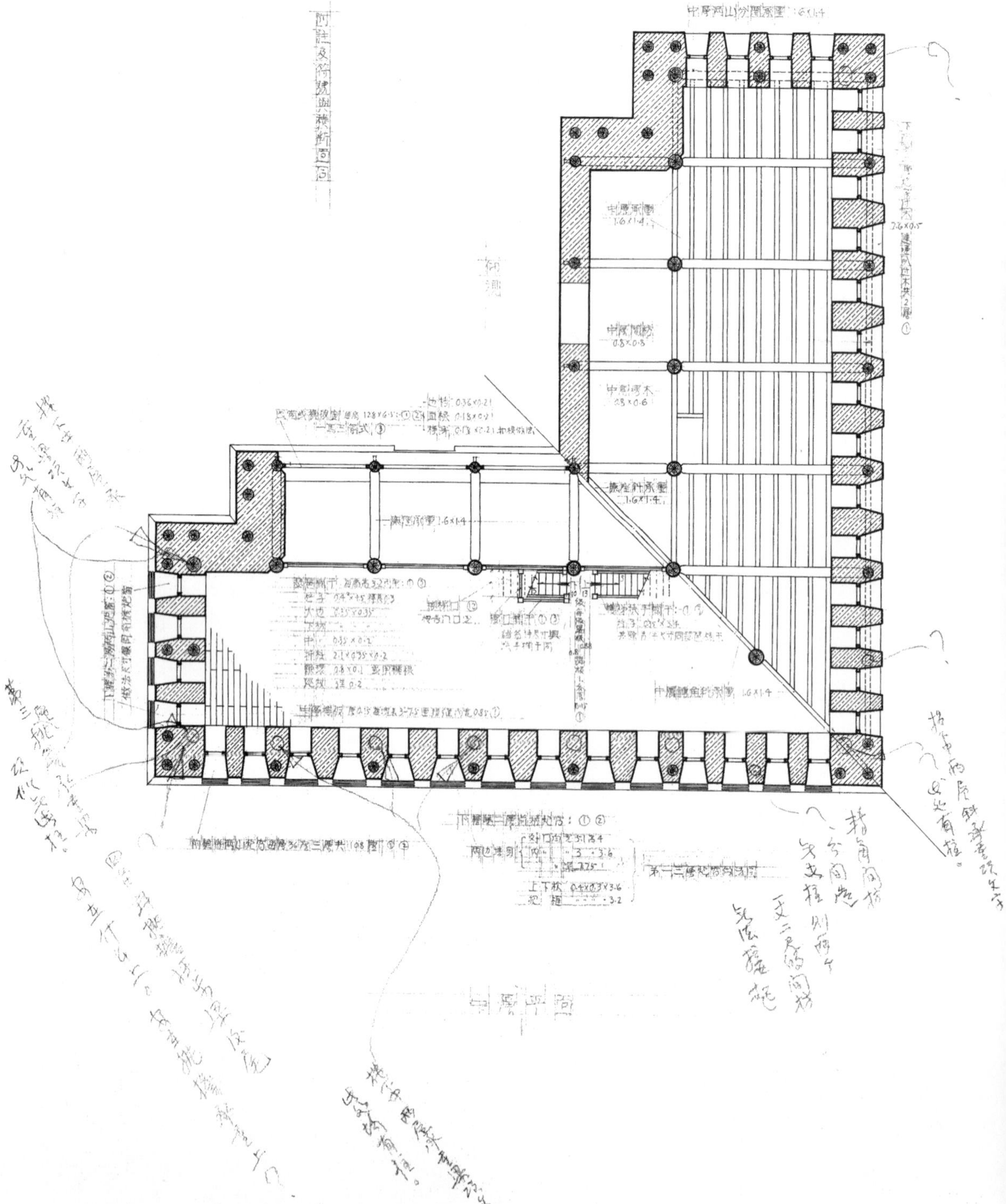

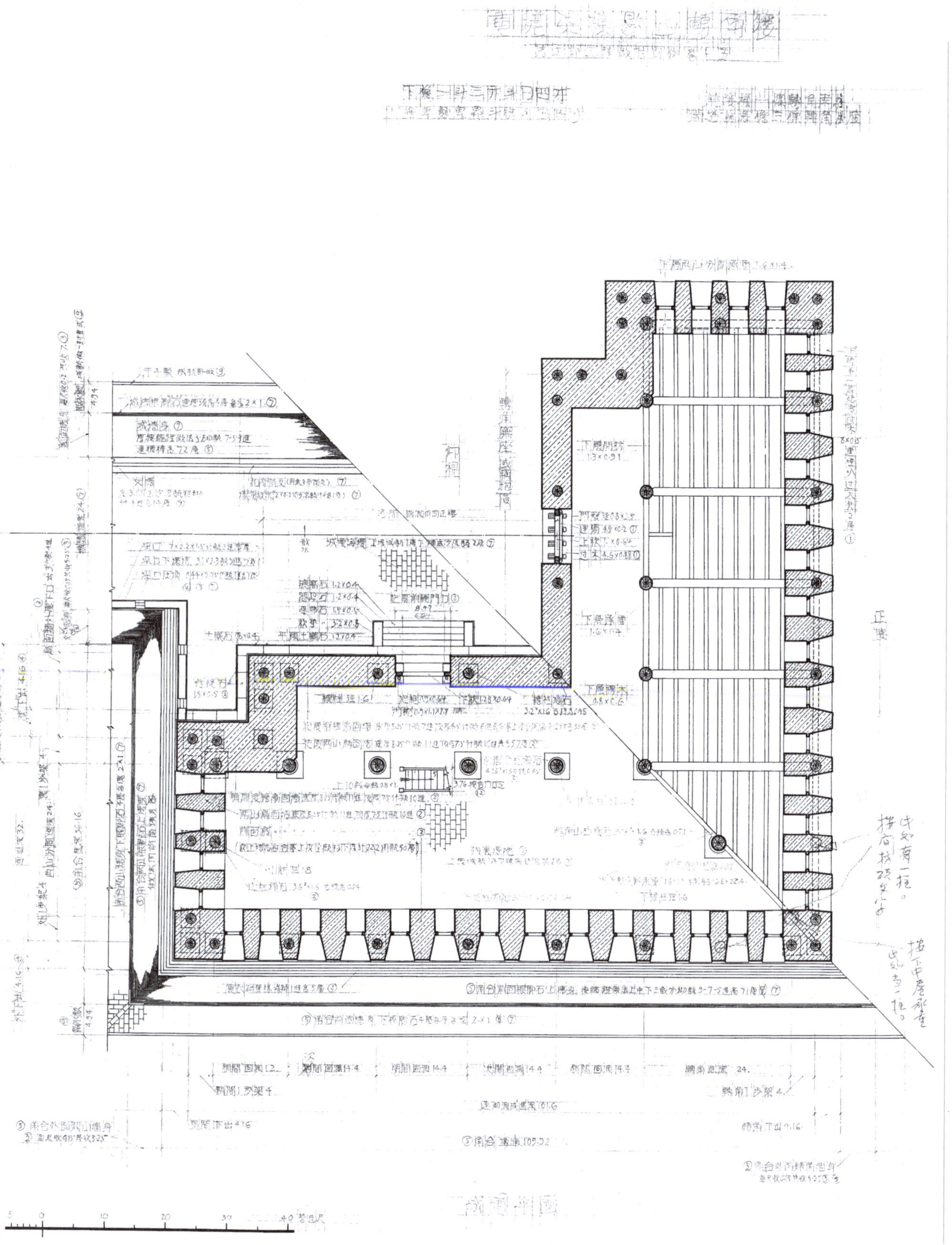

图 30　清工部工程做法则例卷拾陆

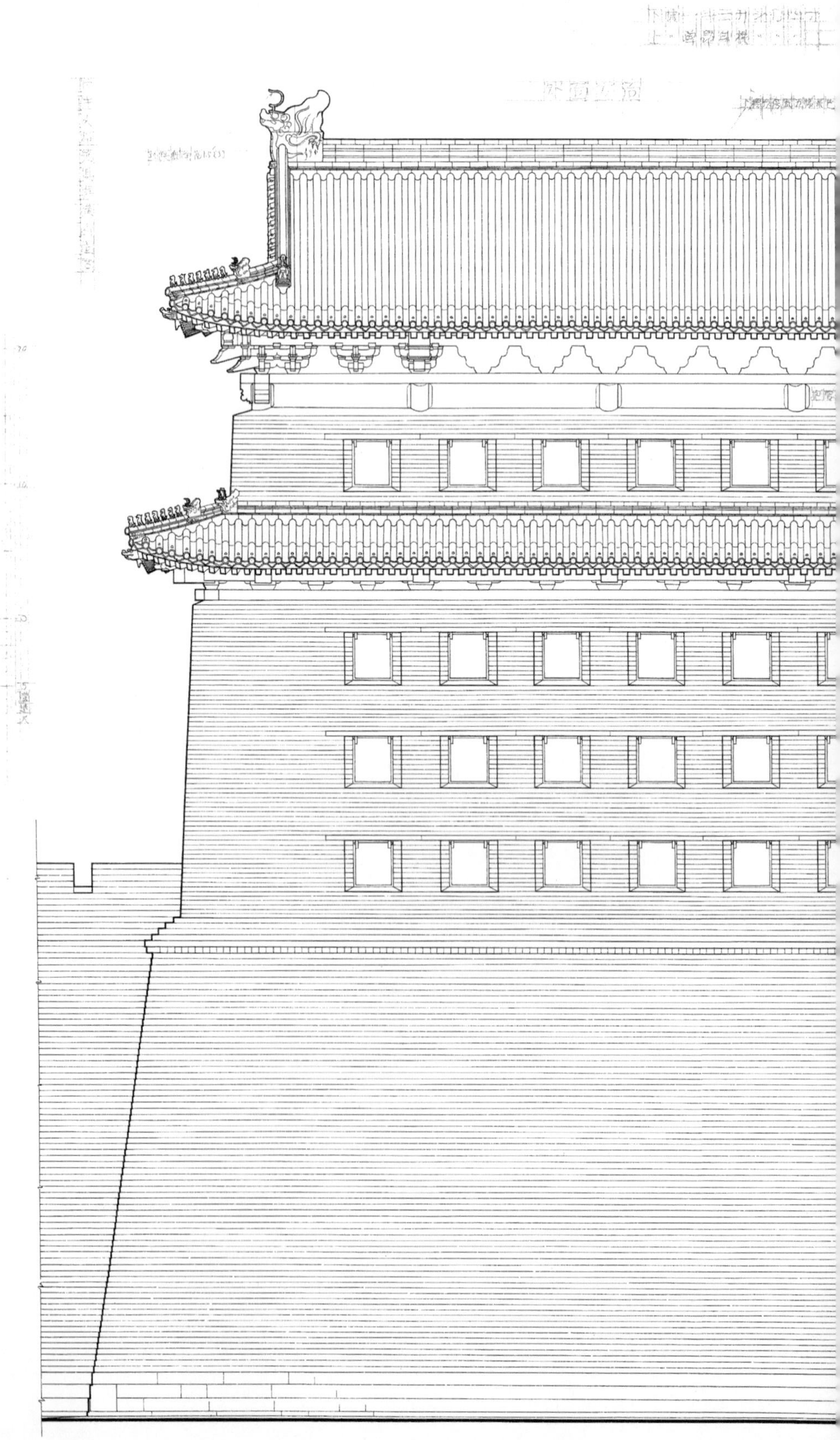

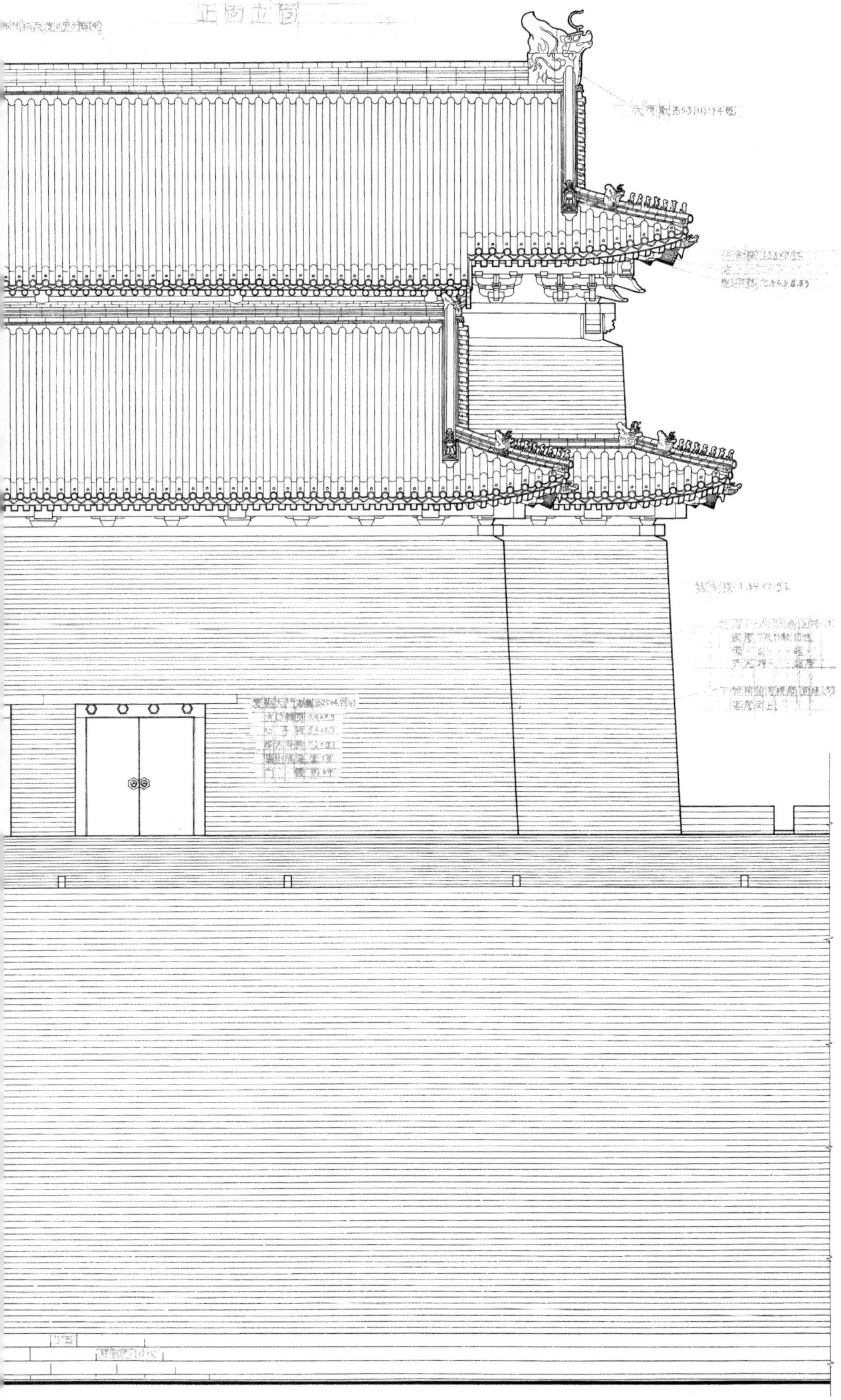

图 31　清工部工程做法则例卷拾陆

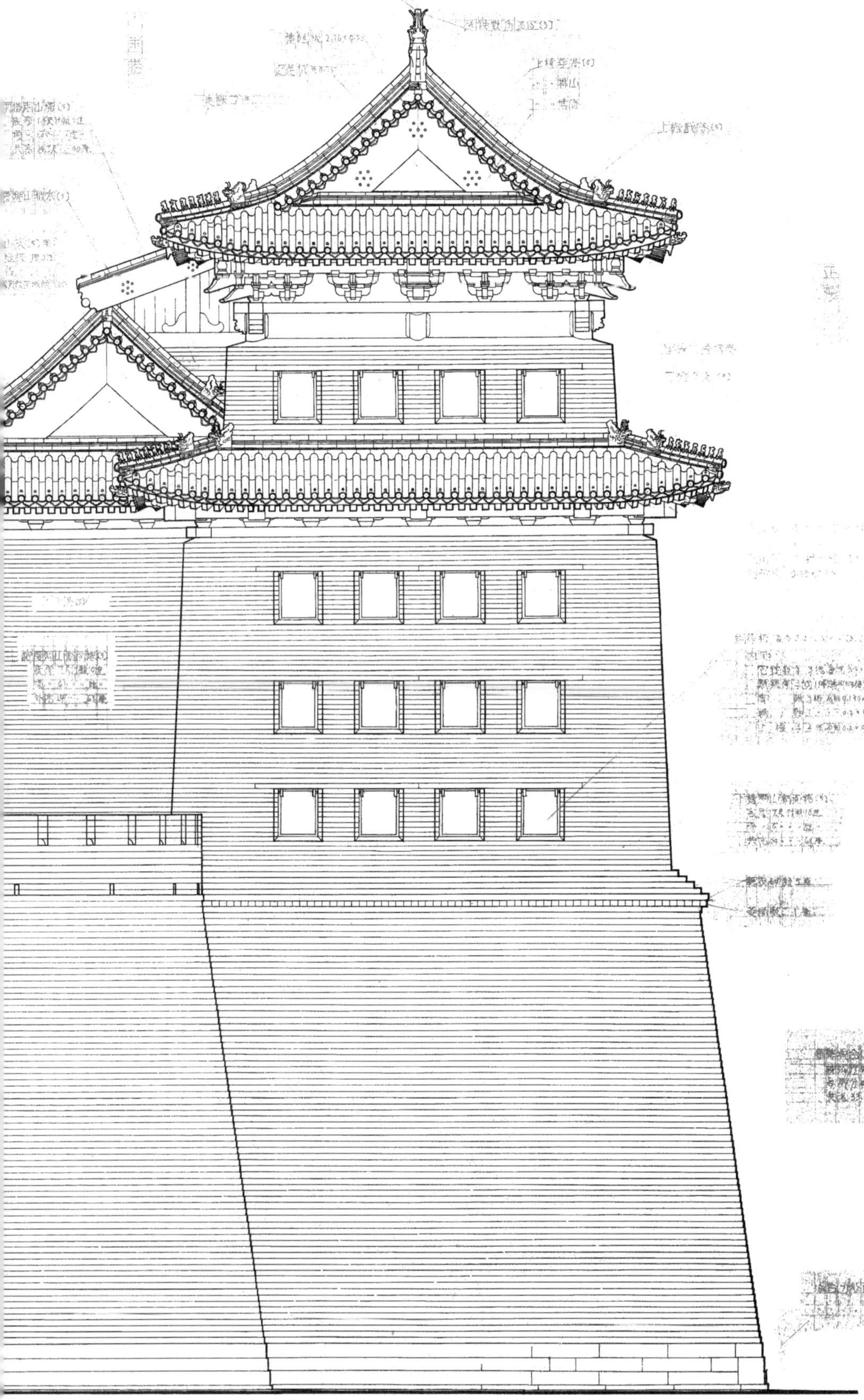

图 32　清工部工程做法则例卷拾陆

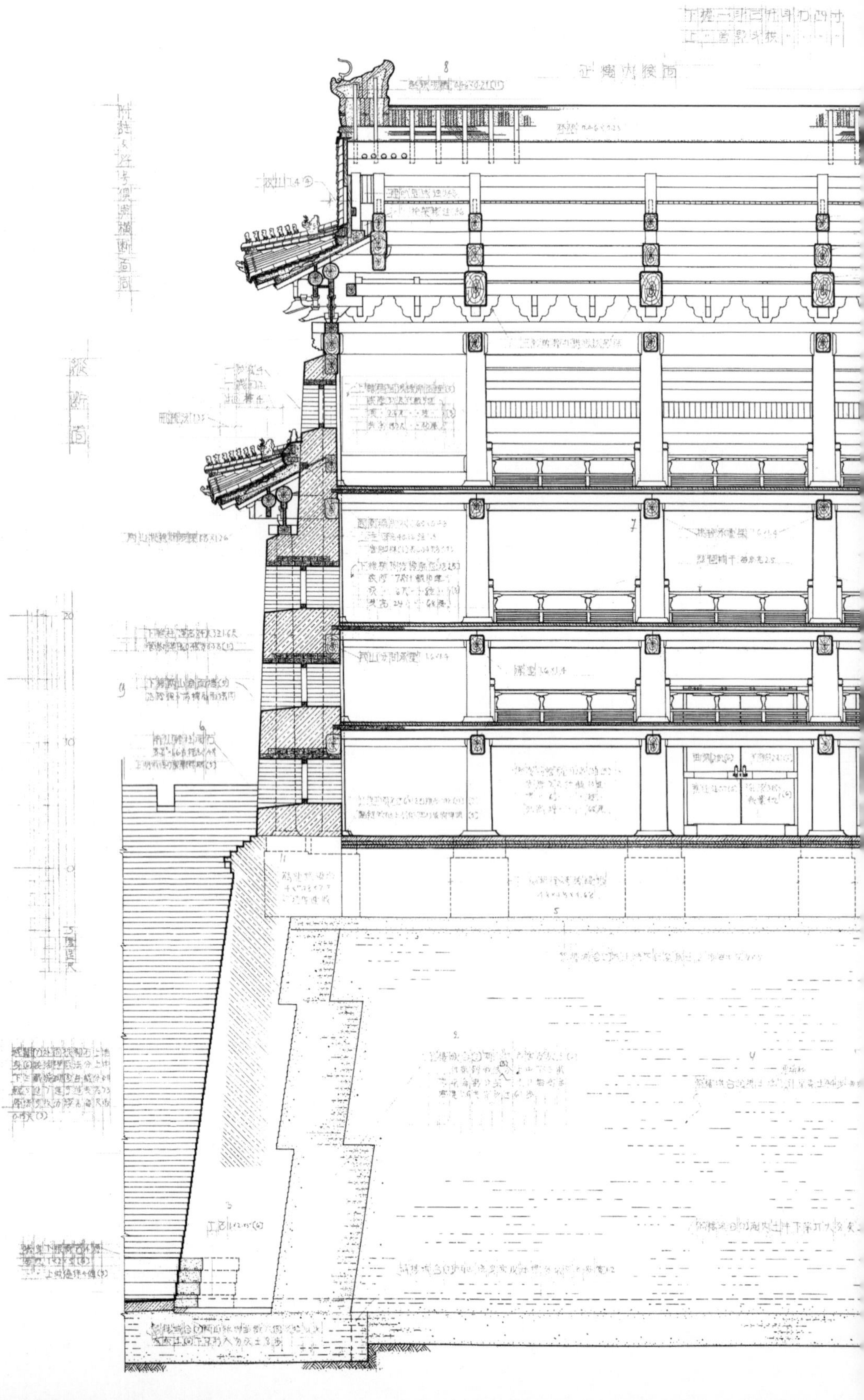

重檐歇山箭楼
清工部工程做法则例卷十六

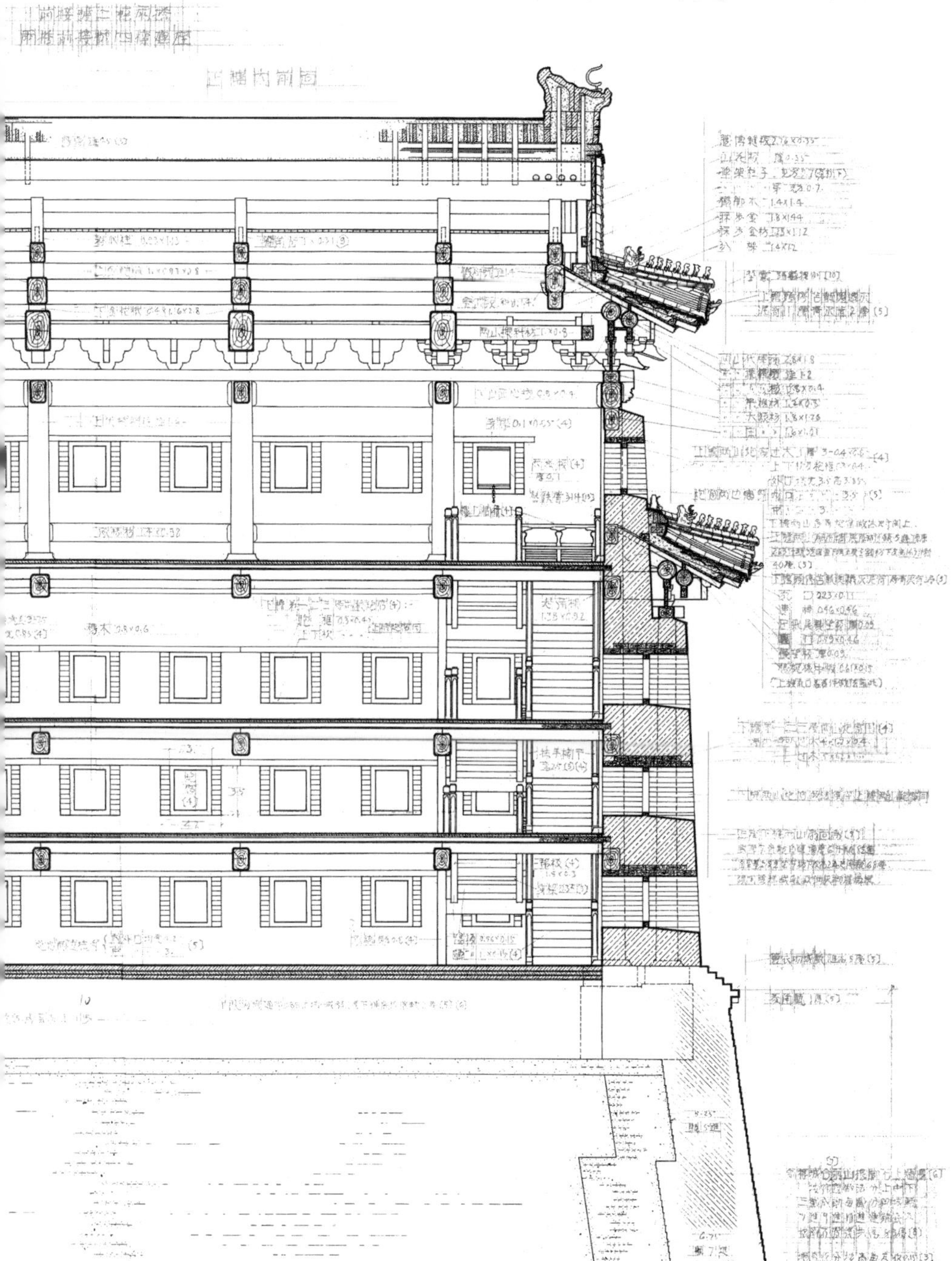

图 33　清工部工程做法则例卷拾陆

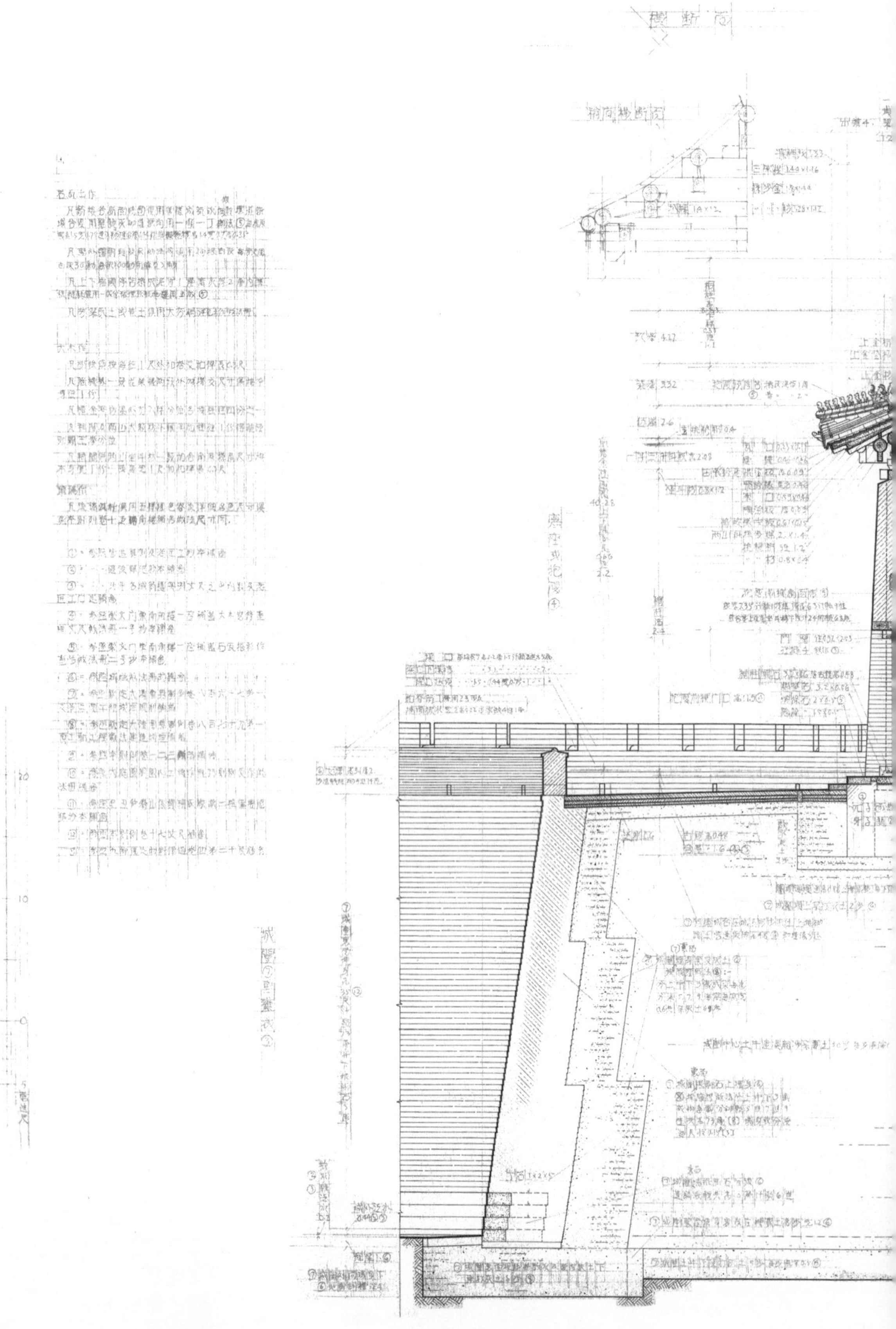

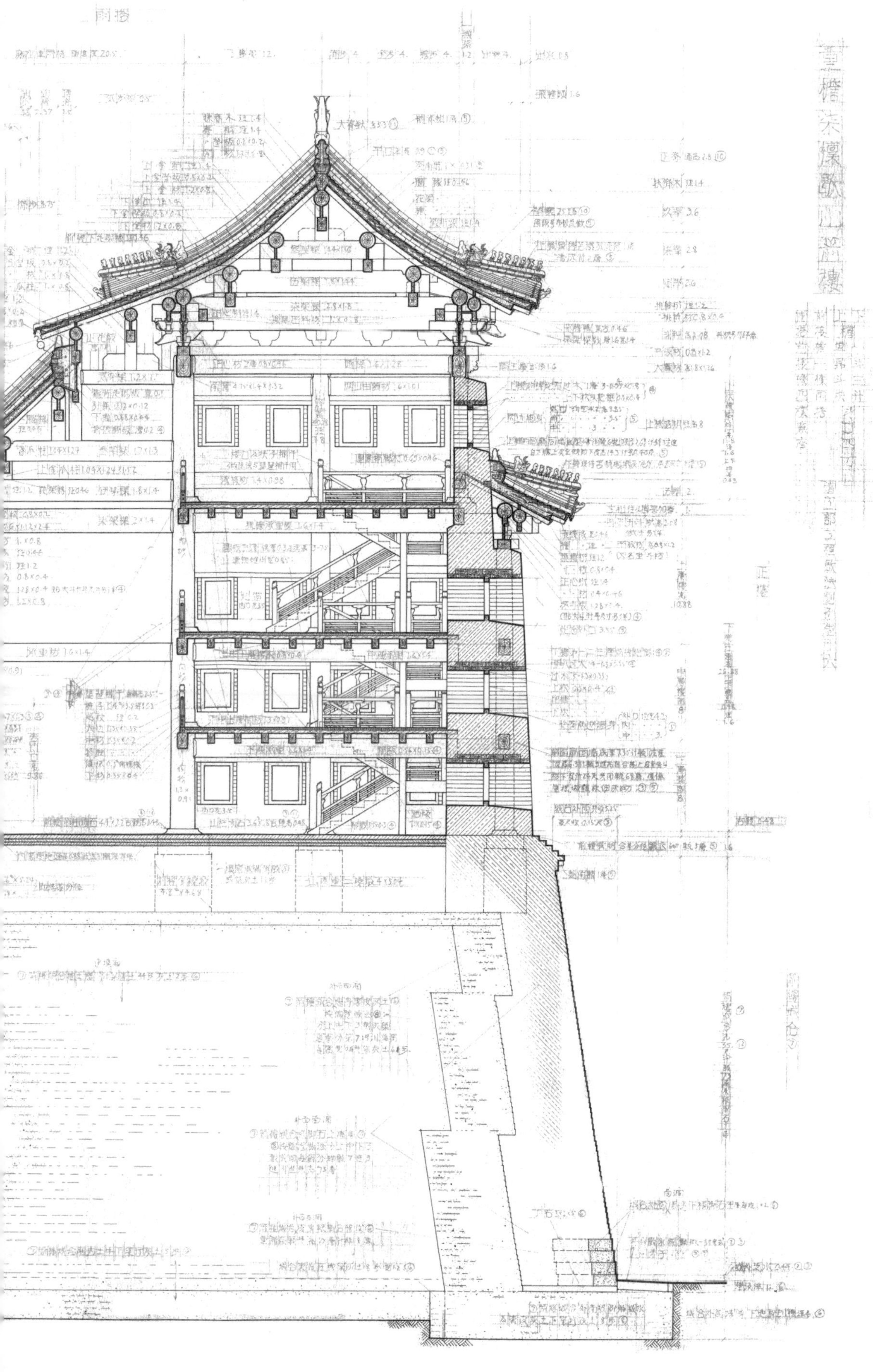

图 34 清工部工程做法则例卷拾陆

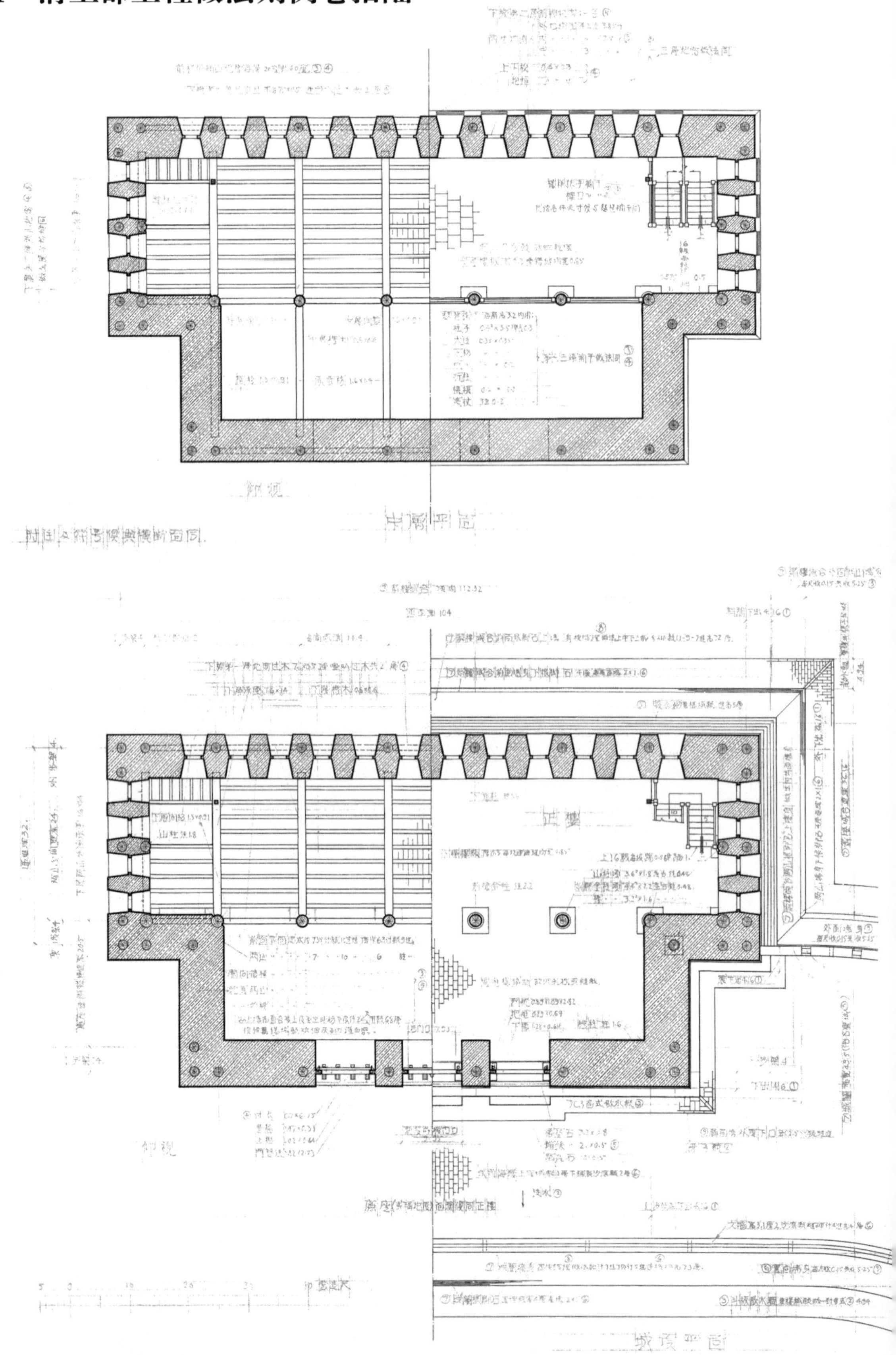

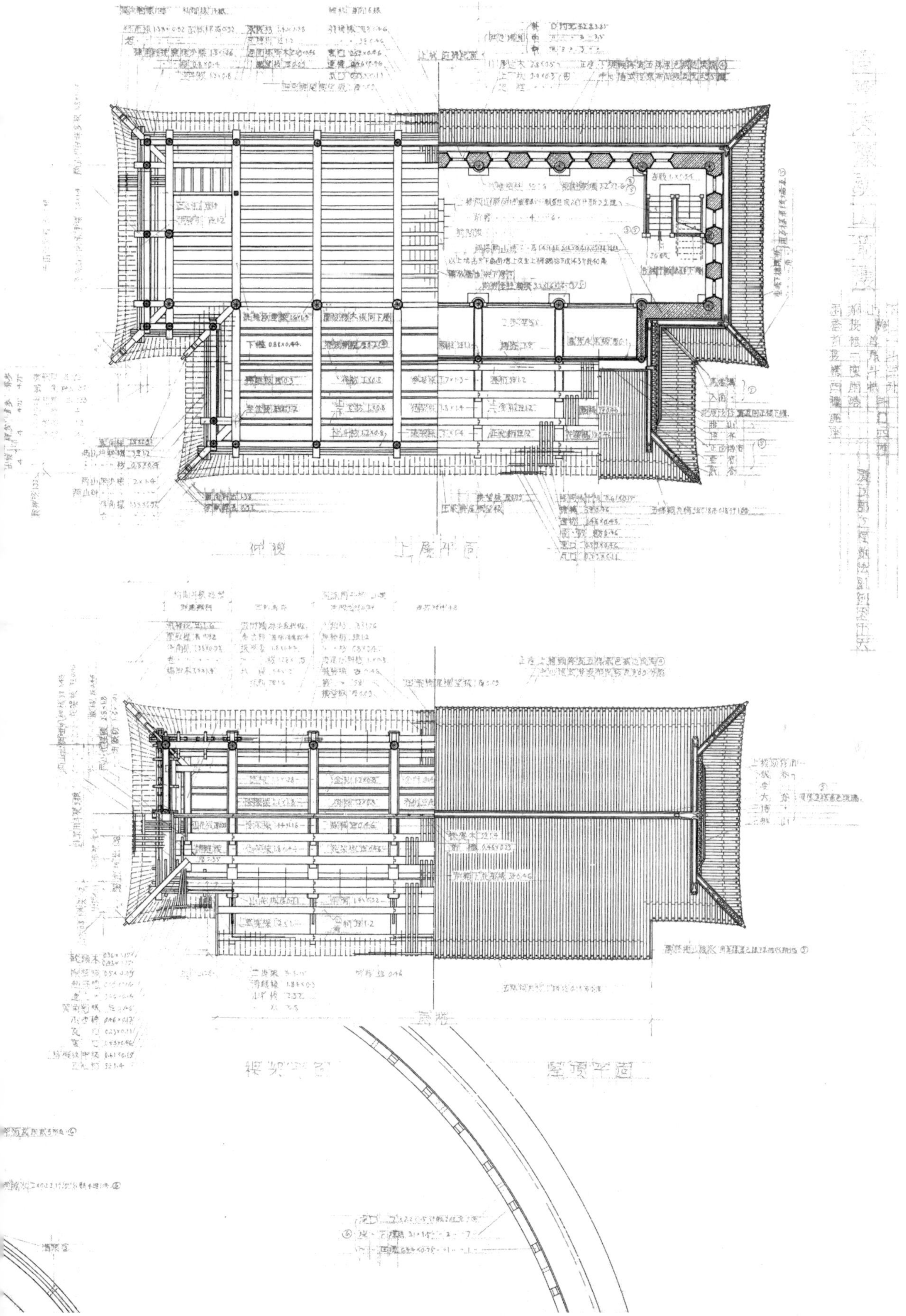
仰視
上層平面
梁架平面
屋頂平面

图 35　清工部工程做法则例卷拾柒

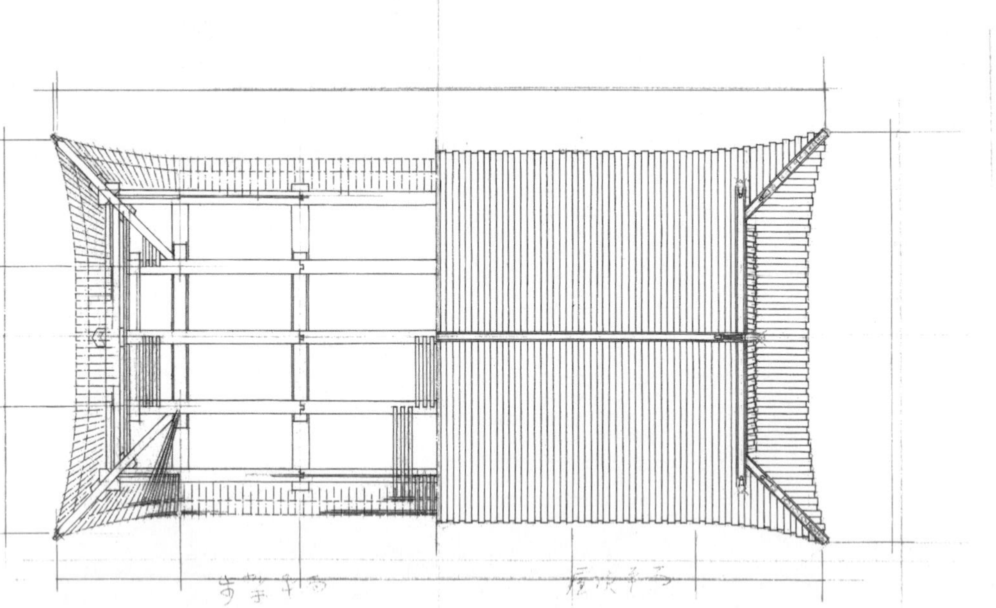

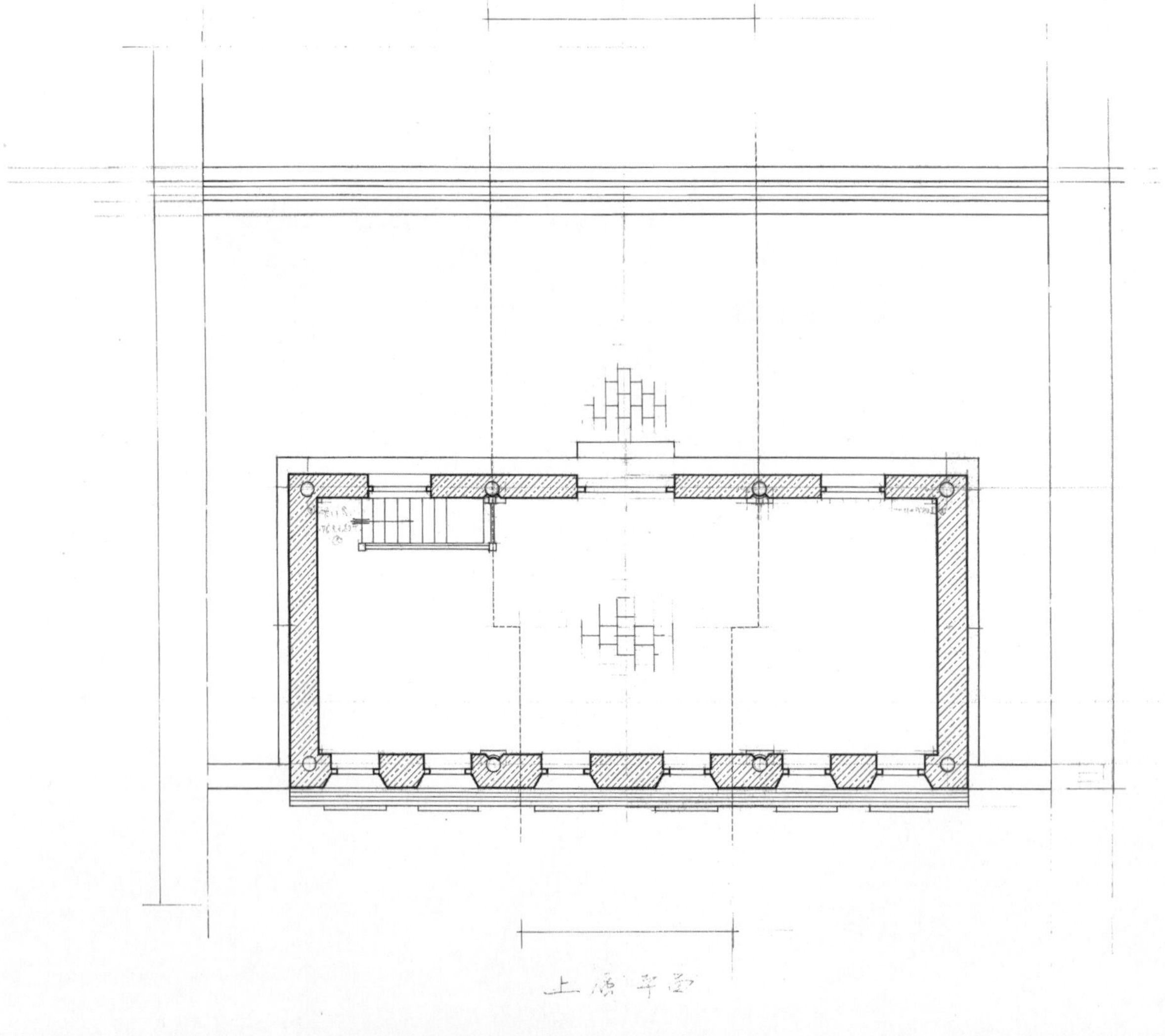

梁丛平面　　　步架(梢七)平面

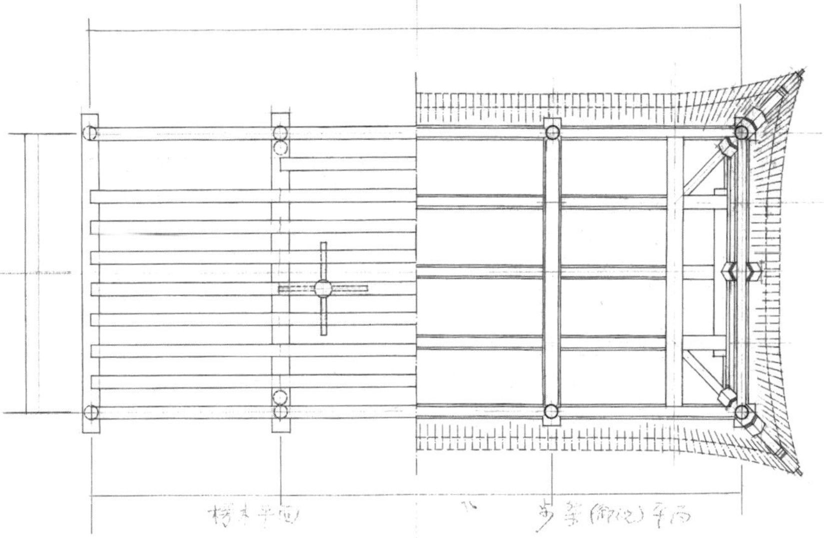

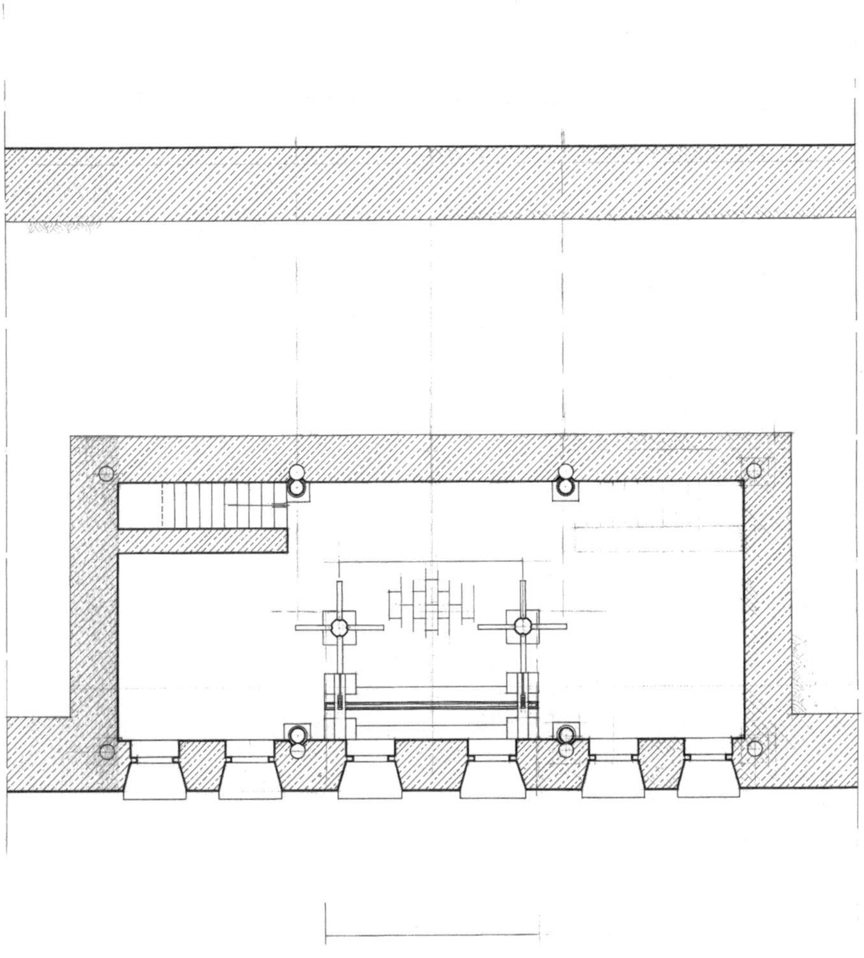

图 36　清工部工程做法则例卷拾柒

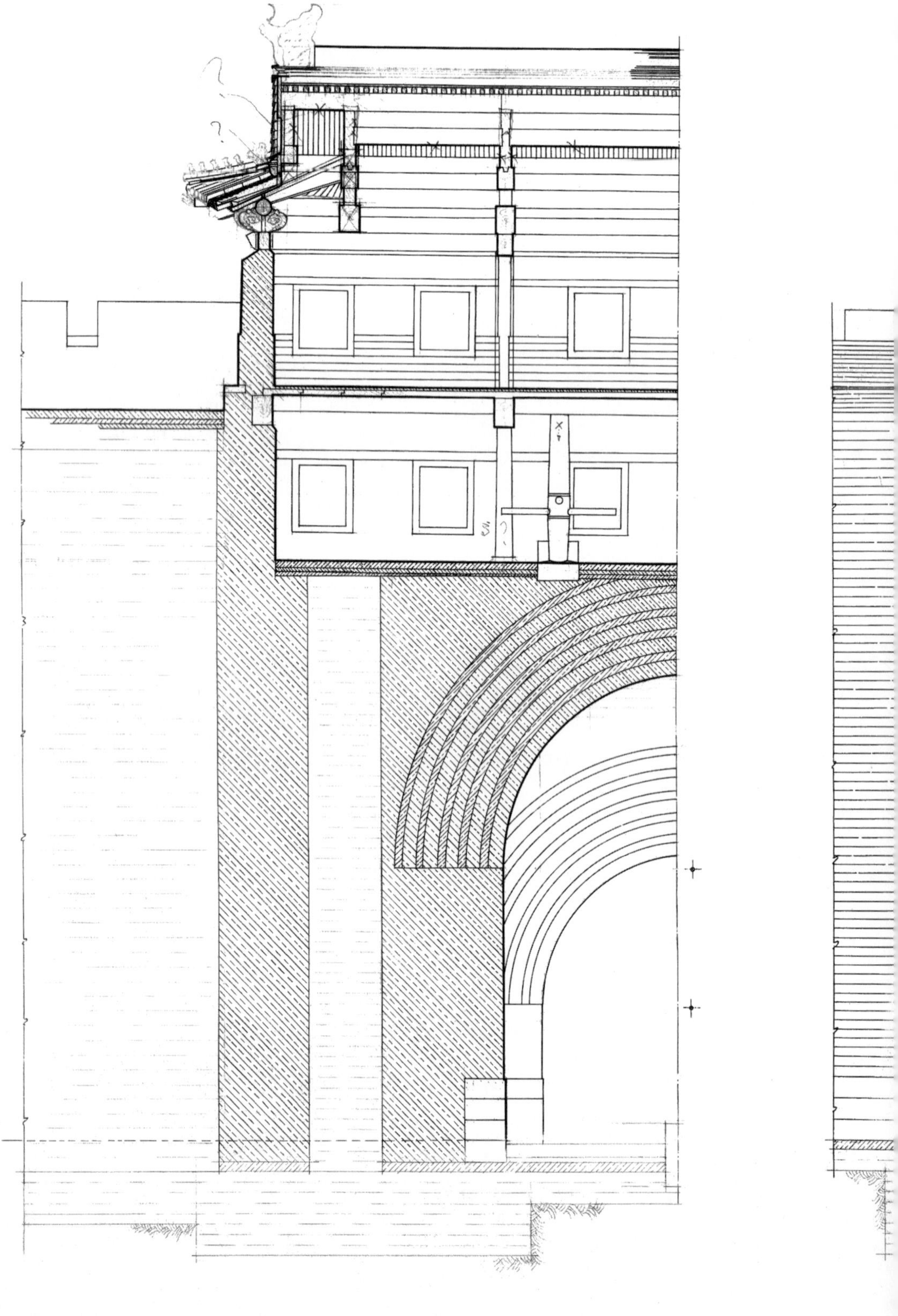

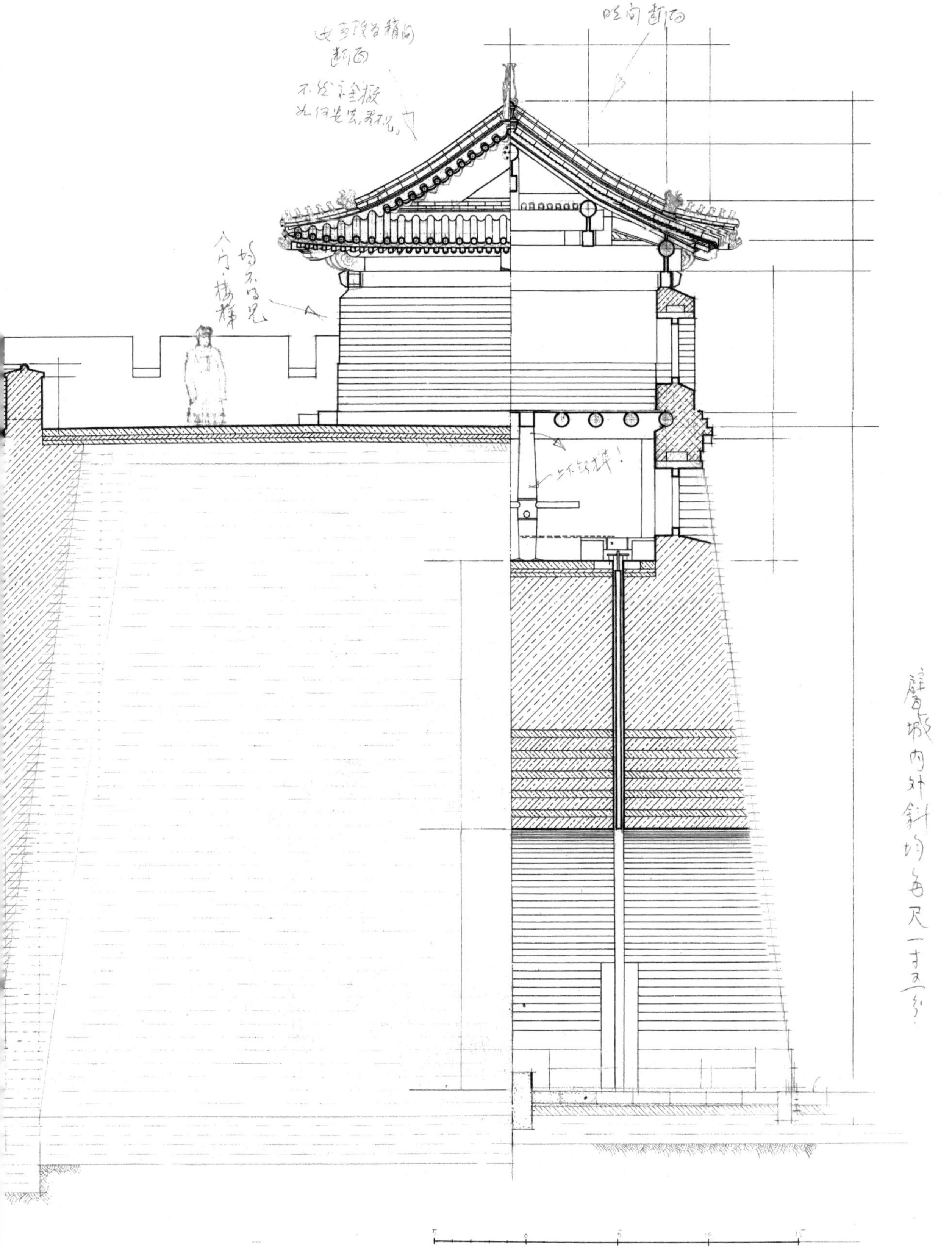

图 37　清工部工程做法则例卷拾柒

版模歇山轉角閣樓

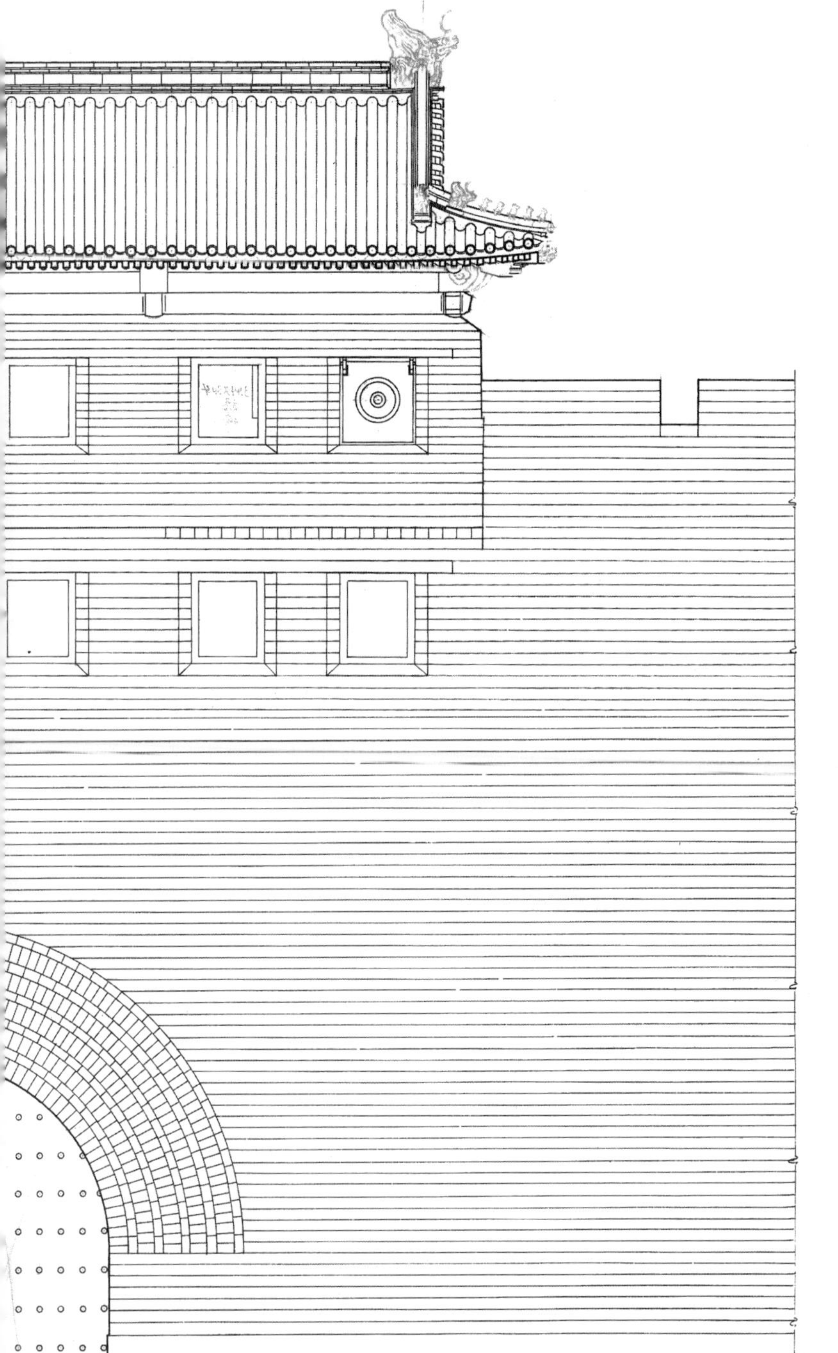

外面立面

图 38　清工部工程做法则例卷拾捌

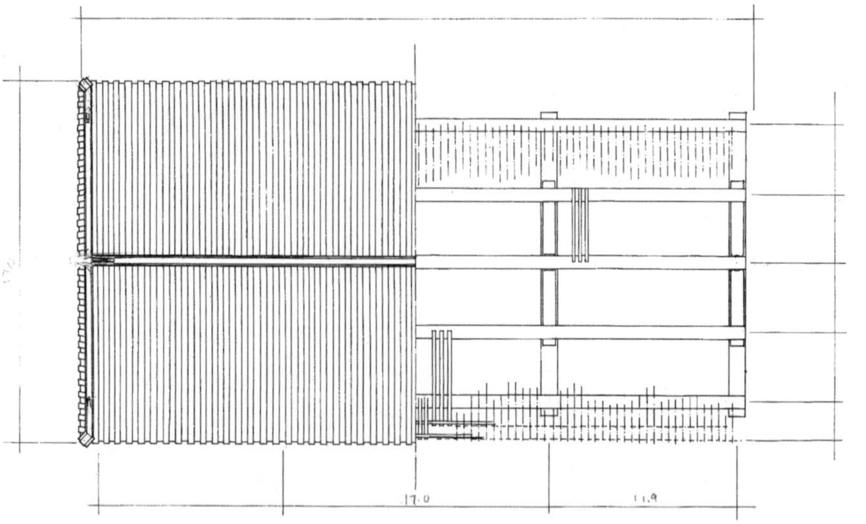

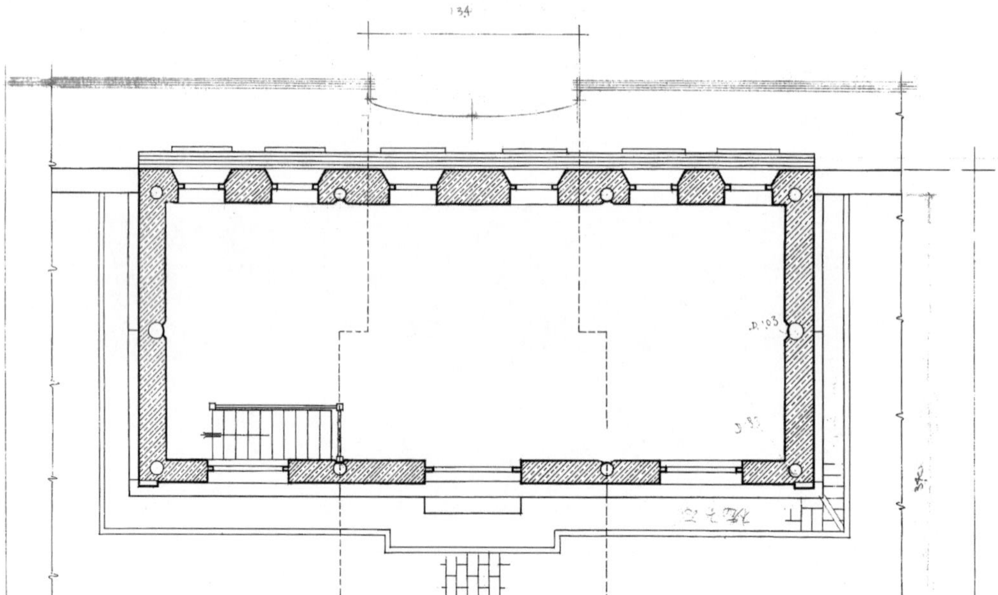

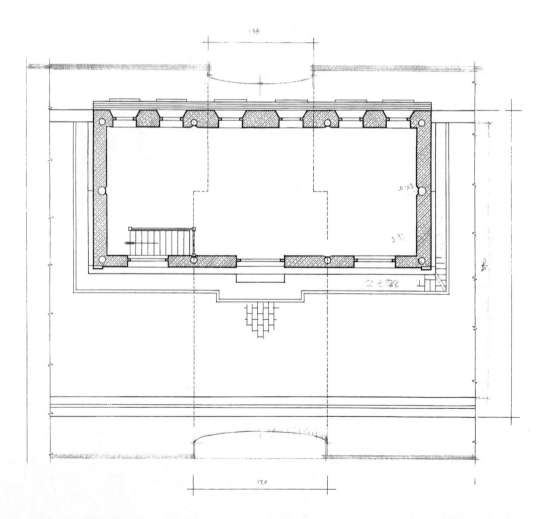

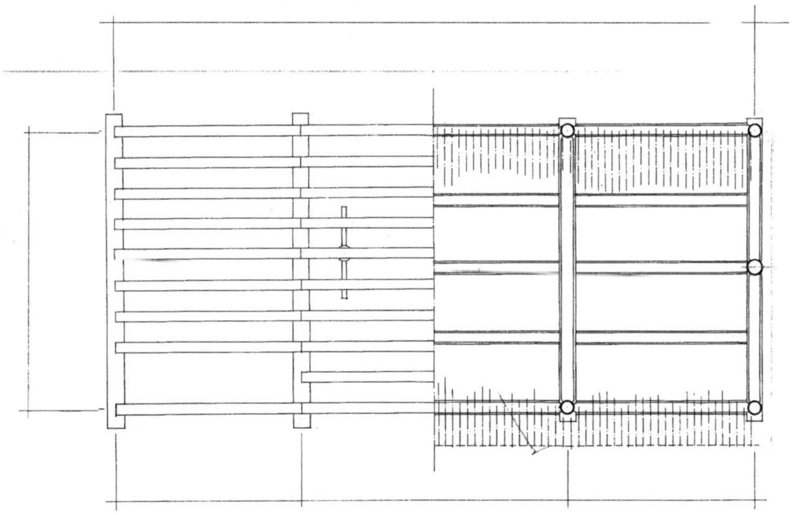

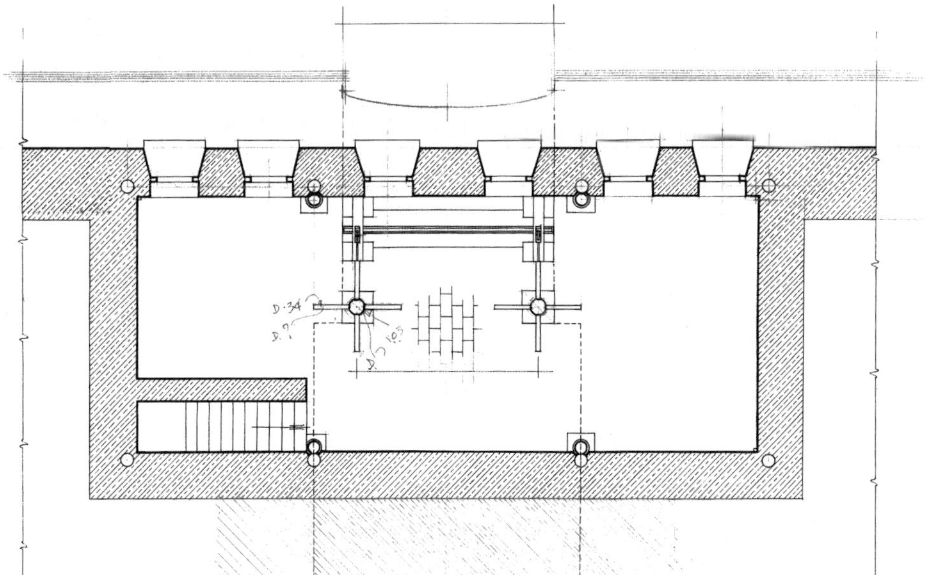

图 39　清工部工程做法则例卷拾捌

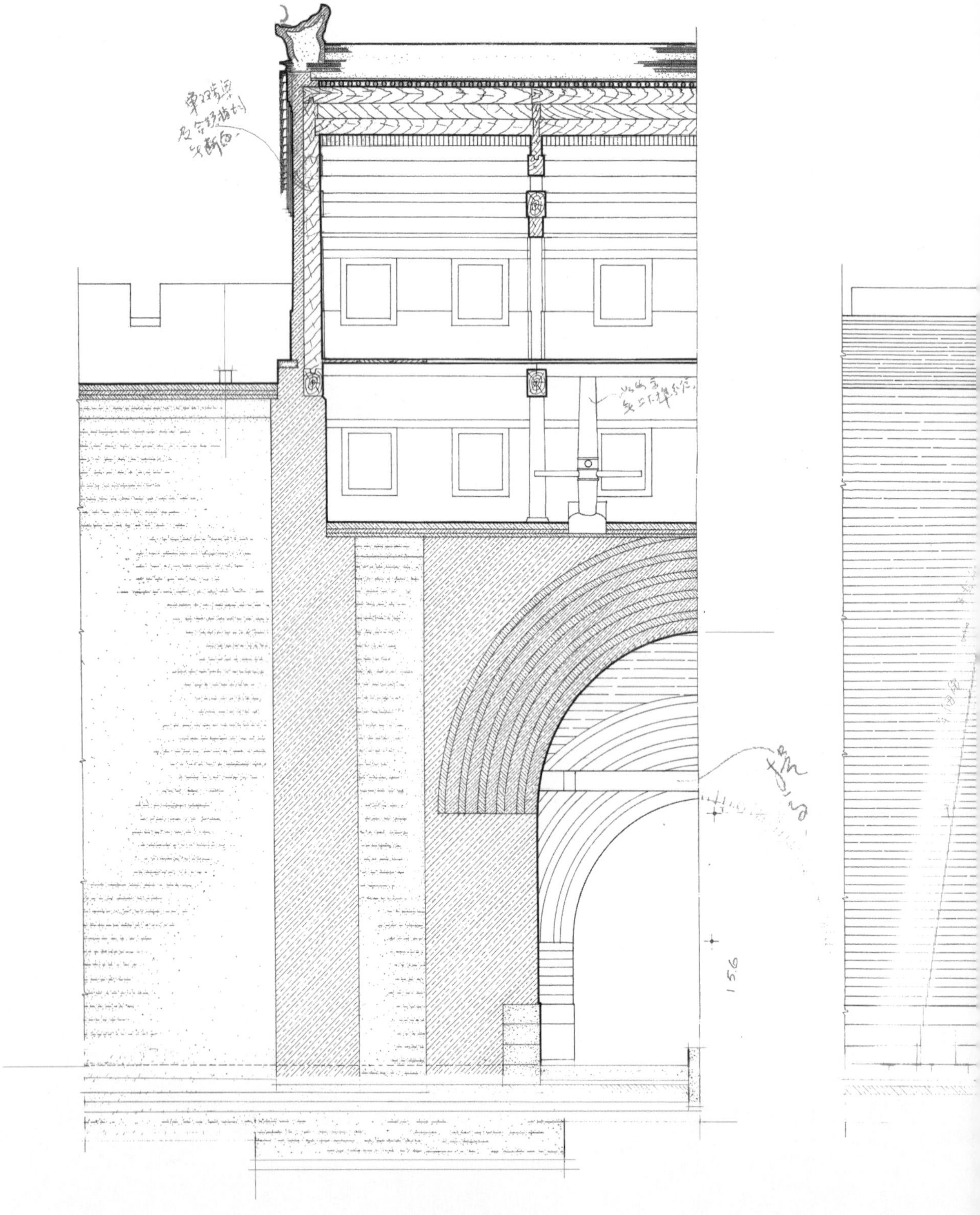

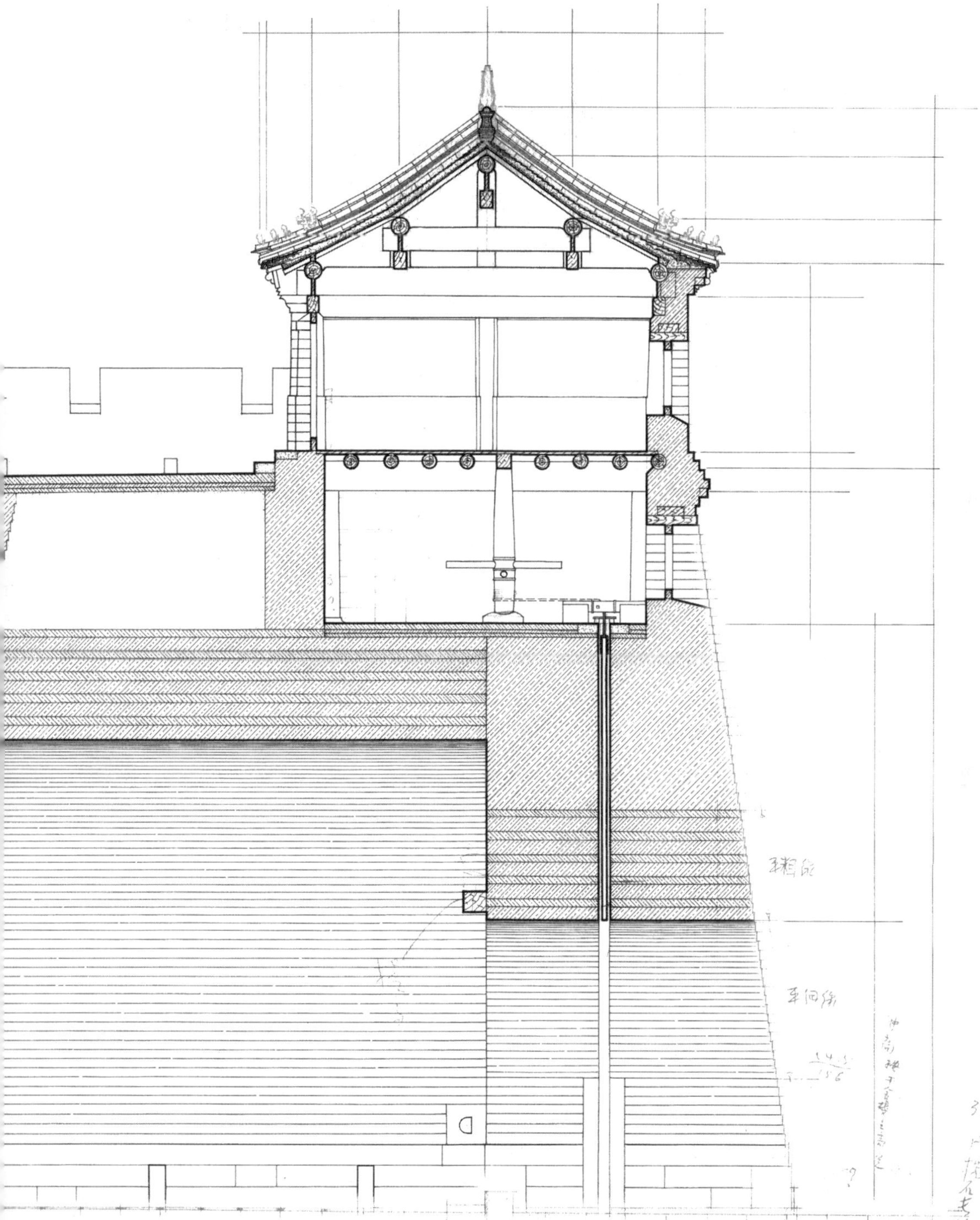

图 40 清工部工程做法则例卷拾捌

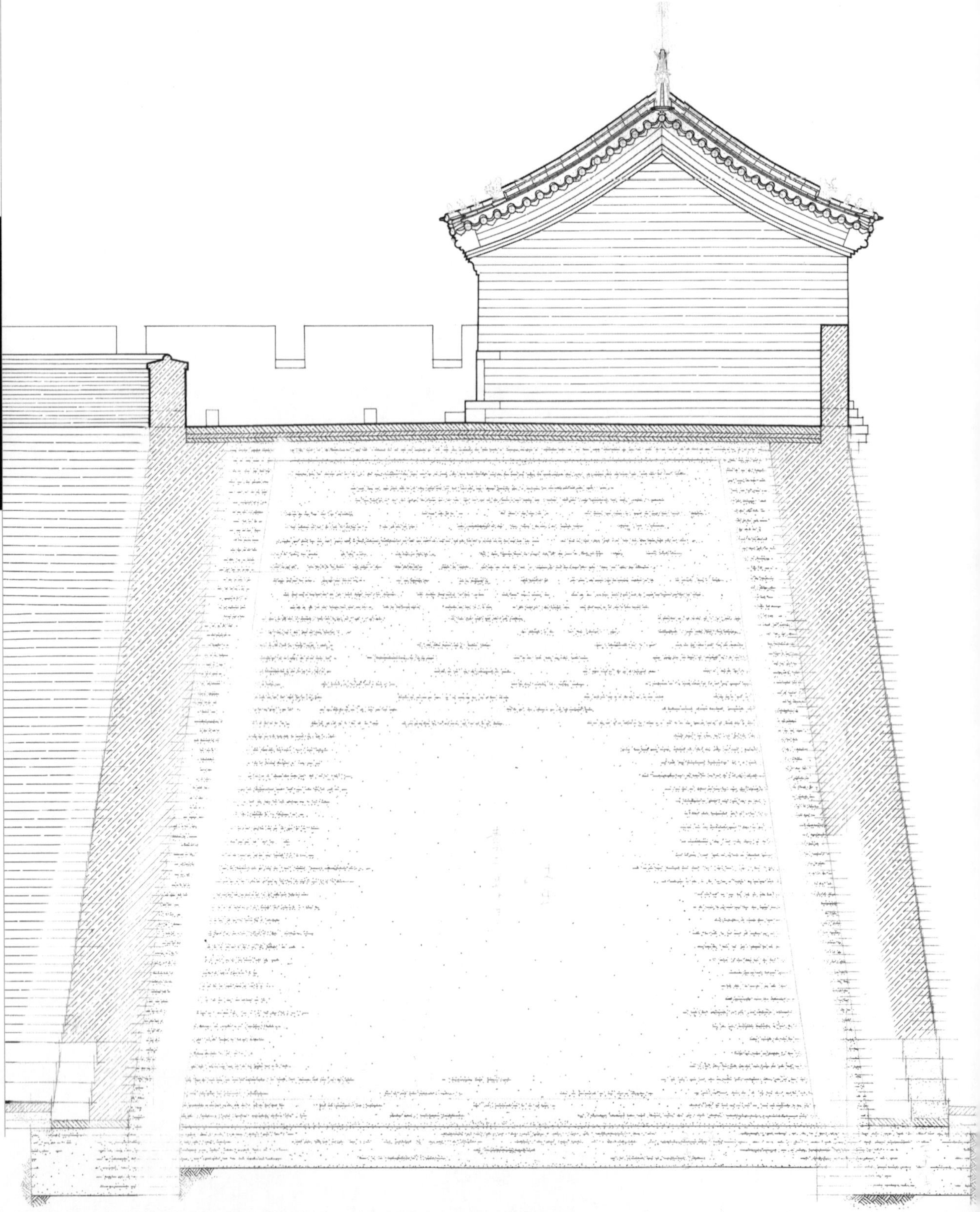

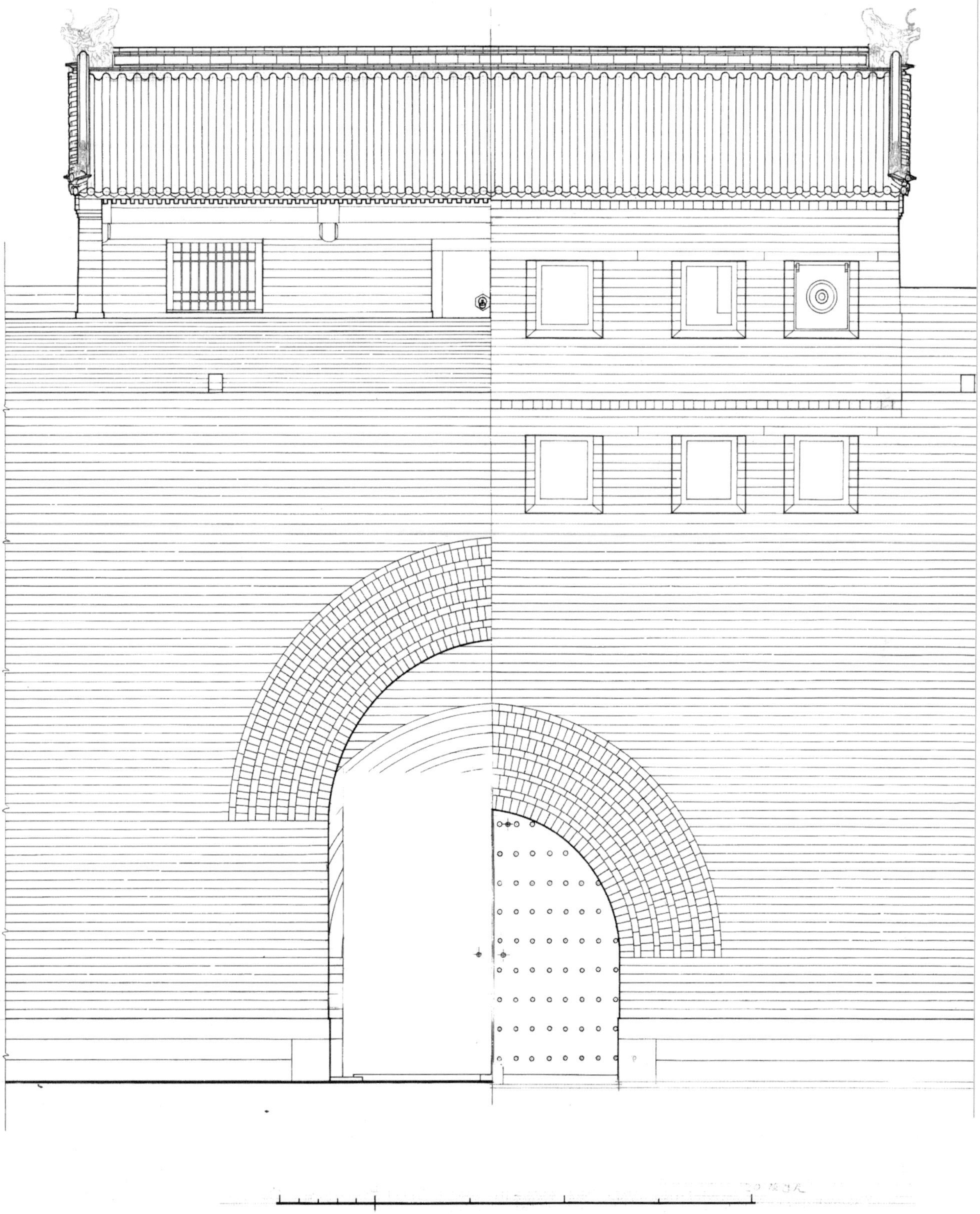

图41　清工部工程做法则例卷拾玖

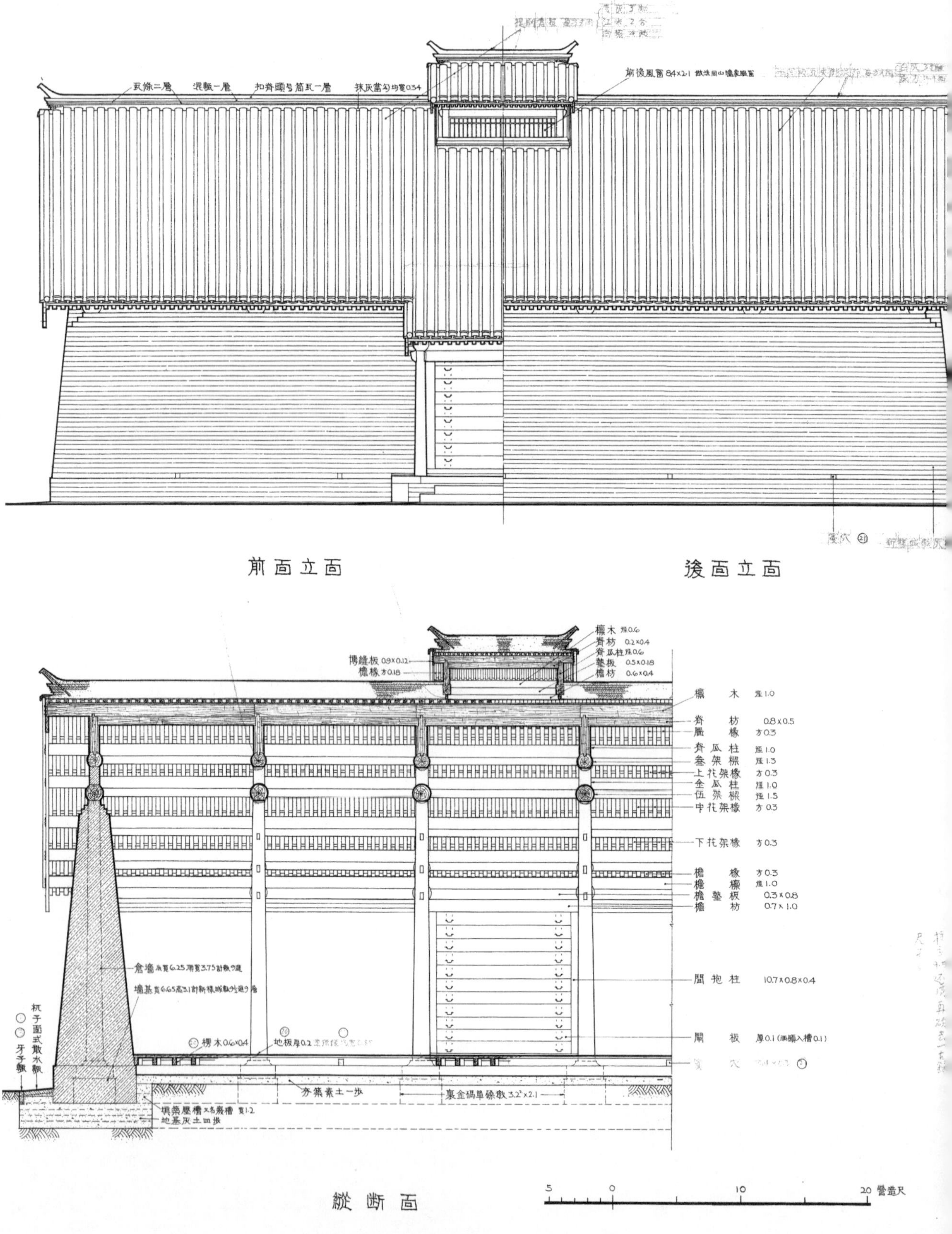

拾壹檩挑山倉房

叁檩氣樓及抱厦

清工部工程做法則例卷十九

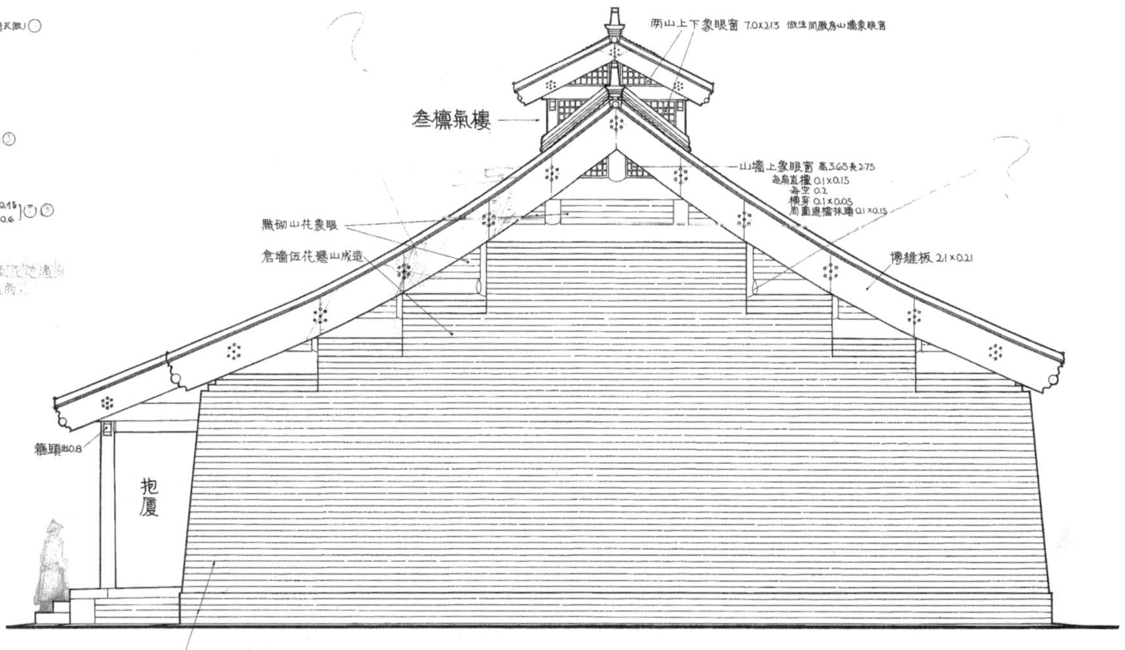

山面立面

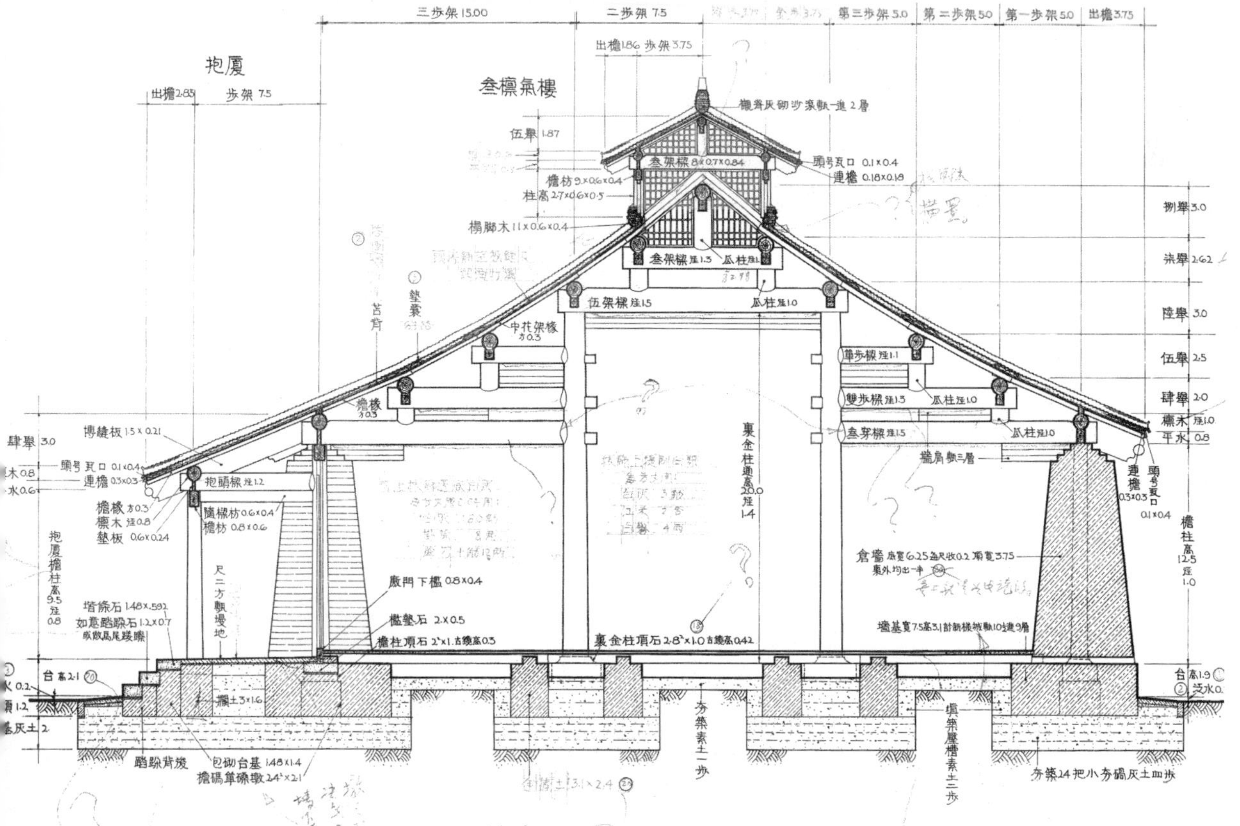

横断面

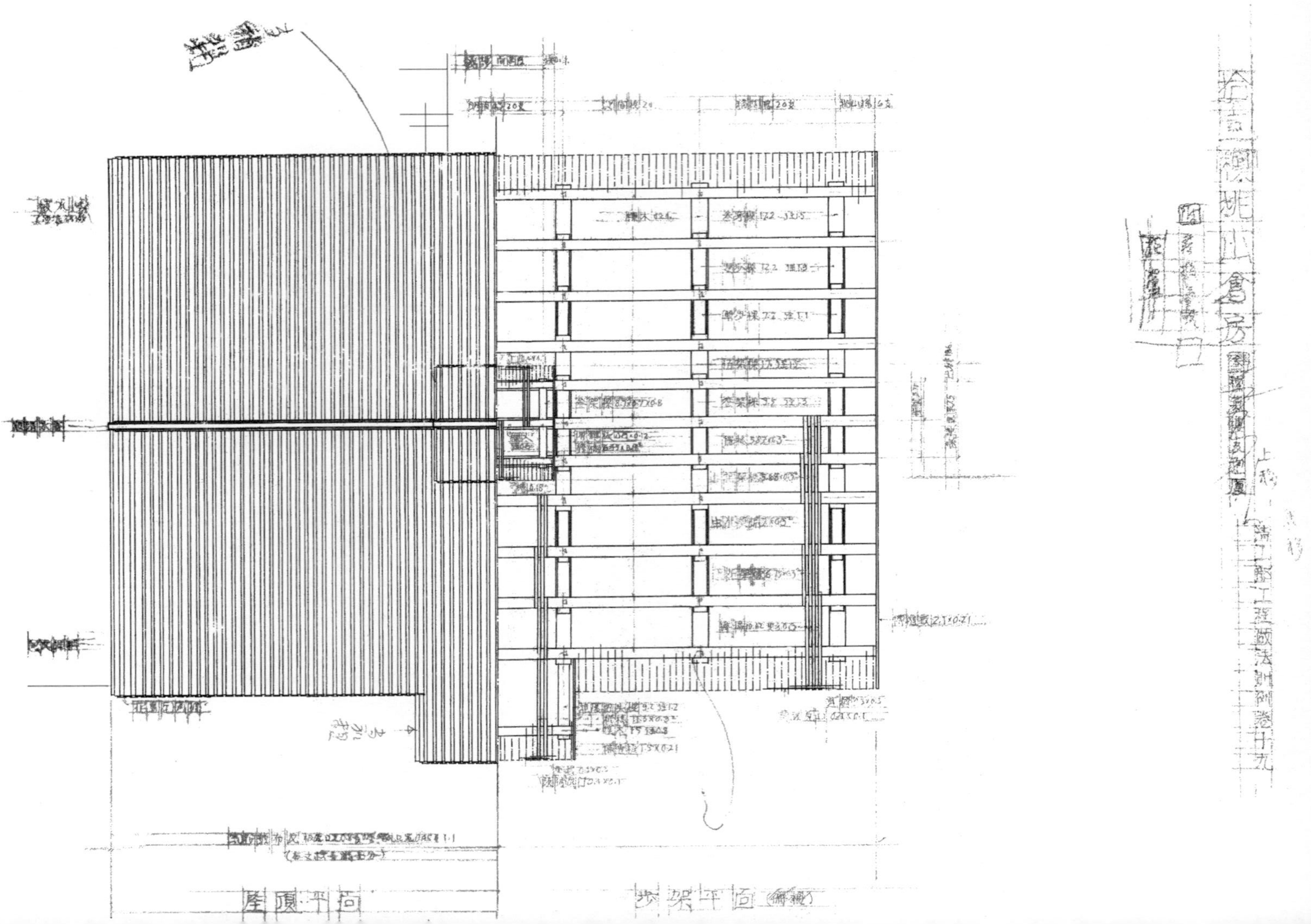

图42　清工部工程做法则例卷拾玖

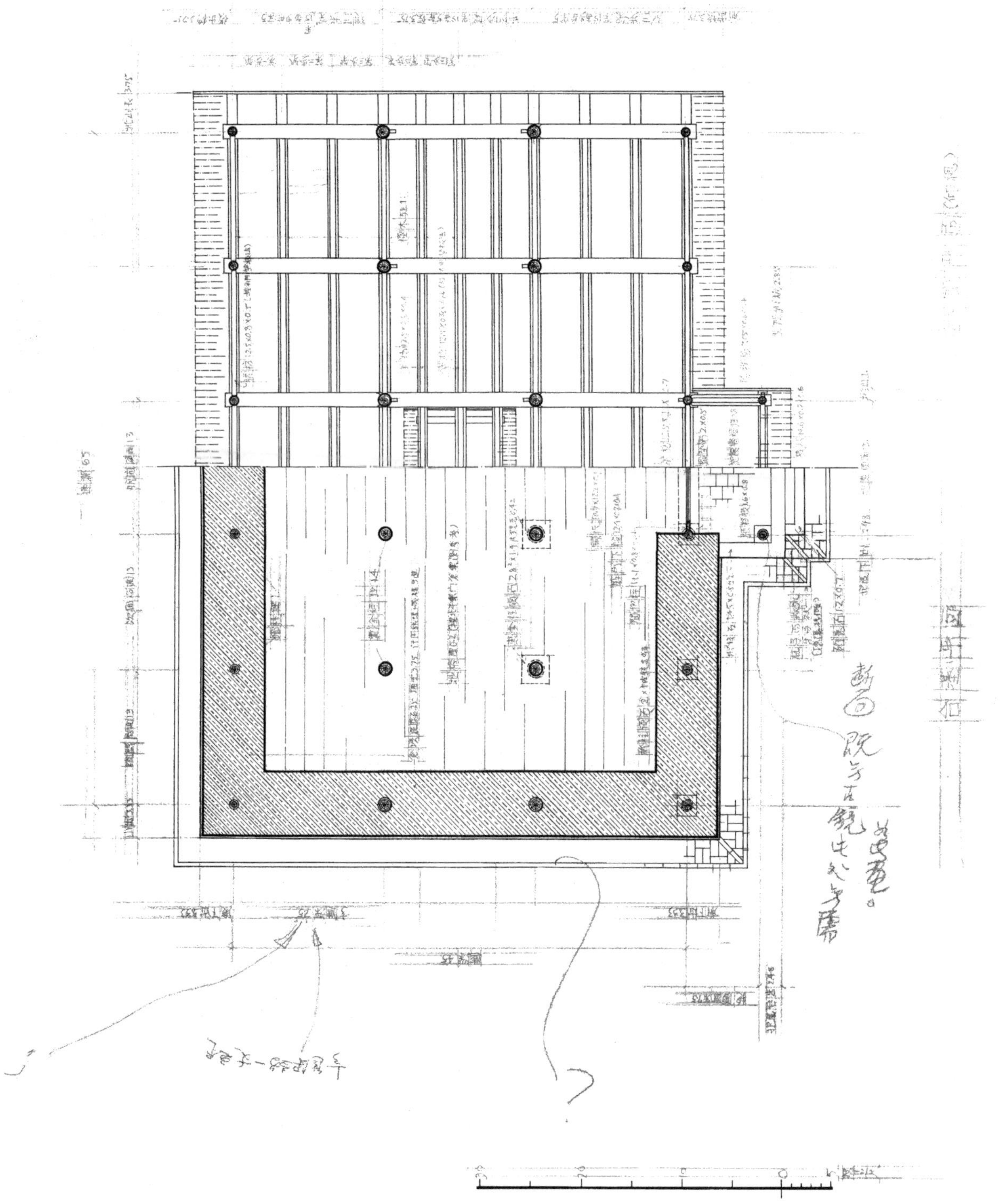

图 43　清工部工程做法则例卷贰拾

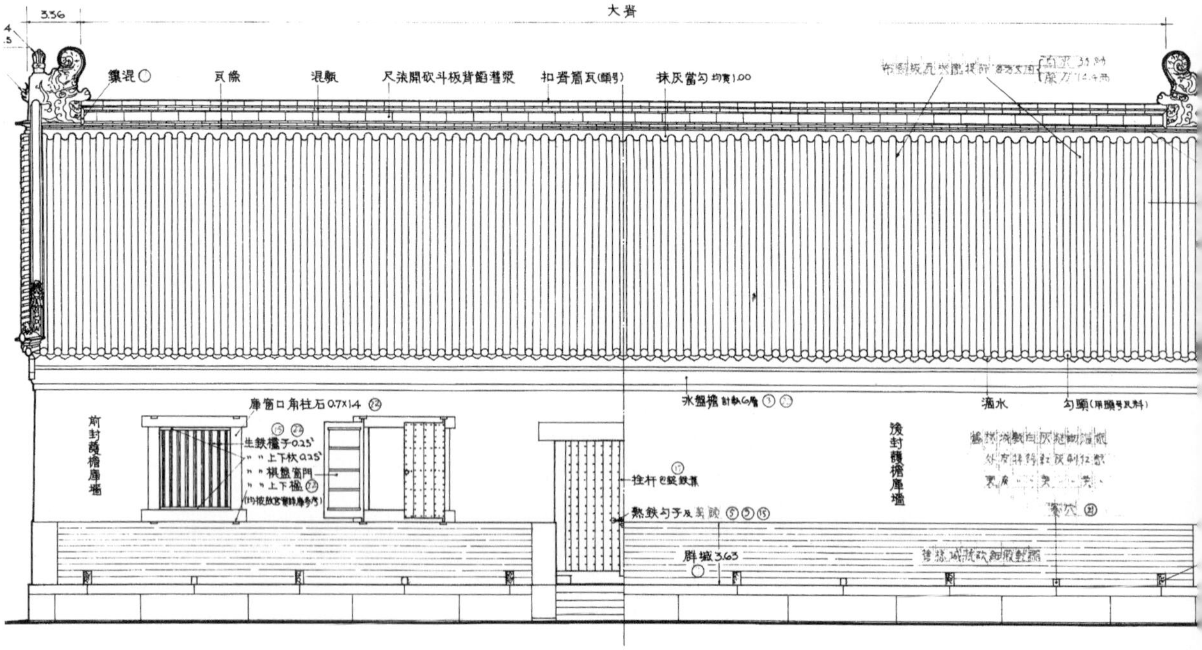

前面立面　　　　後面立面

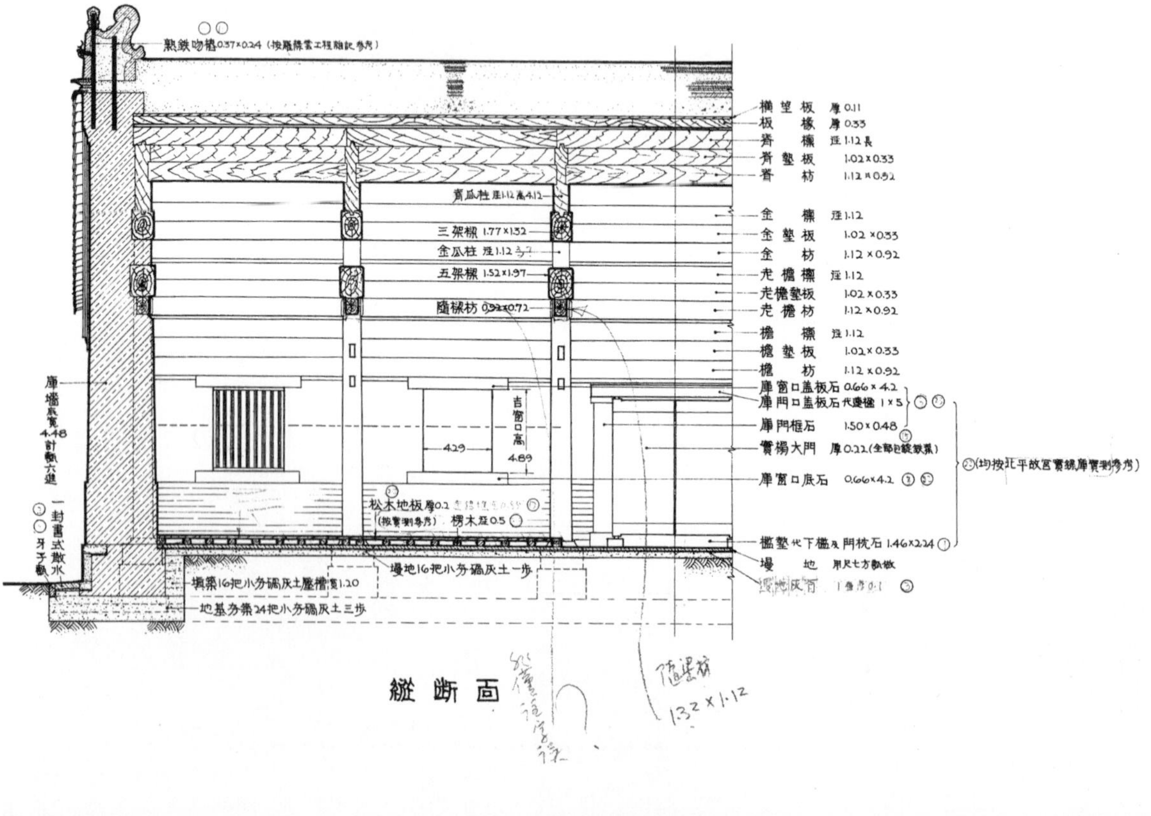

縱断面

柒檩硬山封护檐库房

清工部工程做法则例卷二十

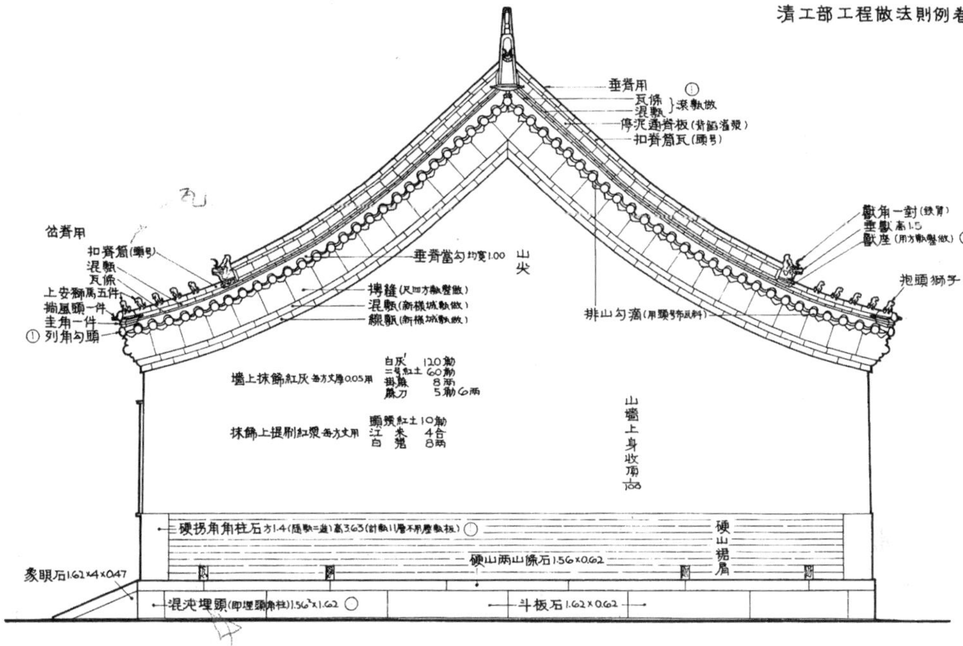

山面立面

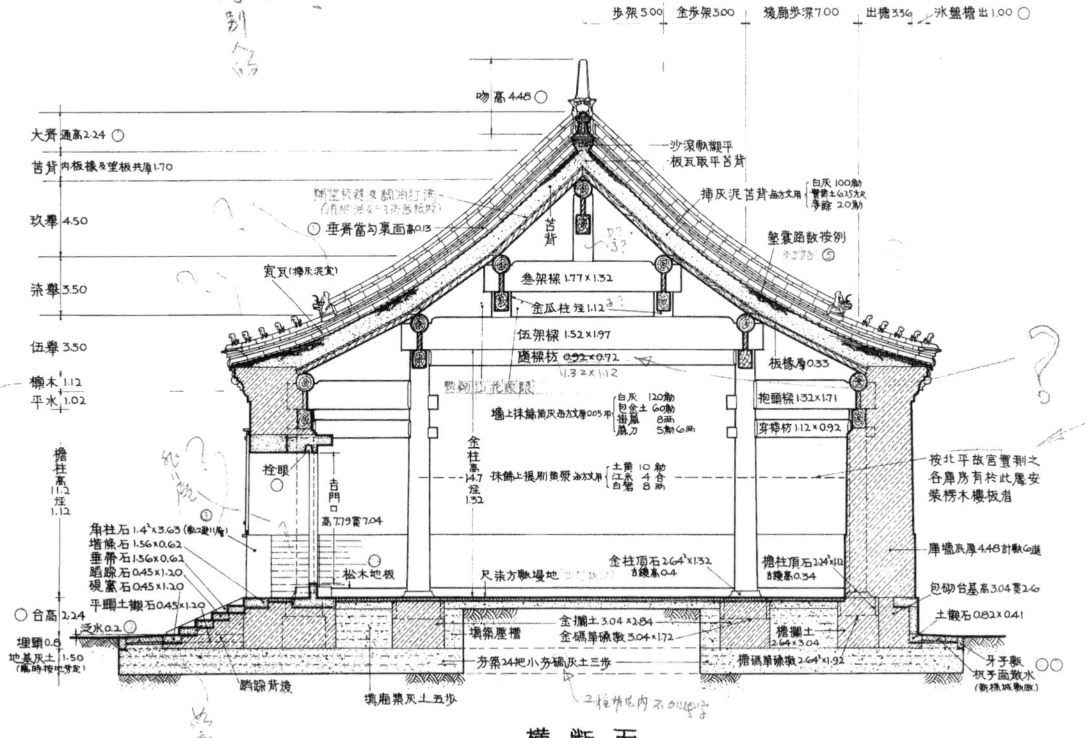

横断面

5 0 10 20 營造尺

图 44　清工部工程做法则例卷贰拾

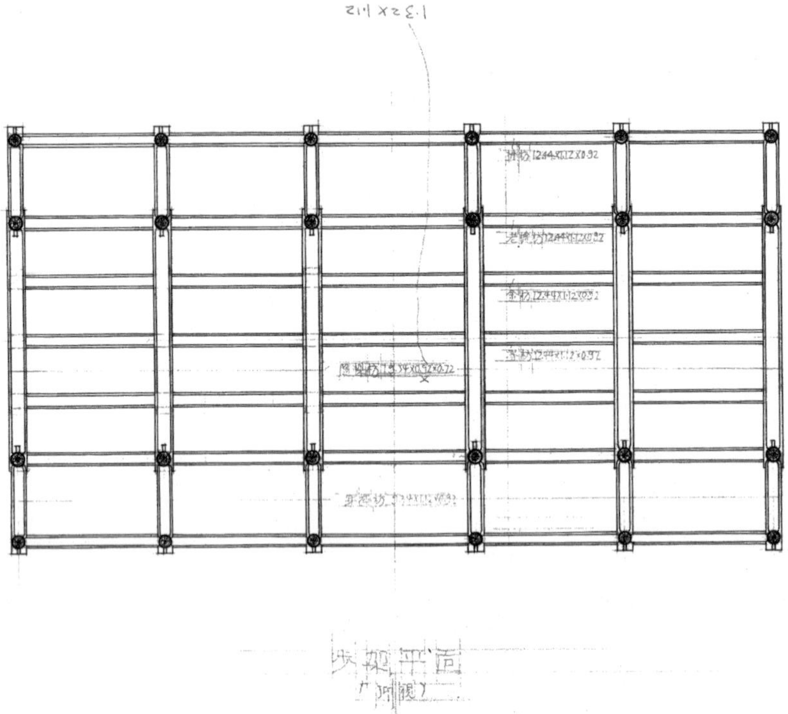

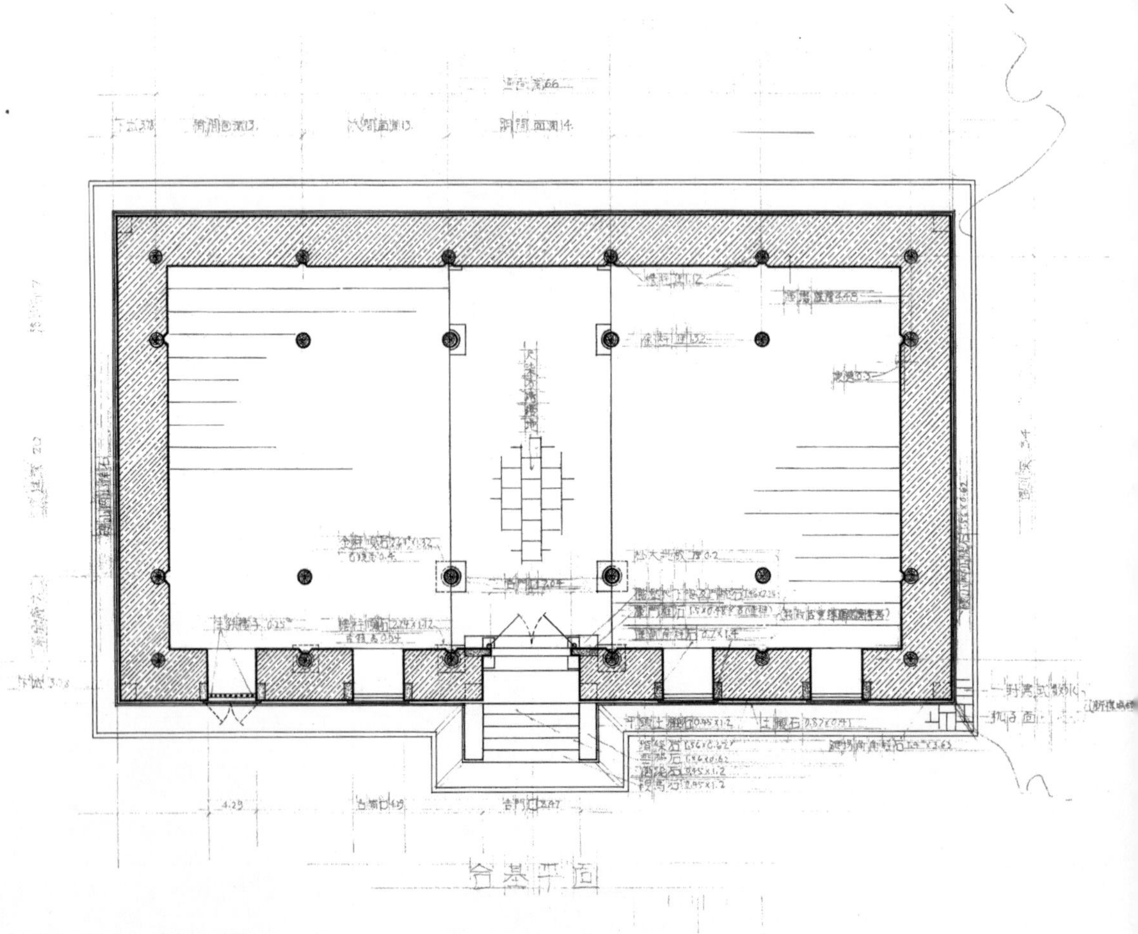

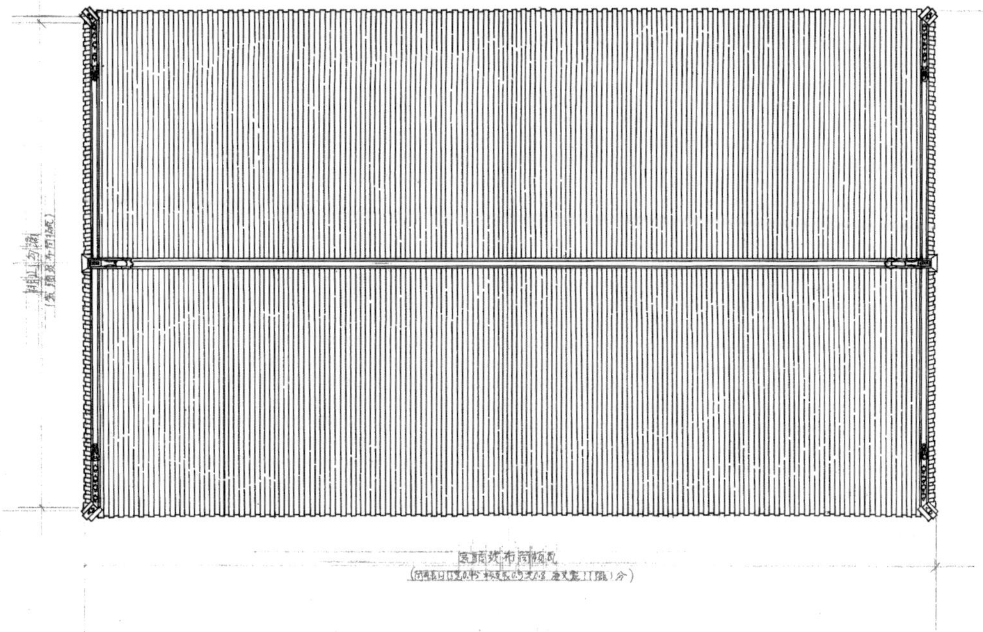

屋頂平面

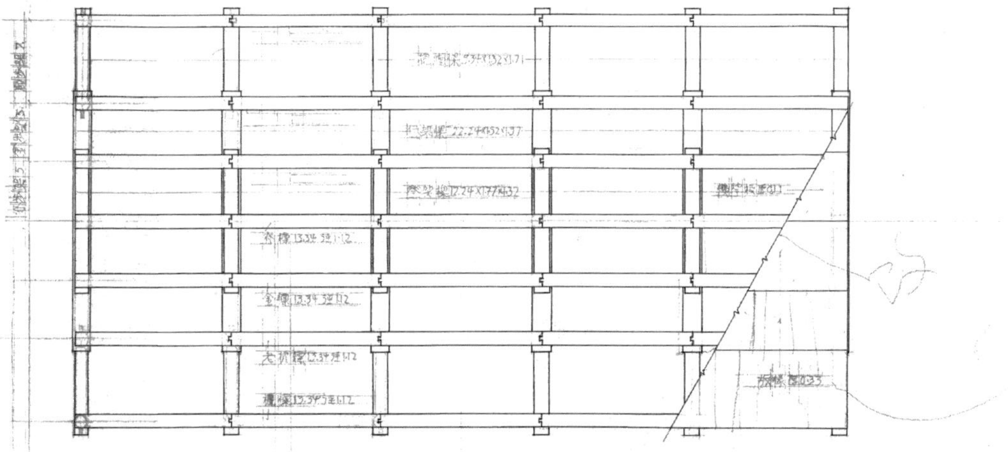

梁架平面（仰視）

5 0 10 20 營造尺

图45　清工部工程做法则例卷贰拾壹

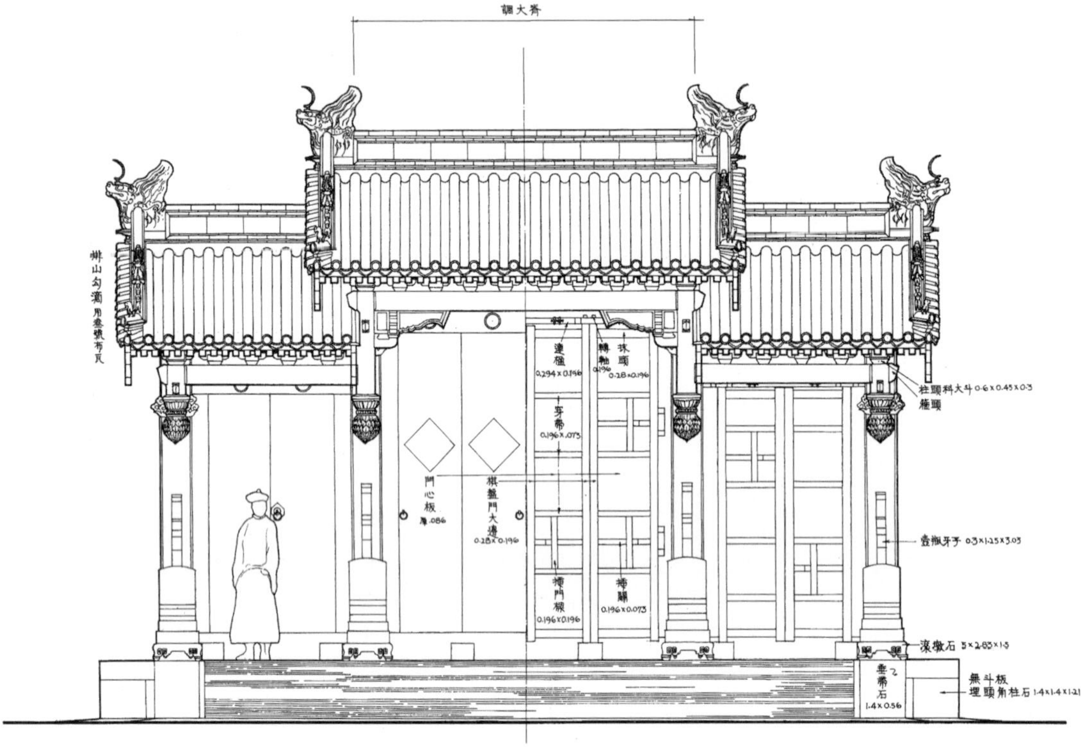

前面立面　　　　後面立面

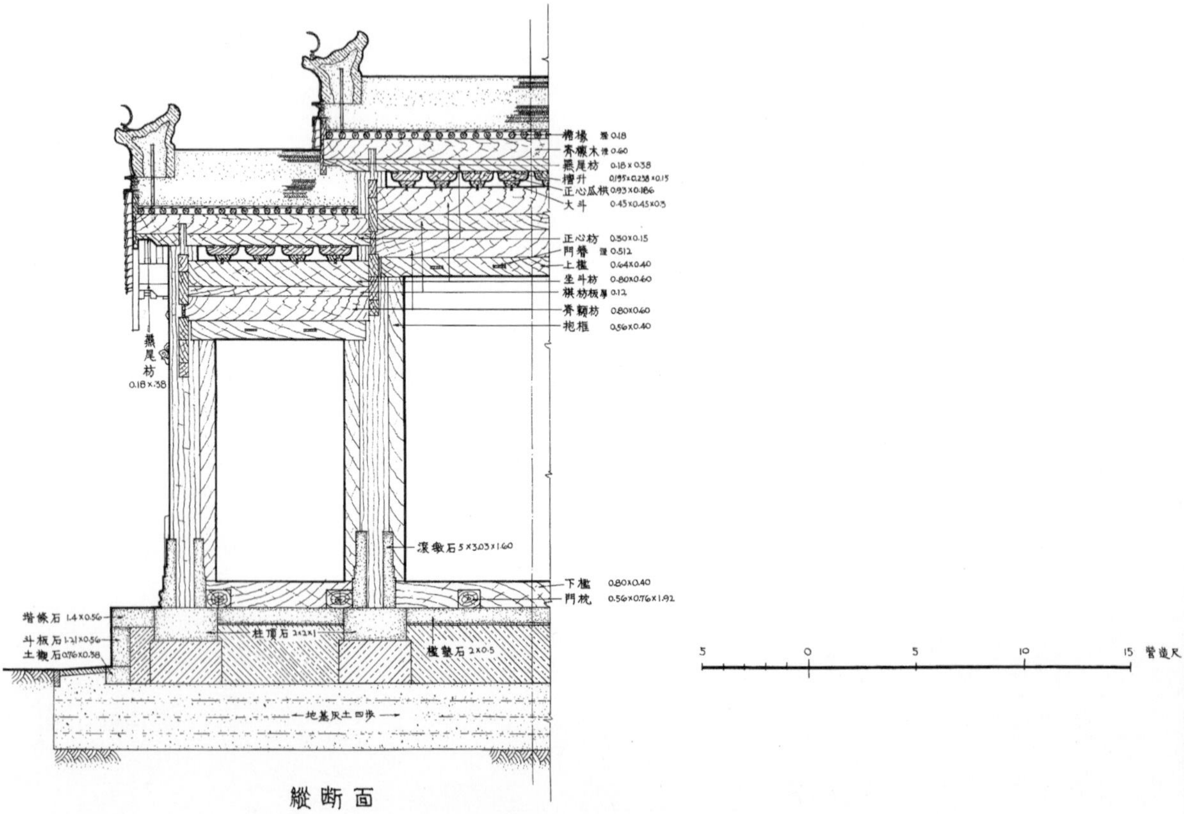

縱断面

叁檁垂花門

清工部工程做法則例卷二十一

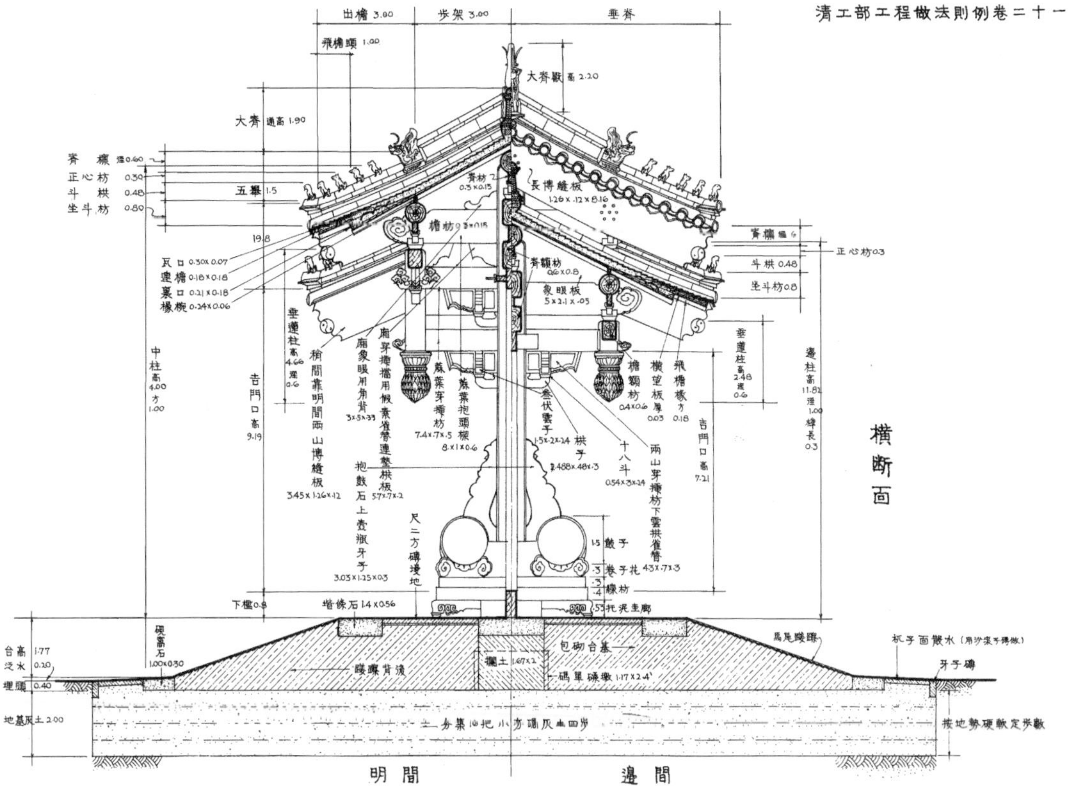

橫斷面

5 0 5 10 15 營造尺

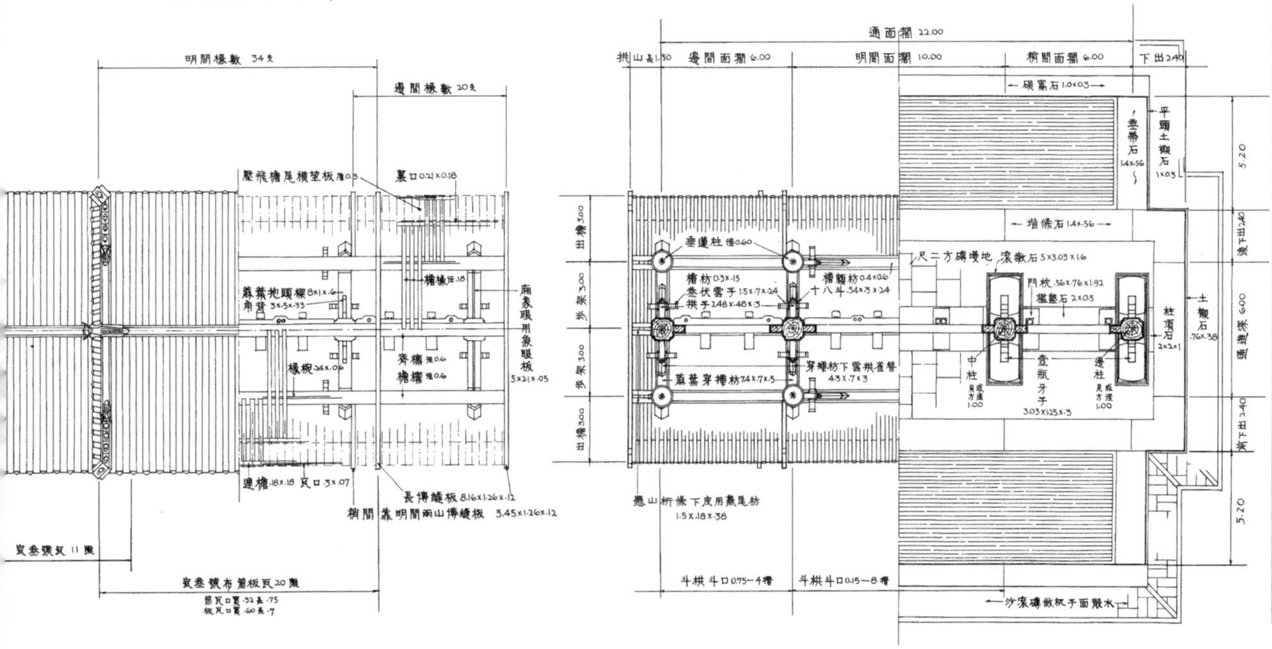

屋頂平面　　步架平面　　仰視平面　　台基平面

图 46 清工部工程做法则例卷贰拾壹

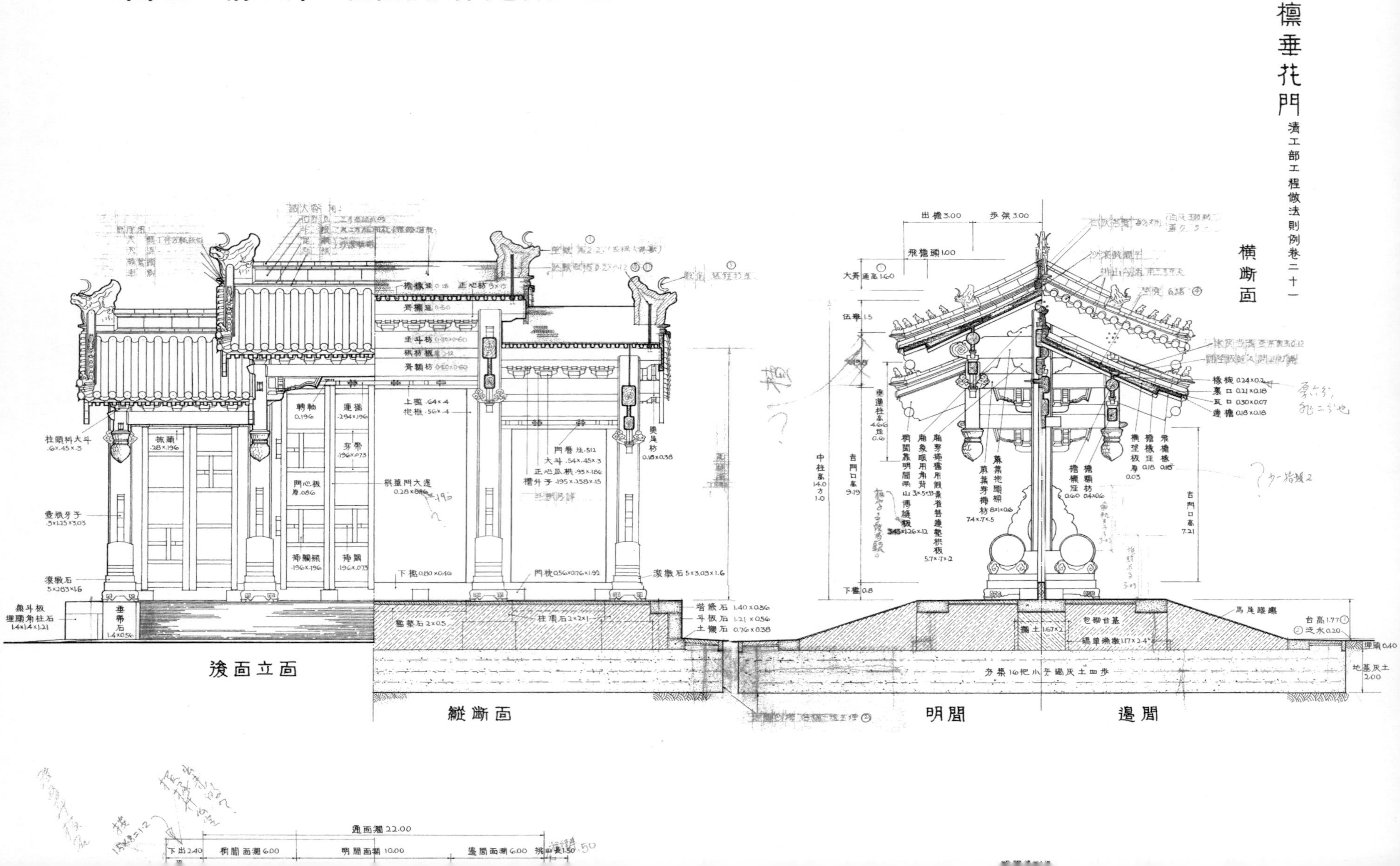

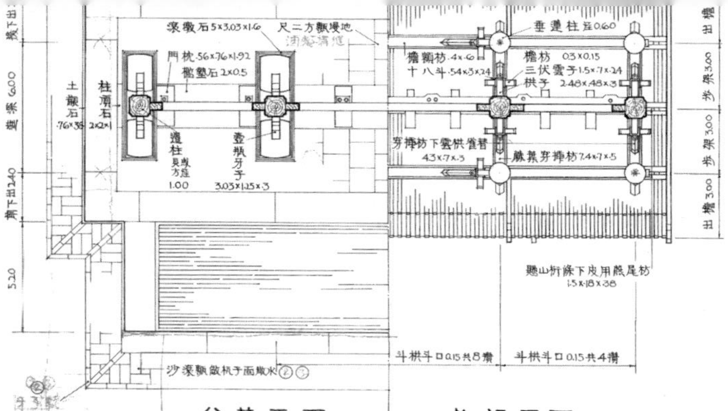

台基平面　仰視平面

步架平面　屋頂平面

前面立面

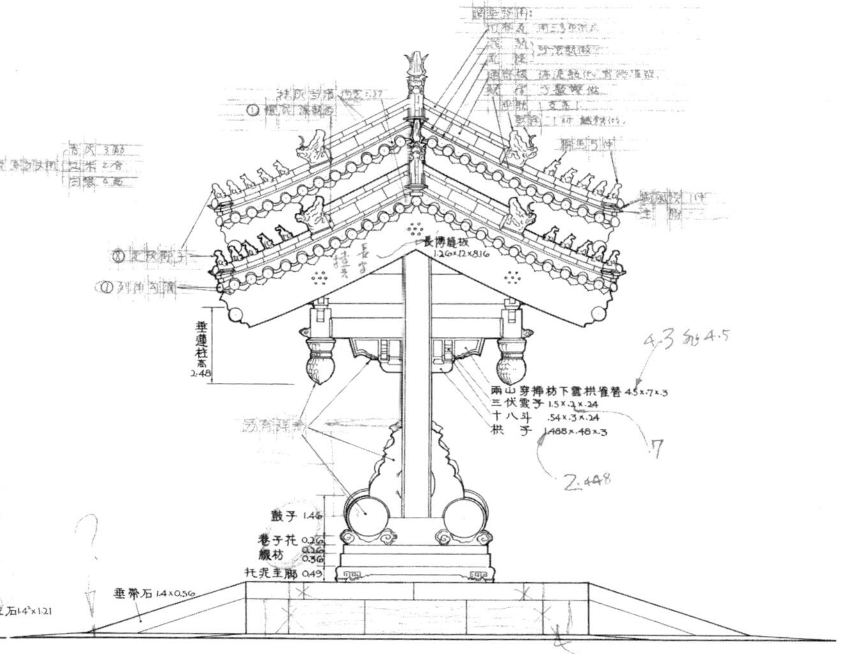

山面立面

1　0　5　10營造尺

图 47　清工部工程做法则例卷贰拾贰

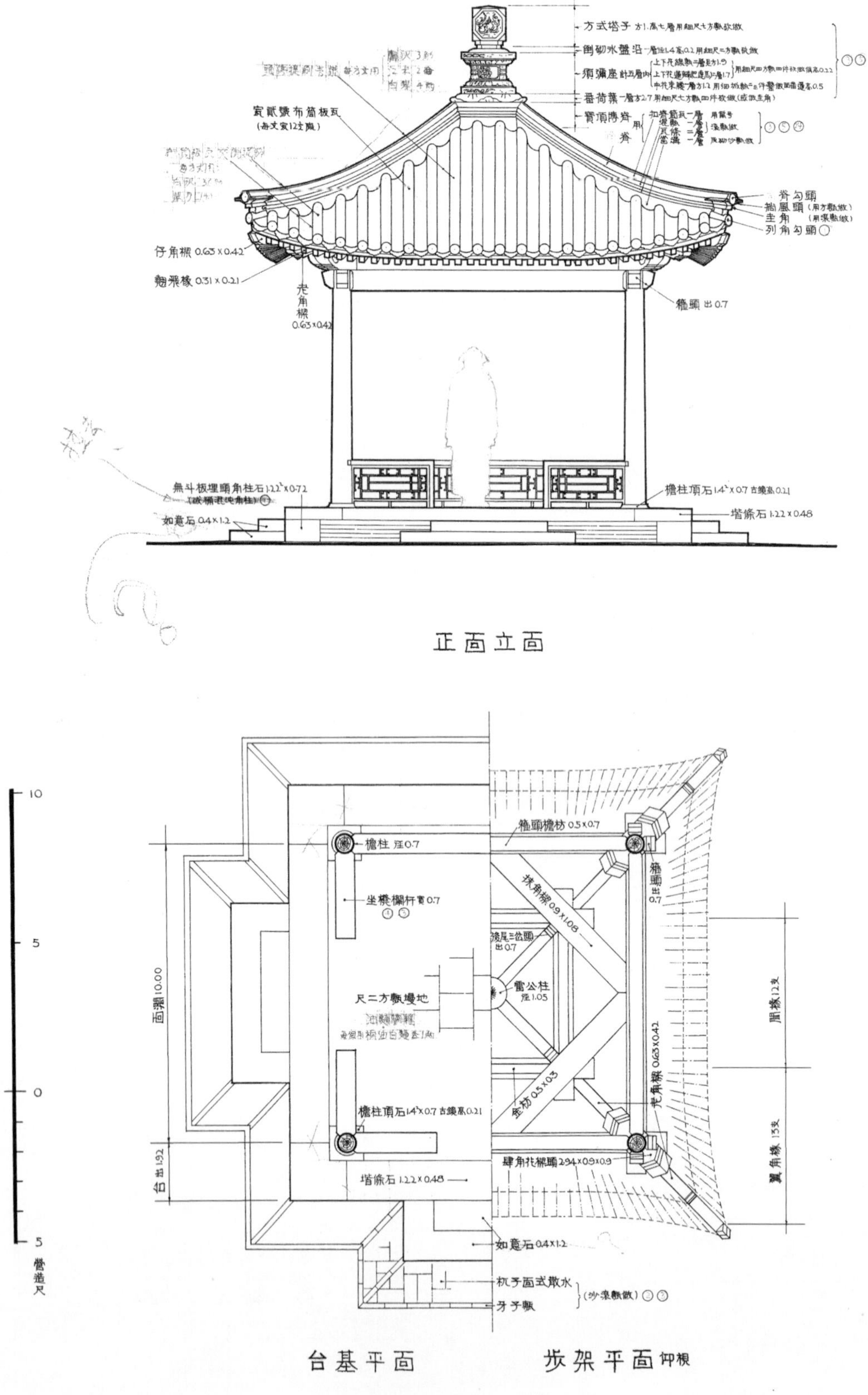

肆角攢尖方亭

清工部工程做法則例卷二十二

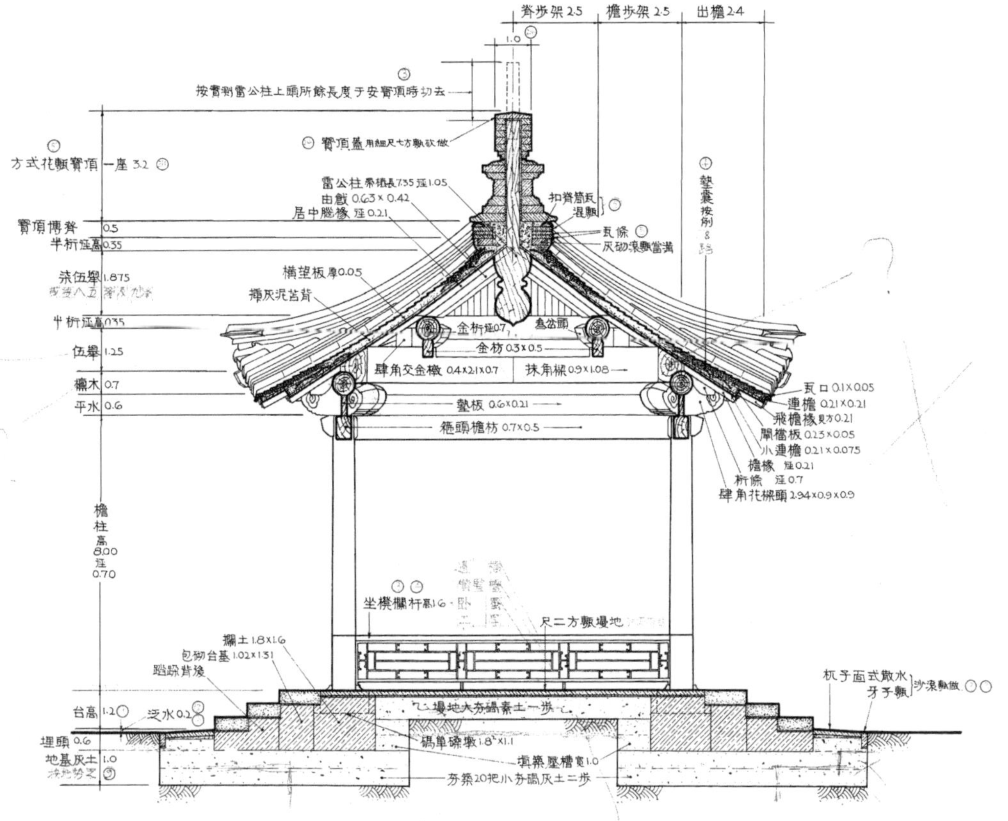

横断面

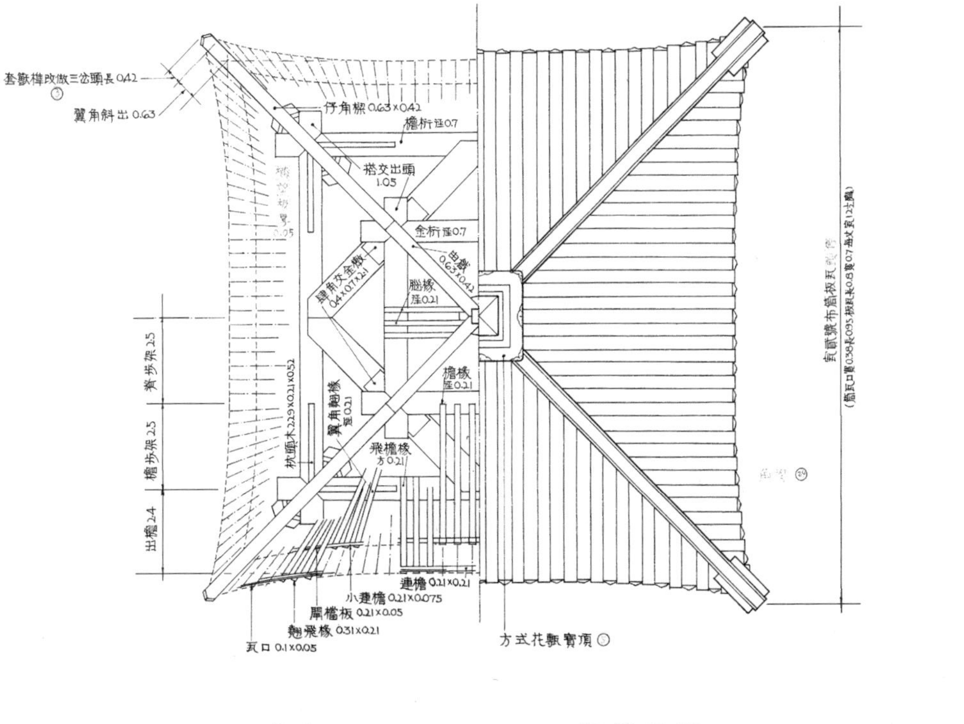

步架平面俯視

亭頂平面

图 48　清工部工程做法则例卷贰拾叁

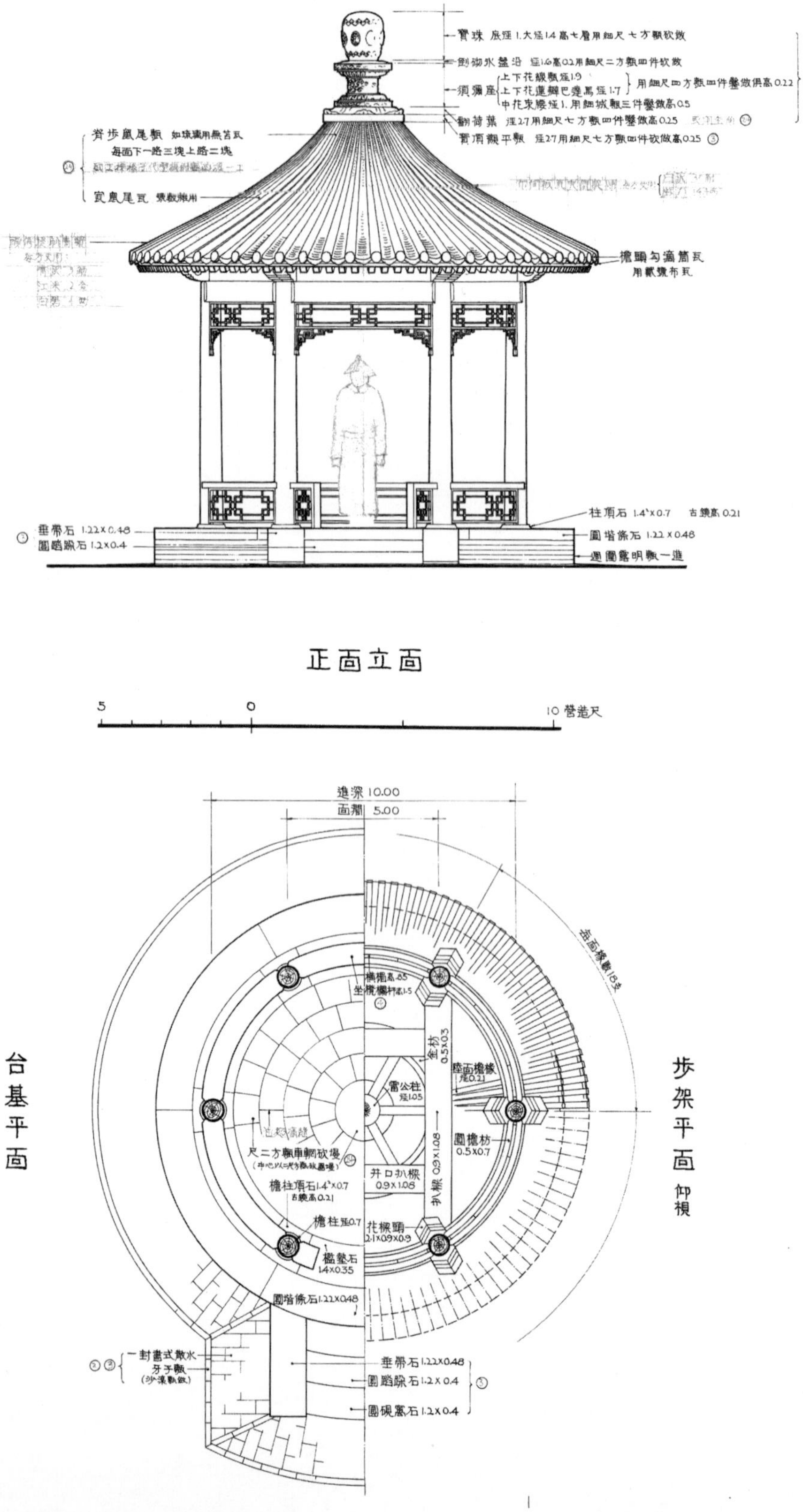

陸柱圓亭

清工部工程做法則例卷二十三

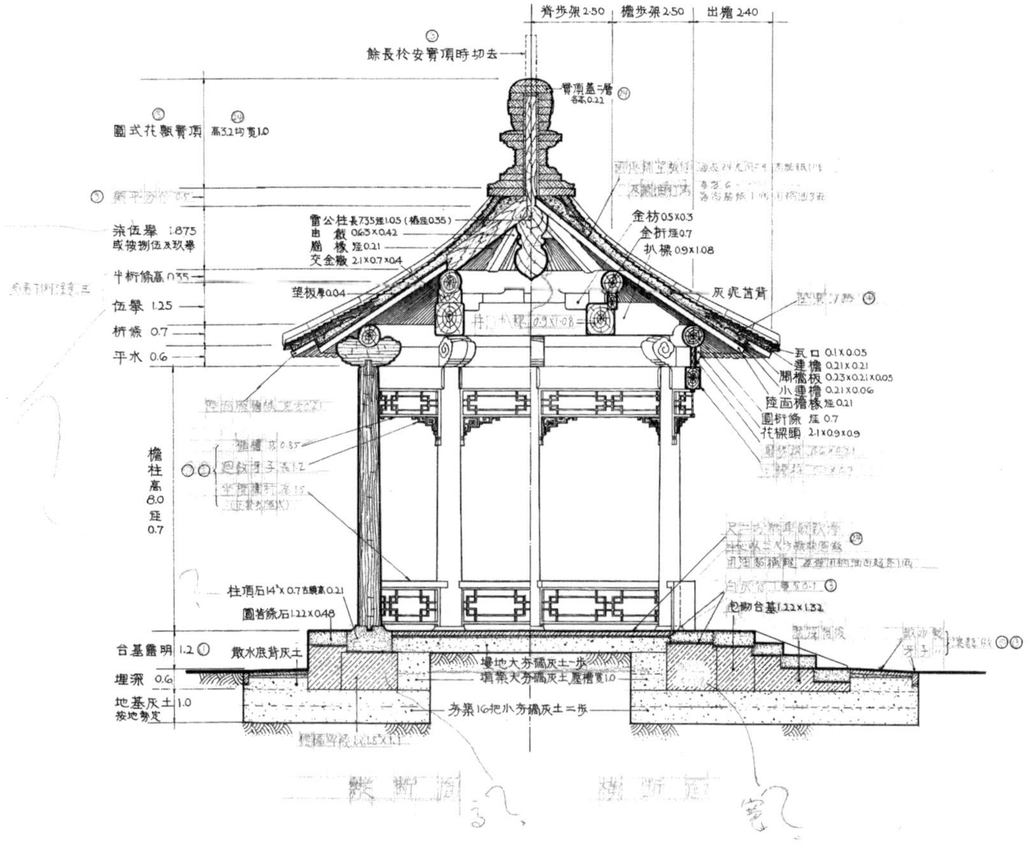

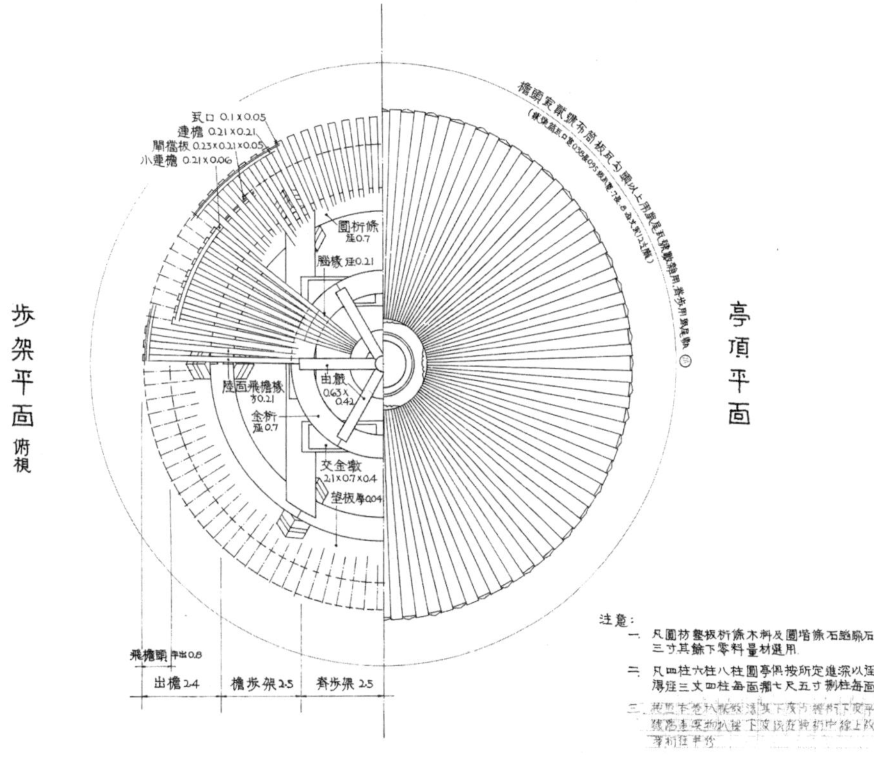

注意:

一. 凡圓枋墊板桁條木料及圓增條石階條石等應加試倍核算每淨厚一寸得厚三寸其餘下零料量材選用.

二. 凡四柱六柱八柱圓亭俱按所定進深以徑一寸三分算面闊尺寸如進深一丈得徑三丈四柱每面闊七尺五寸捌柱每面闊三尺七寸五分.

三. [illegible]

图 49　清工部工程做法则例卷贰拾肆

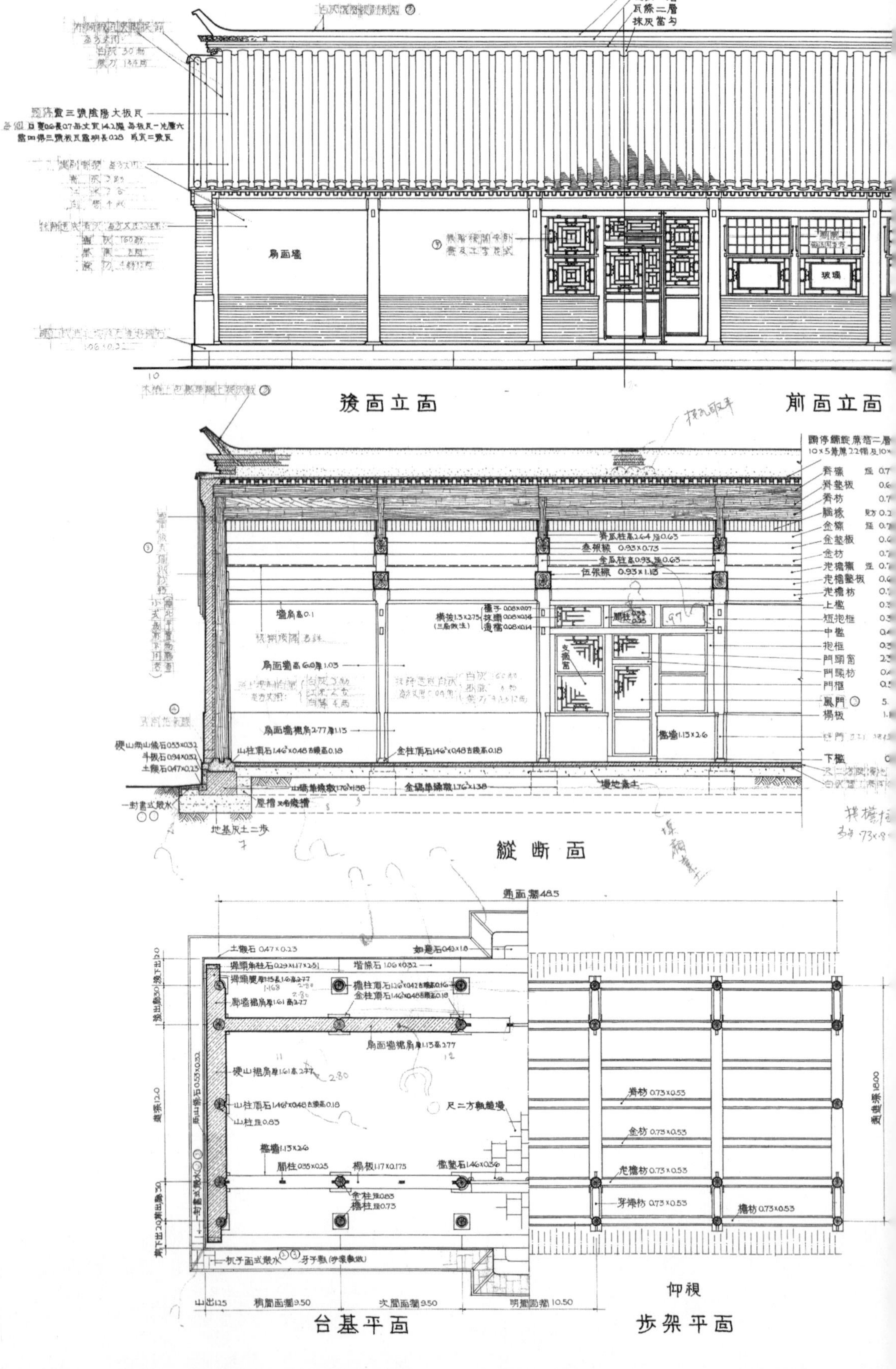

柒檁小式

清工部工程做法則例卷二十四

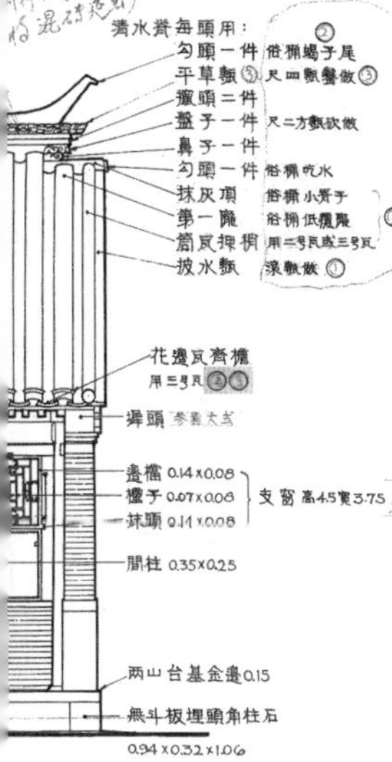

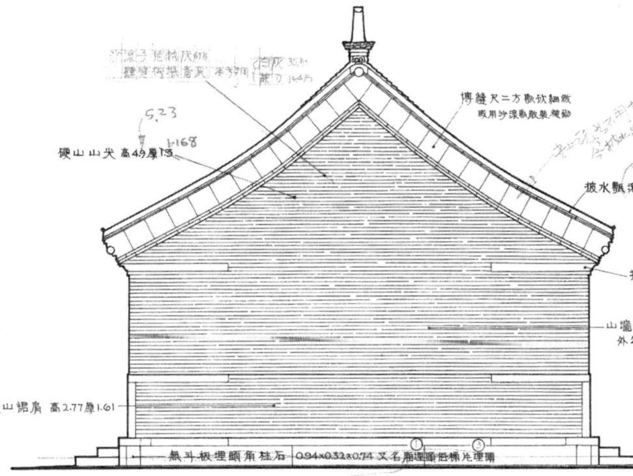

山面立面

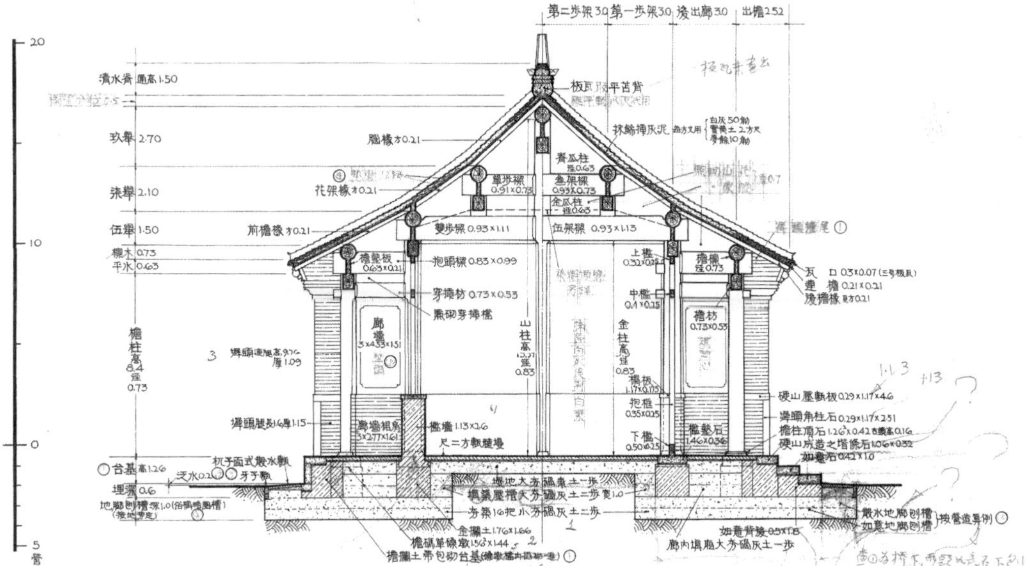

橫斷面

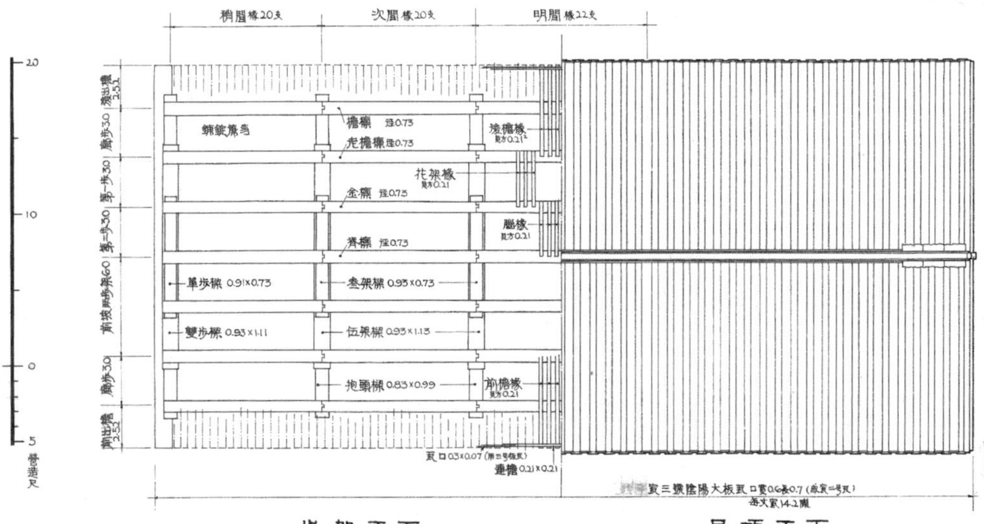

步架平面　　屋頂平面

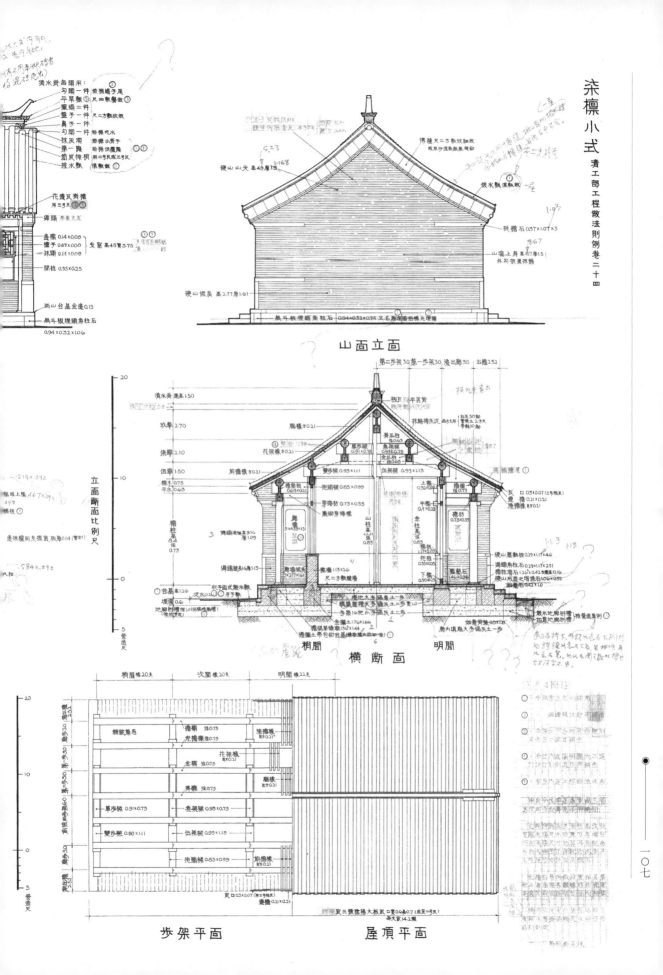

图50　清工部工程做法则例卷贰拾伍

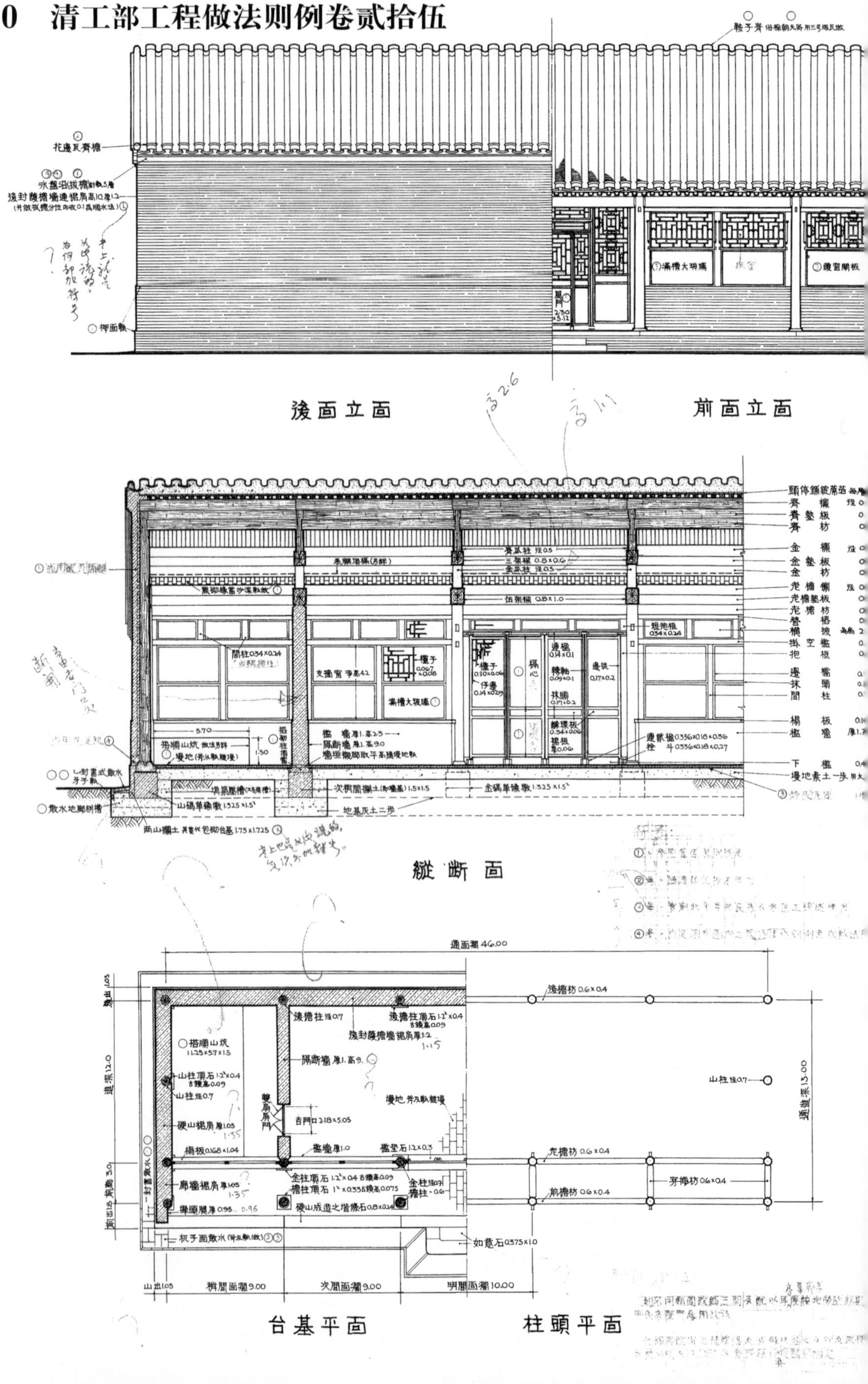

陸檩小式

清工部工程做法則例卷二十五

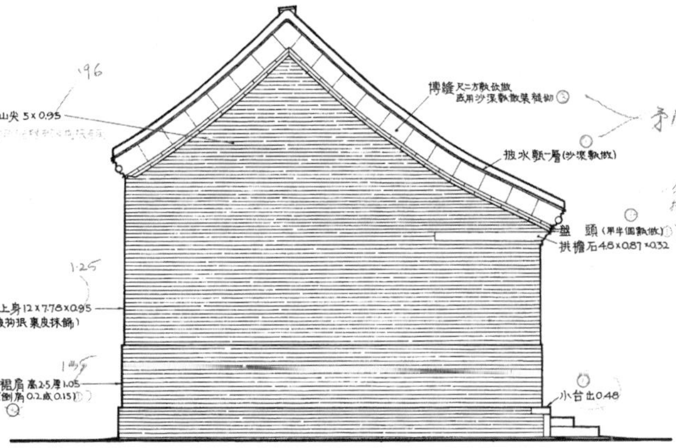

附註：

如將前面獨進深柱高改放寬厰高矮其木植徑寸等項照所加高矮尺寸加算耳房配房群廊等房照正房配合高寬其木植徑寸亦照加高核算

凡山檐墻裏皮並隔斷墻上身或用土坯碎甎成砌長高厚同圖至墻垣內有柱木石料等件應扣除核算

凡墻垣用甎應除柱徑枋門窗檻框欄板木料及挑檐石料等項分位

山面立面

立面斷面比例尺

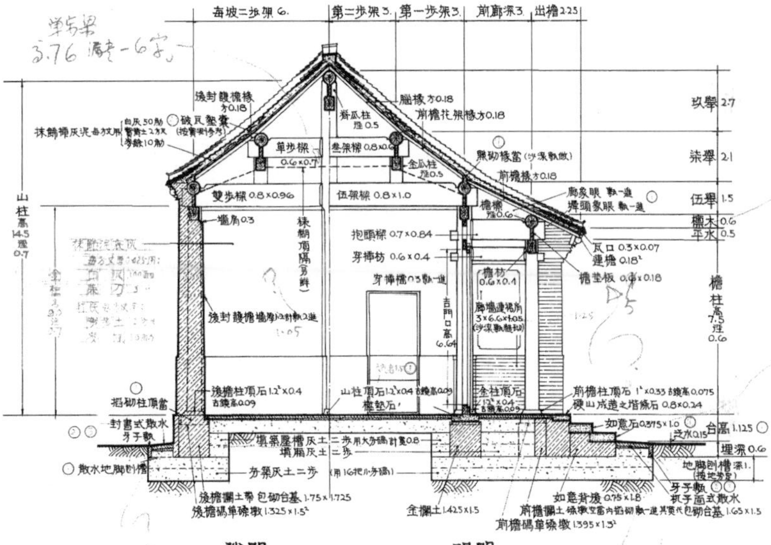

横斷面

平面比例尺

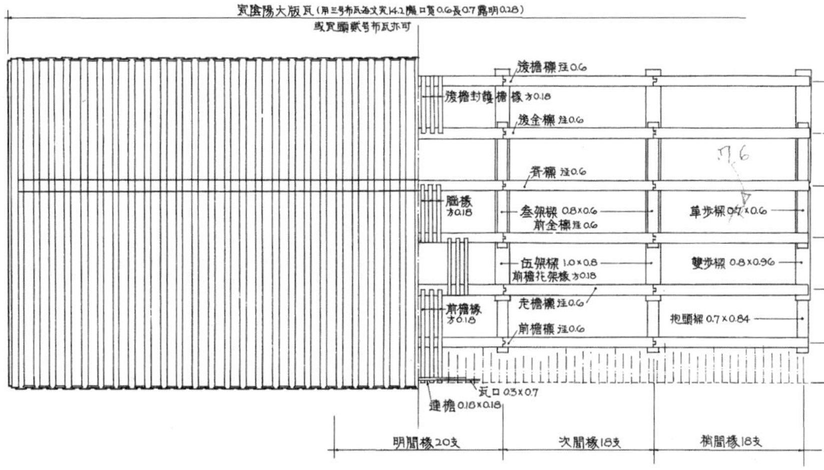

屋頂平面　　步架平面

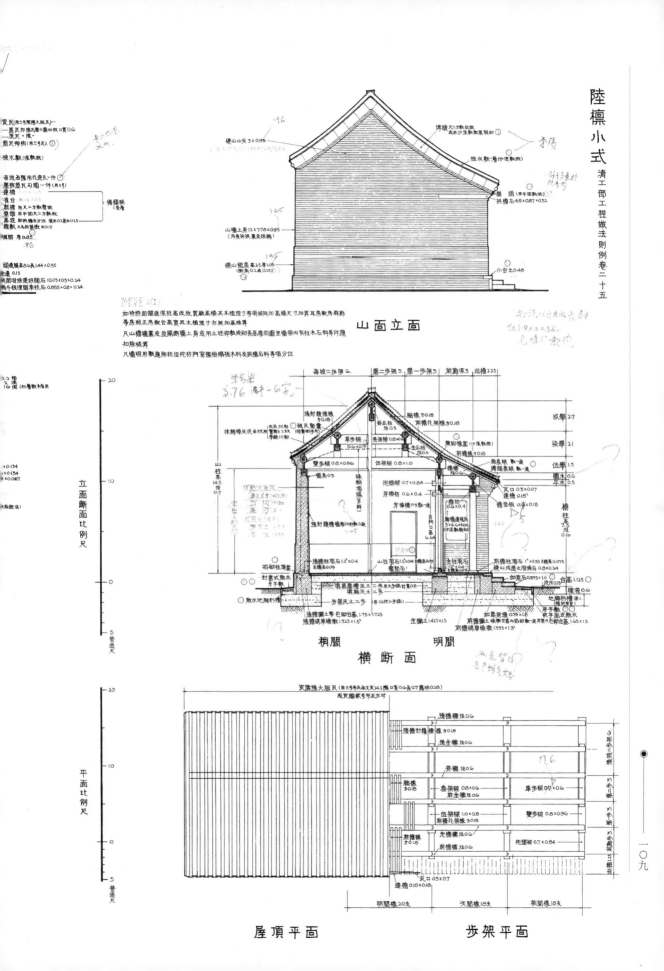

图51　清工部工程做法则例卷贰拾陆

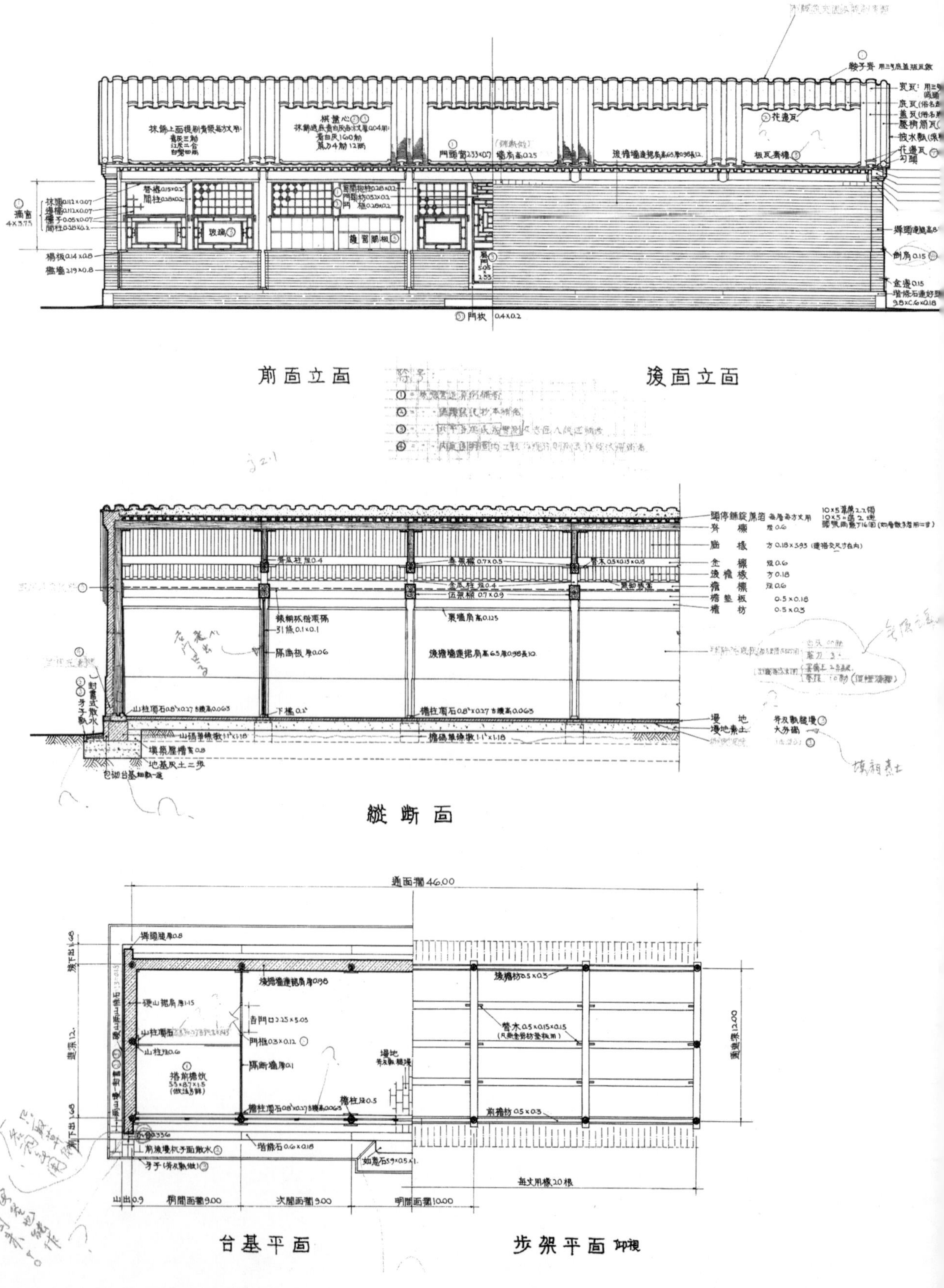

附註：

如特將面闊進深柱高改放寬廠高矮其木植徑寸等項照所加高矮尺寸加算耳房配房群廊等房照正房配合高寬其木植徑寸亦照加高合算

凡山檐牆裏皮上身或用土坯碎軌成砌長高厚间前至牆垣内有柱木石料等件應扣除核算

凡牆垣用軌應除柱徑枕枋門窗檻框榻板木料等項分位用軌

伍檁小式

清工部工程做法則例卷二十六

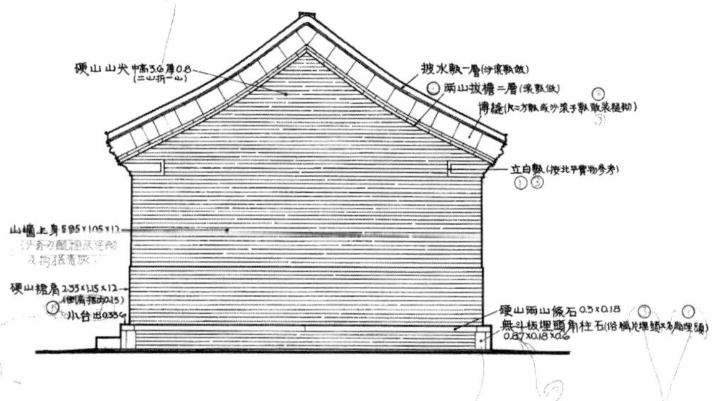

山面立面

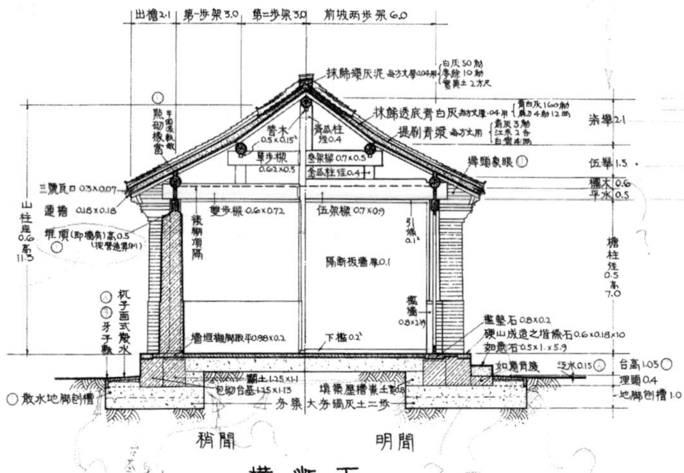

横斷面

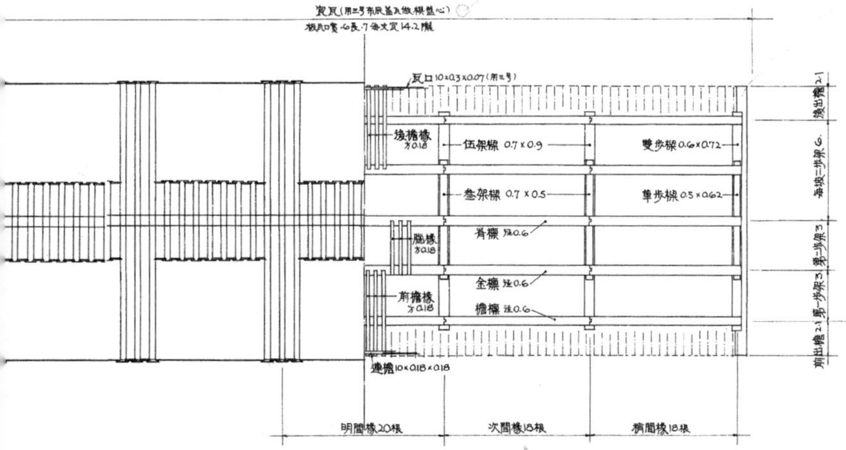

屋頂平面

步架平面

图52　清工部工程做法则例卷贰拾柒

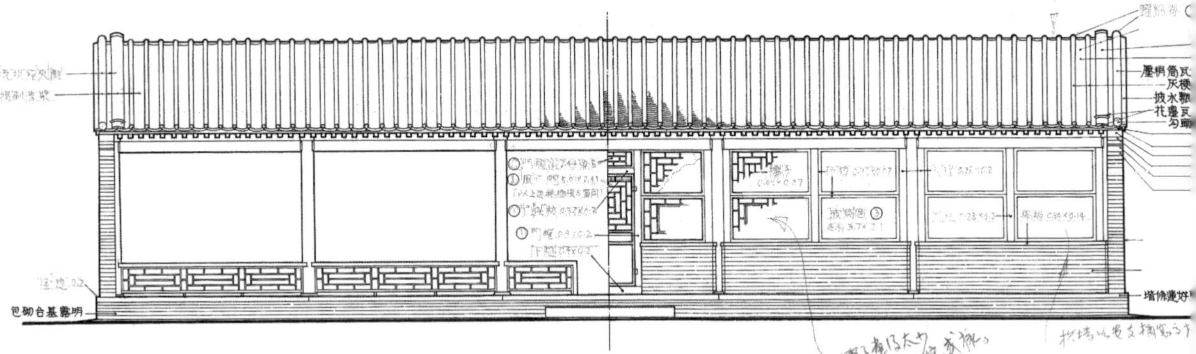

正面立面

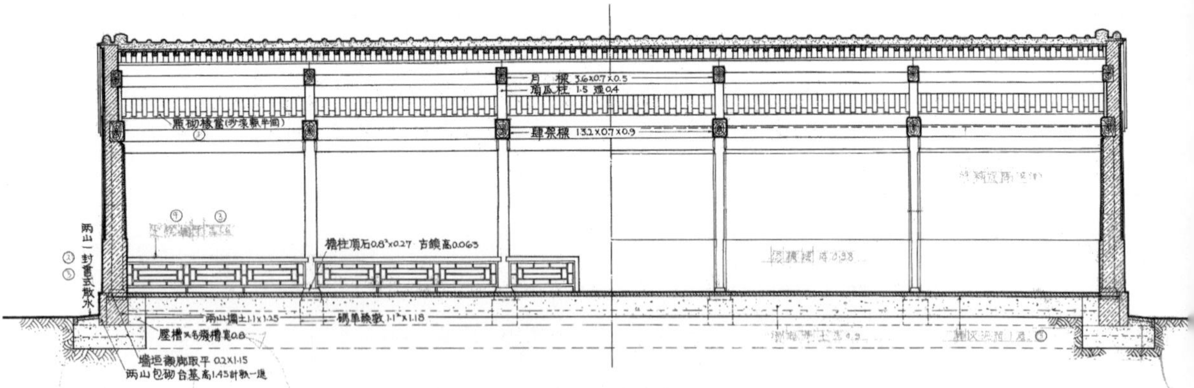

横断面

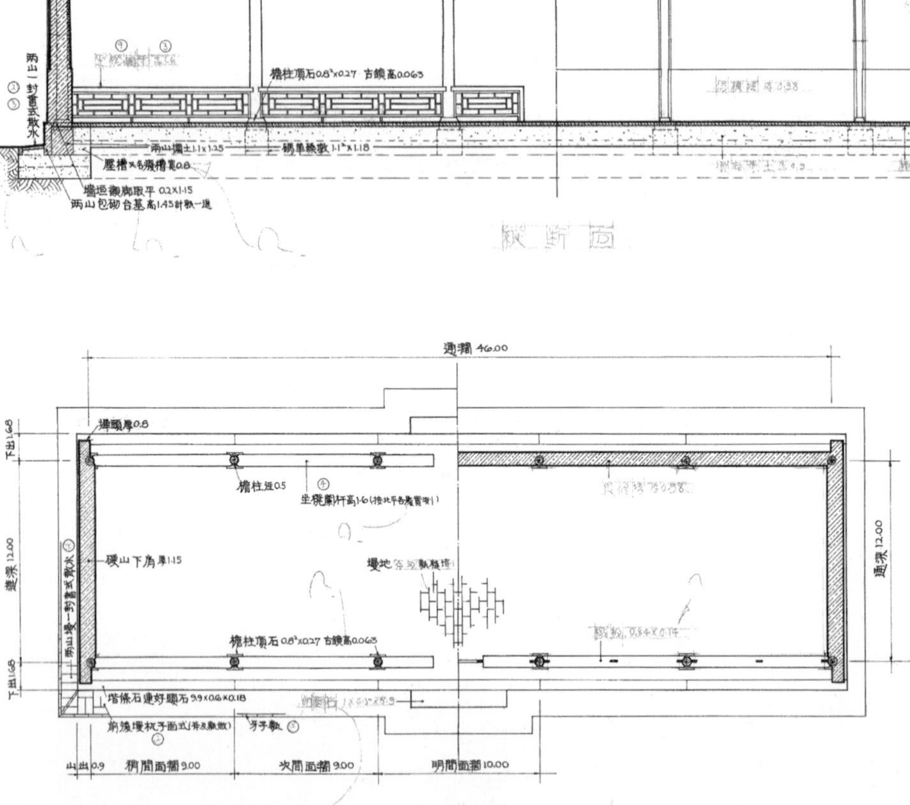

台基平面

肆檩捲棚小式

清工部工程做法則例卷二十七

立面断面比例尺

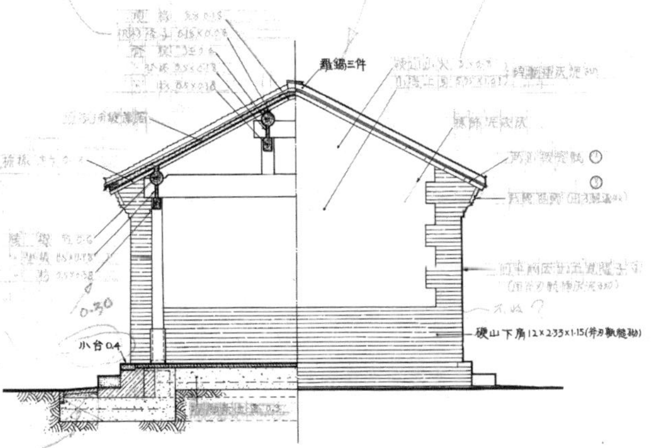

附註：

如特將面闊進深柱高收放寬厰高矮其木植徑寸等項照所加高矮尺寸加算

耳房配房群廊等房照正房配合高寬其木植徑寸亦照加高核算

凡牆垣用料應除柱徑枋木料分位用數

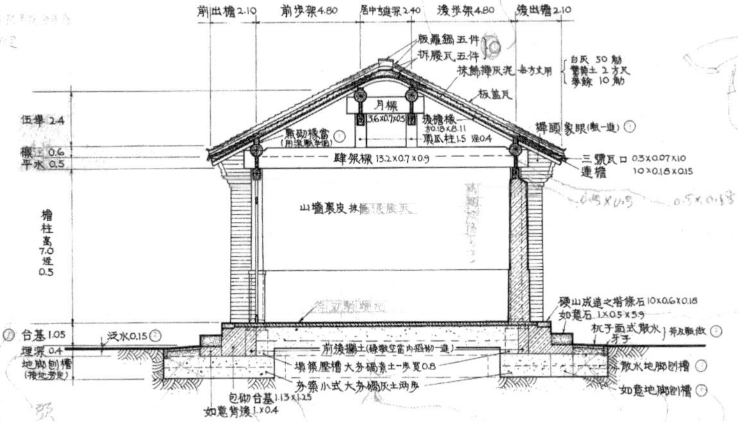

横断面

平面比例尺

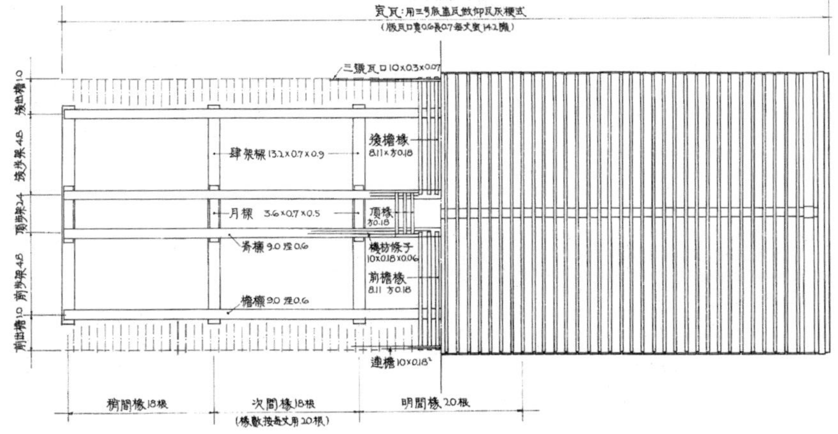

步架平面

屋頂平面

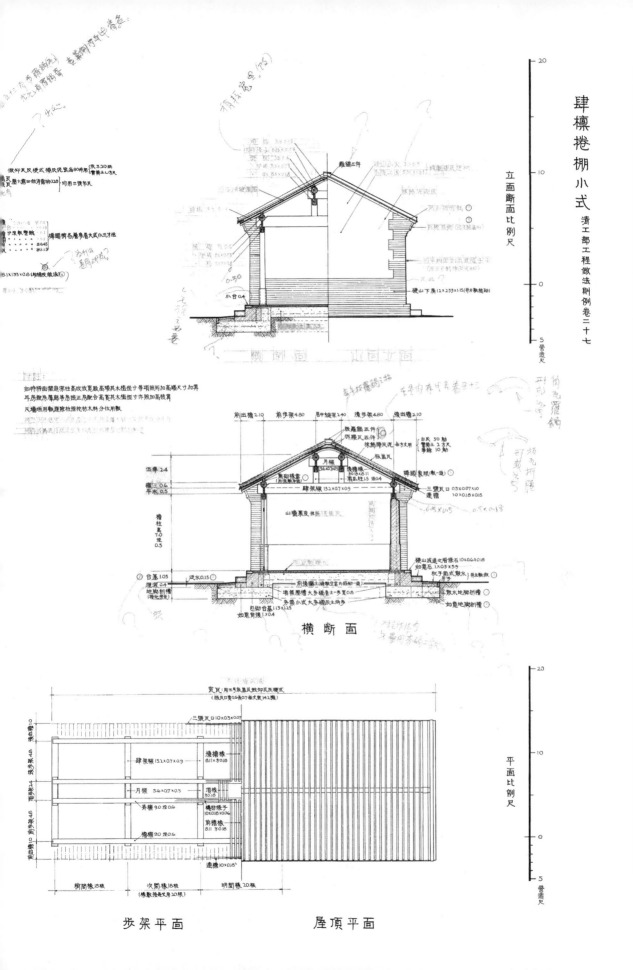

图 53　清工部工程做法则例卷叁拾

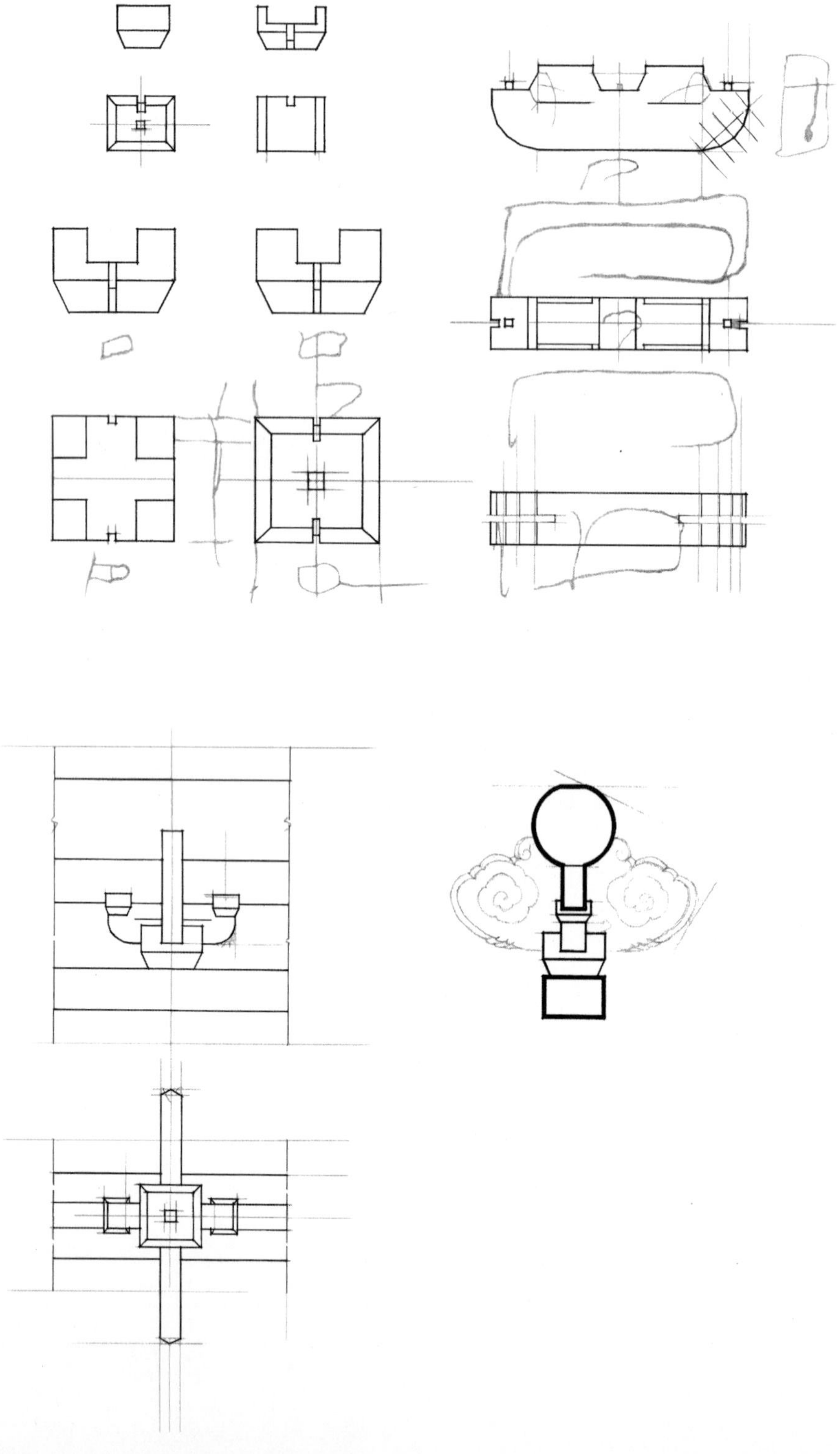

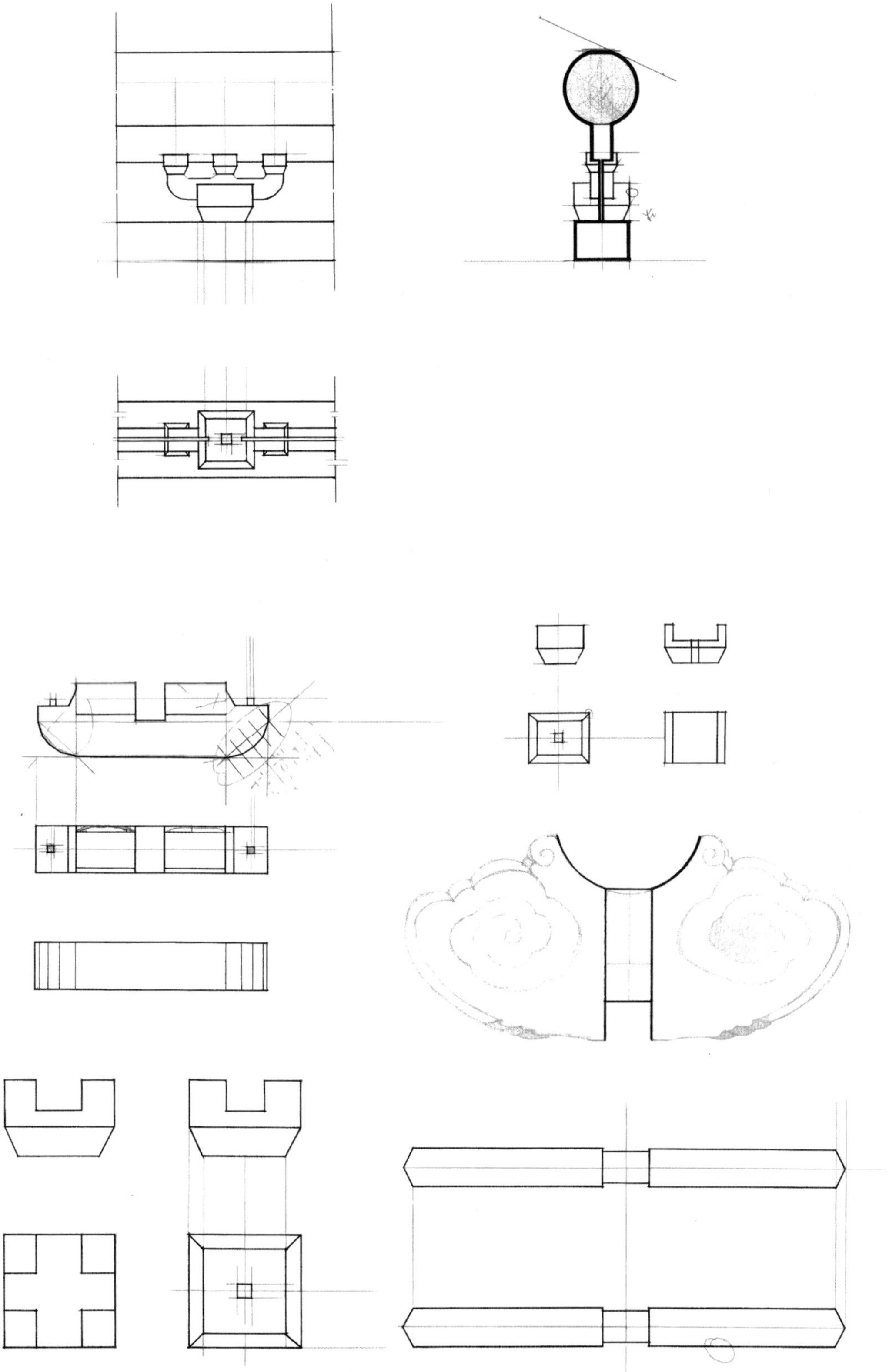

图54　清工部工程做法则例卷叁拾

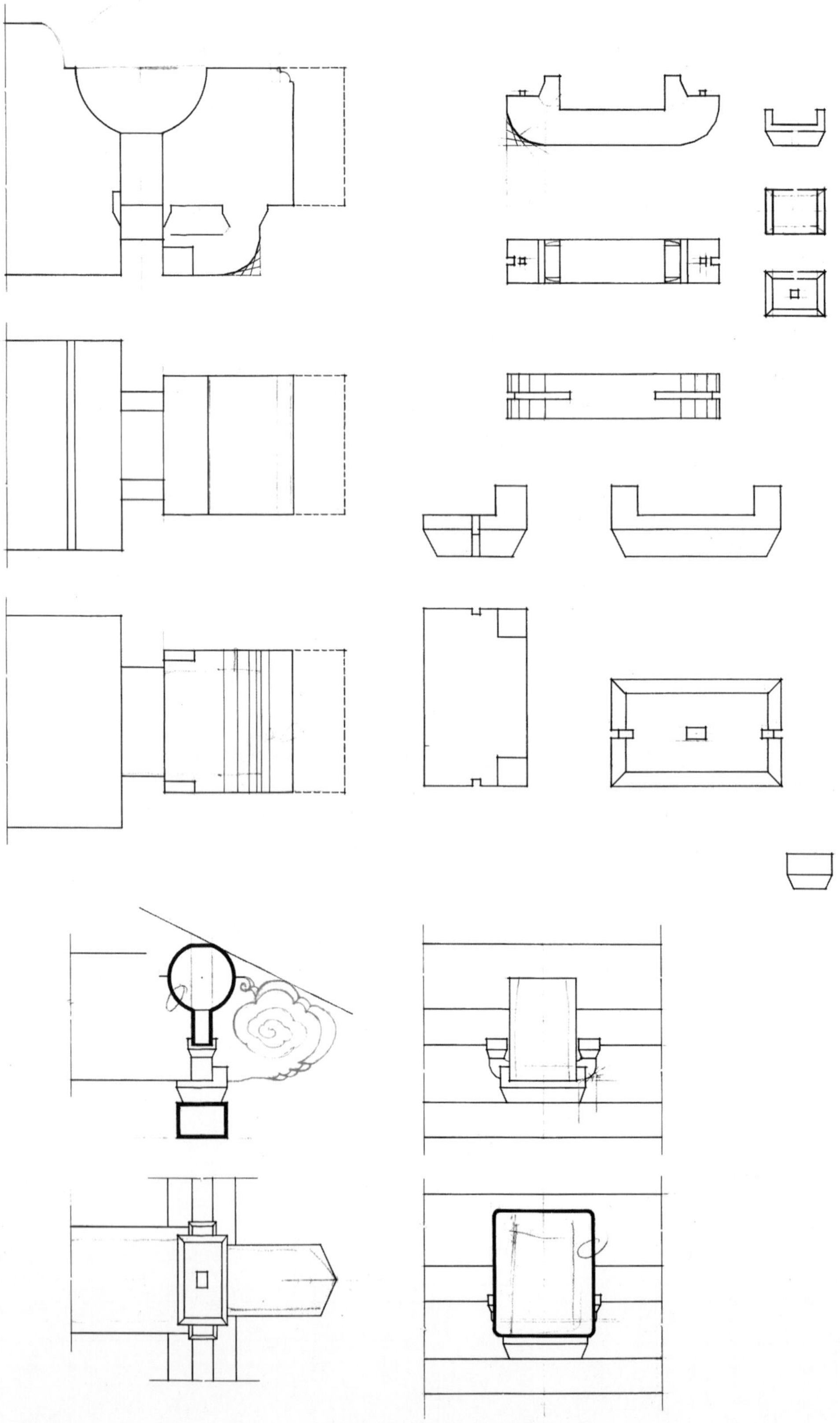

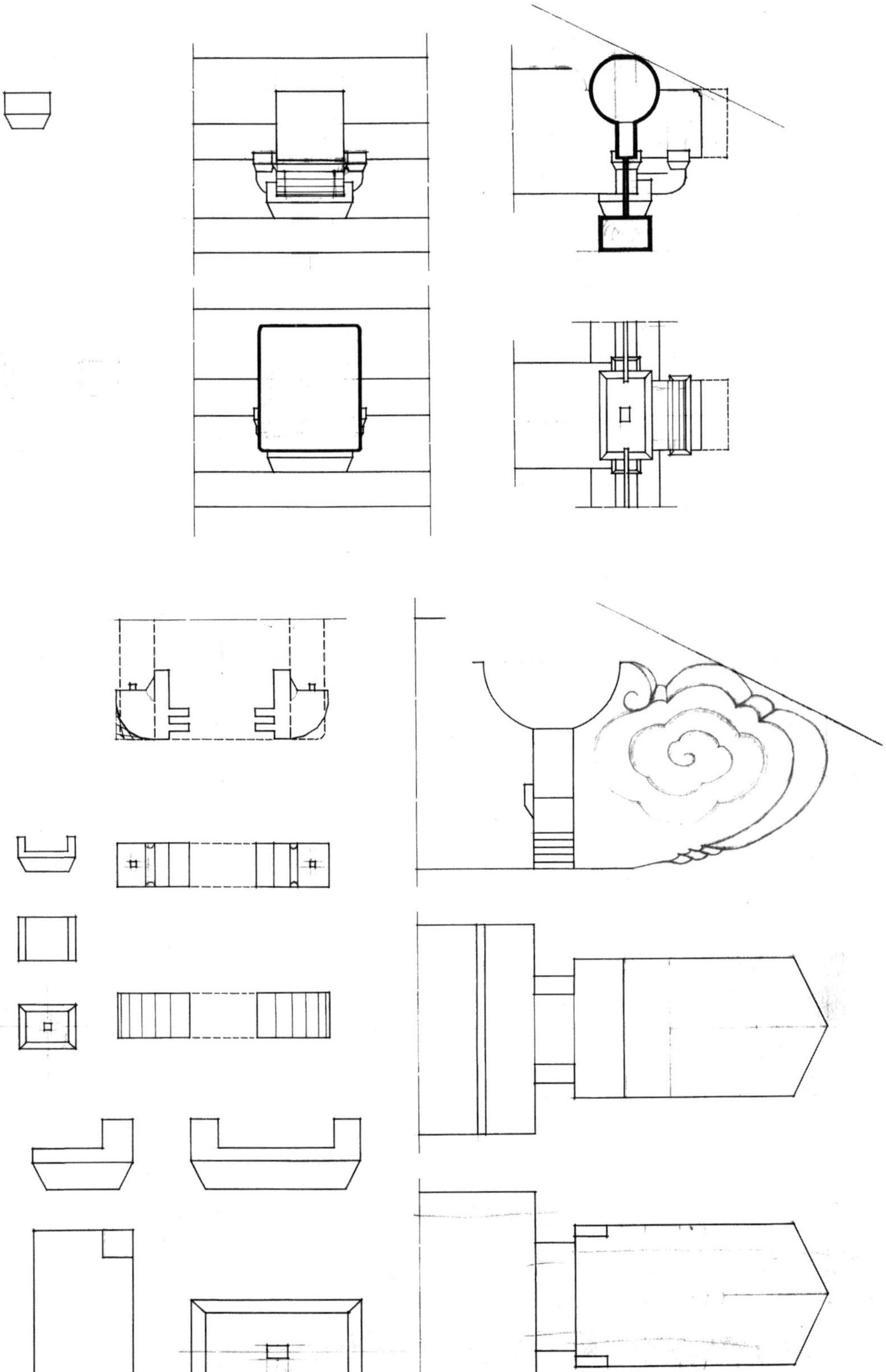

图 55　清工部工程做法则例卷叁拾

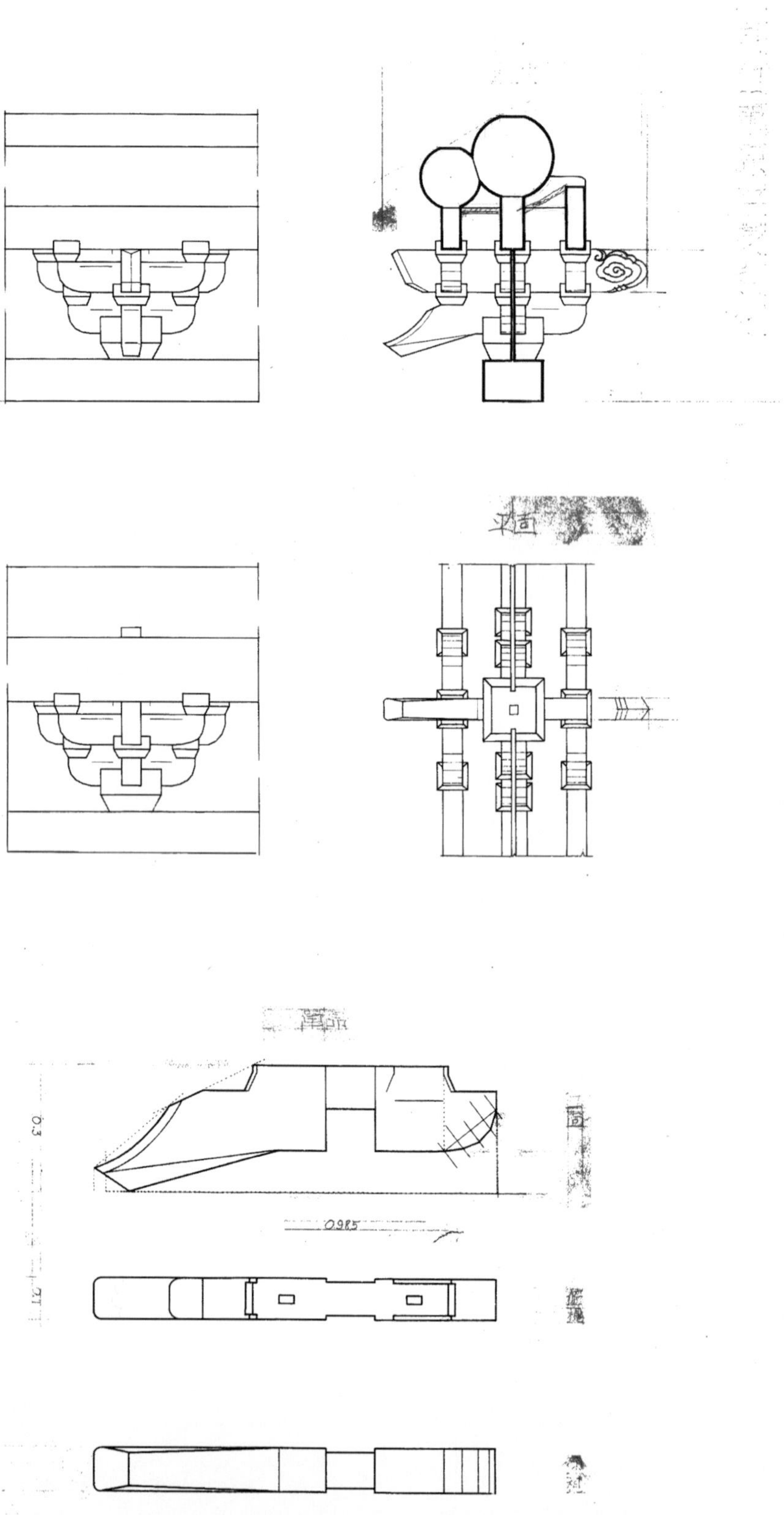

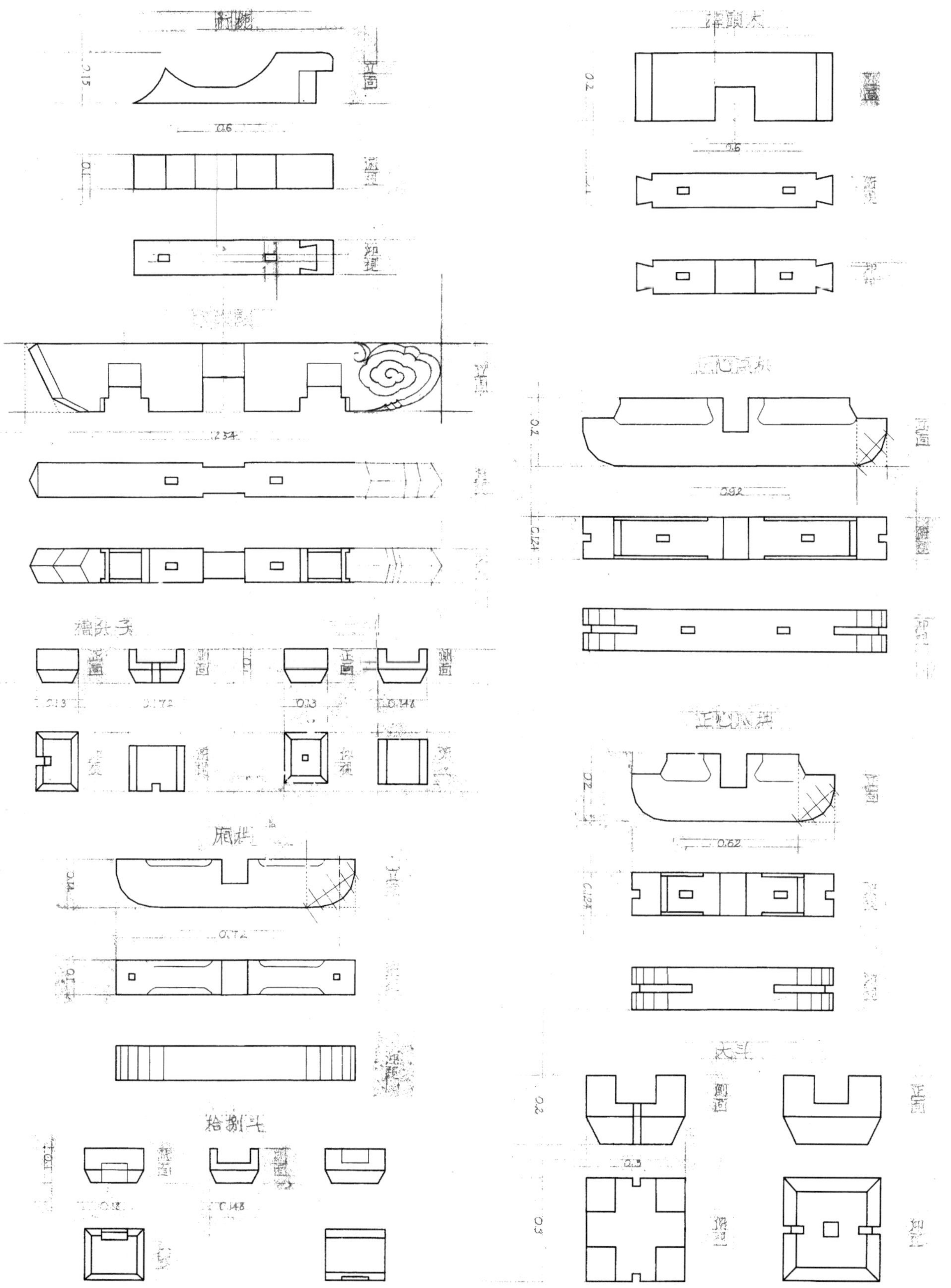
撑头木
0.2
0.6
0.92
0.124
0.62
0.72
0.13
0.172
0.148
0.18
0.3
大斗
正面
侧面
仰视
俯视

图 56　清工部工程做法则例卷叁拾

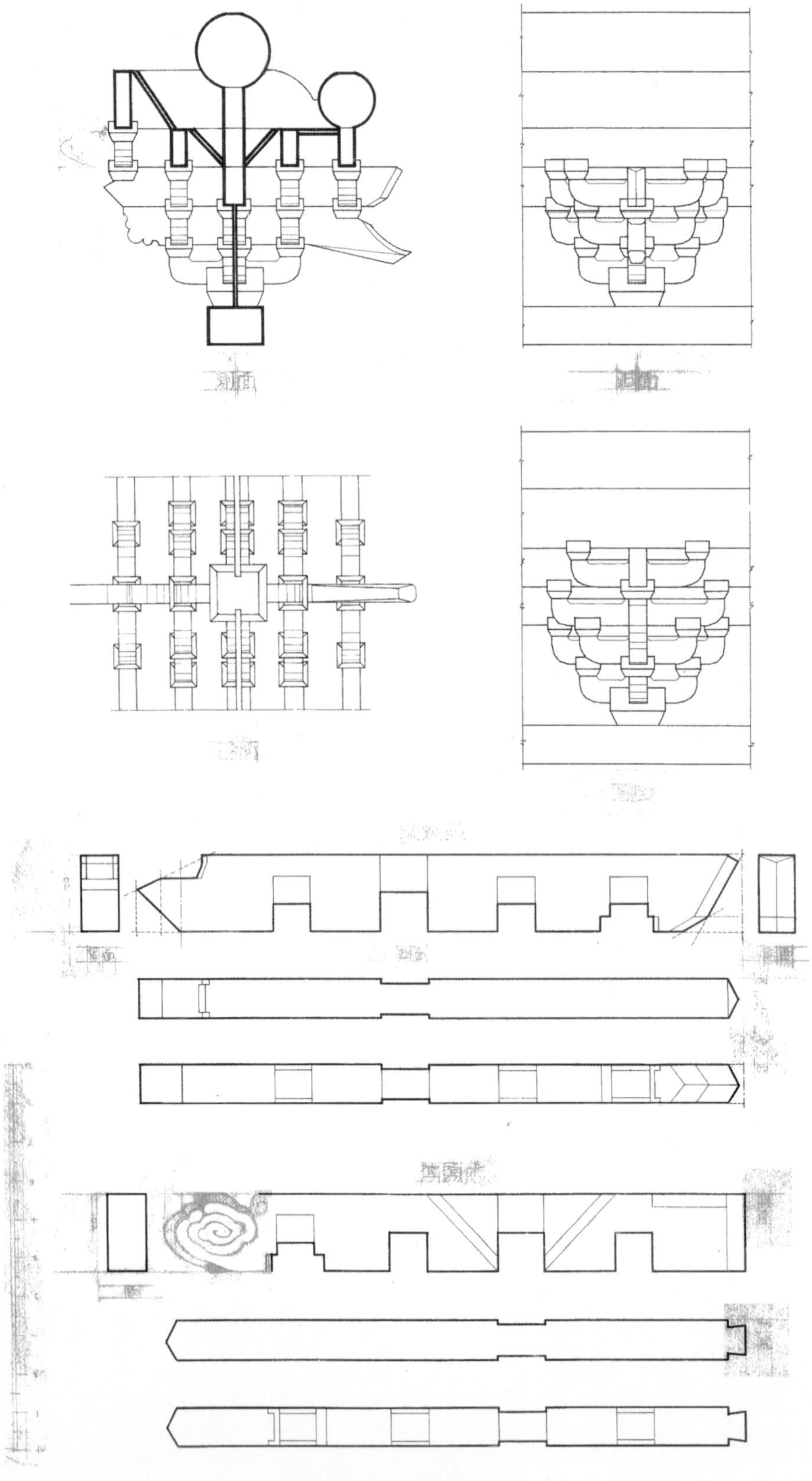

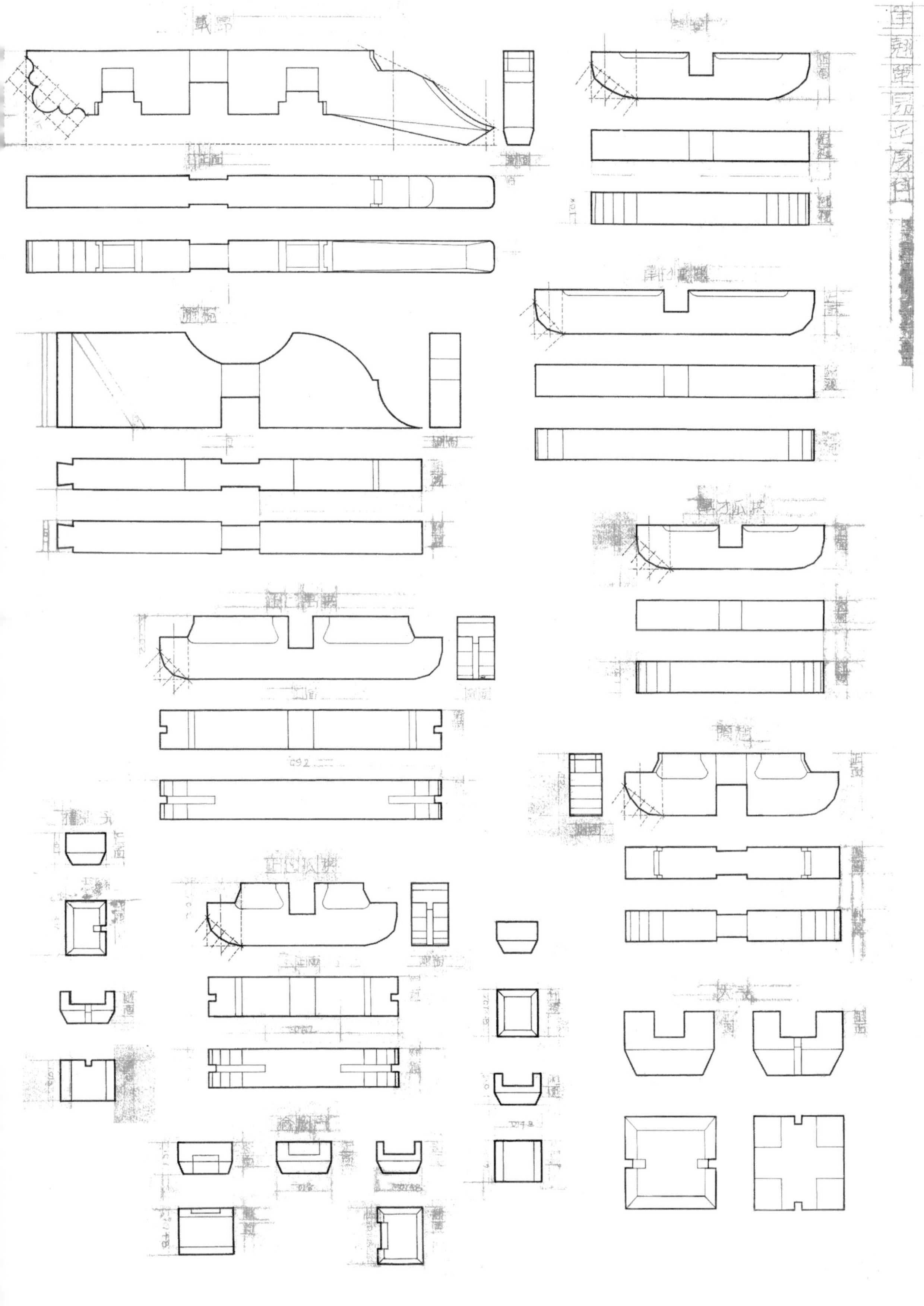

单翘单昂平身科

图 57　清工部工程做法则例卷叁拾

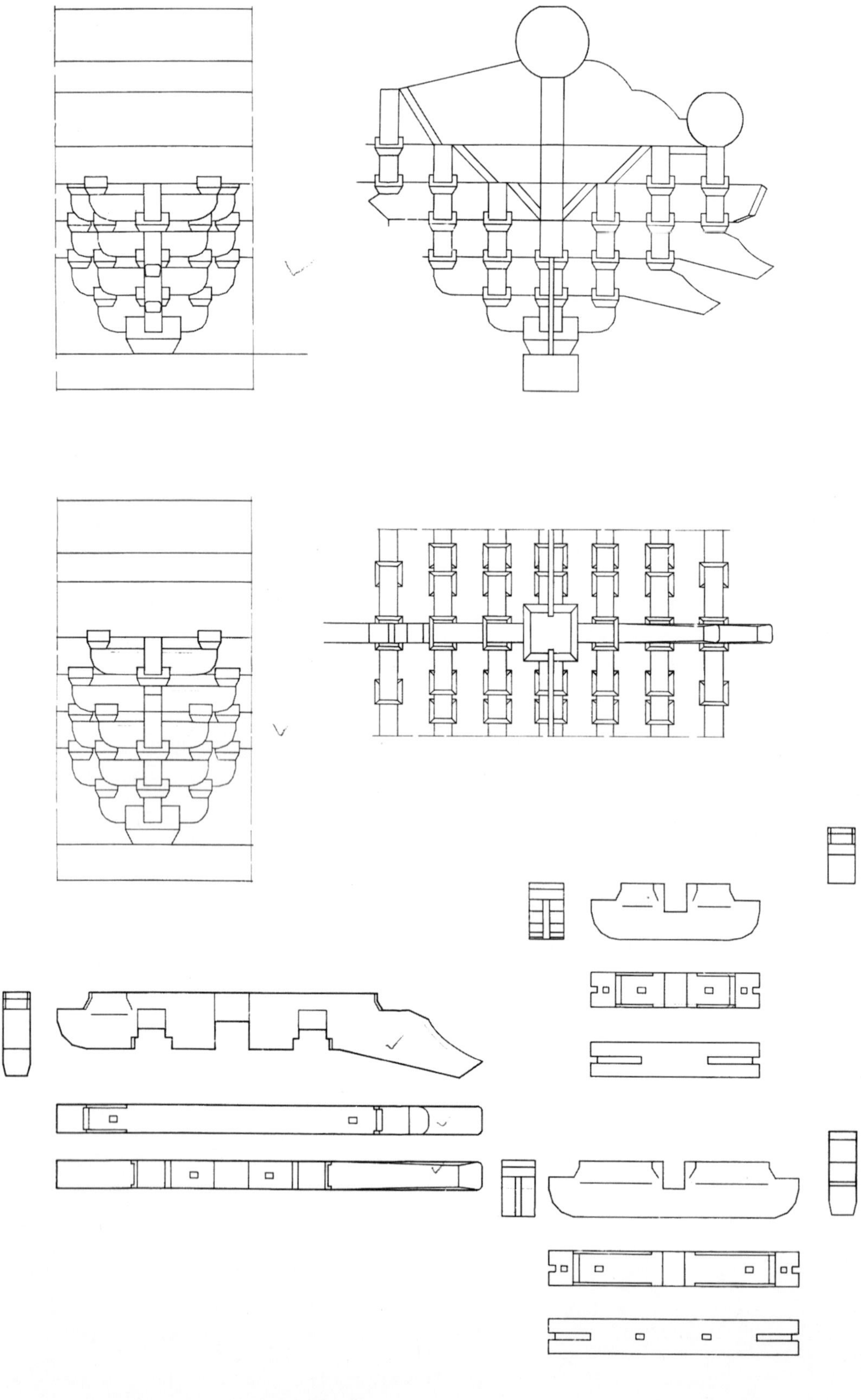

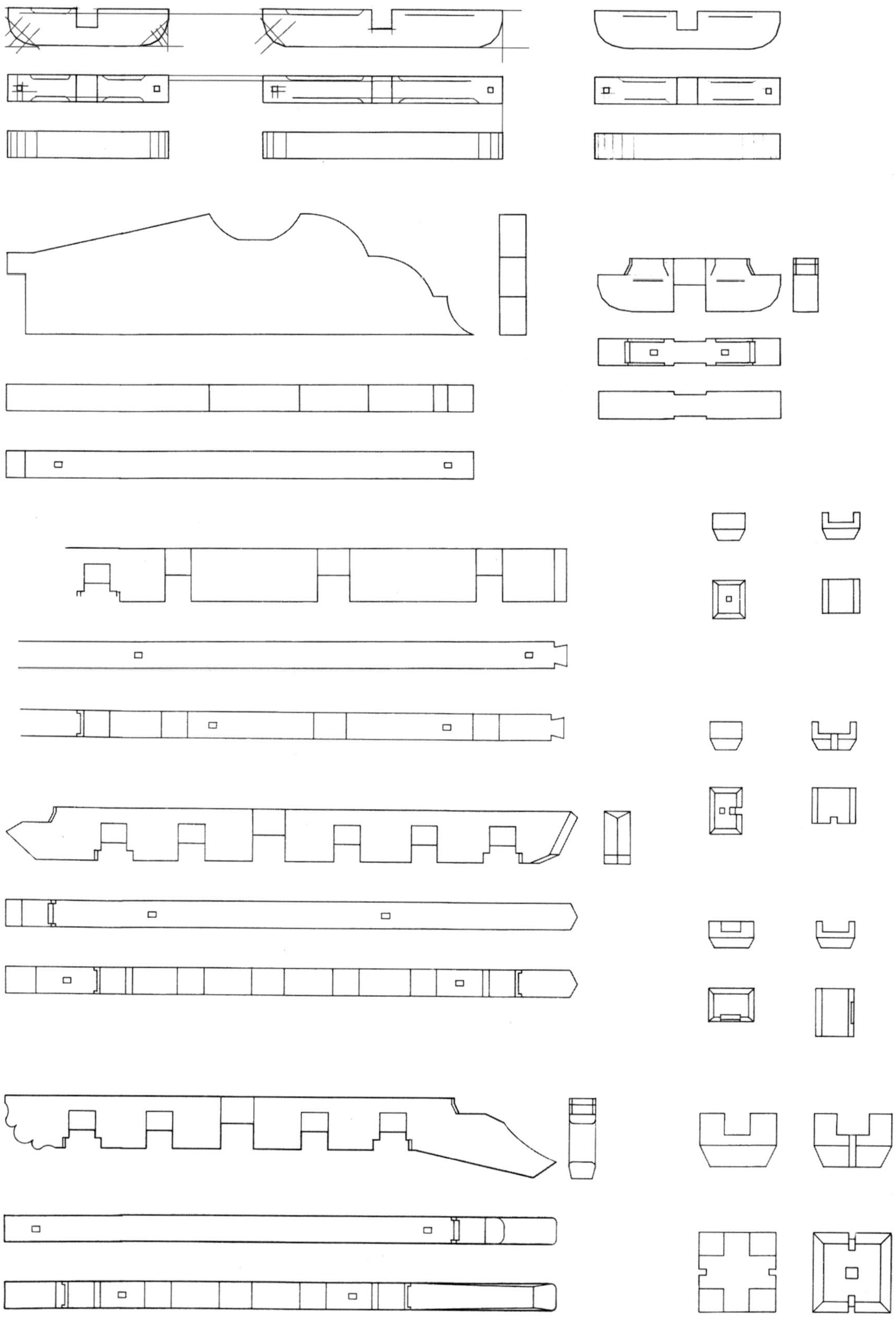

图 58　清工部工程做法则例卷叁拾

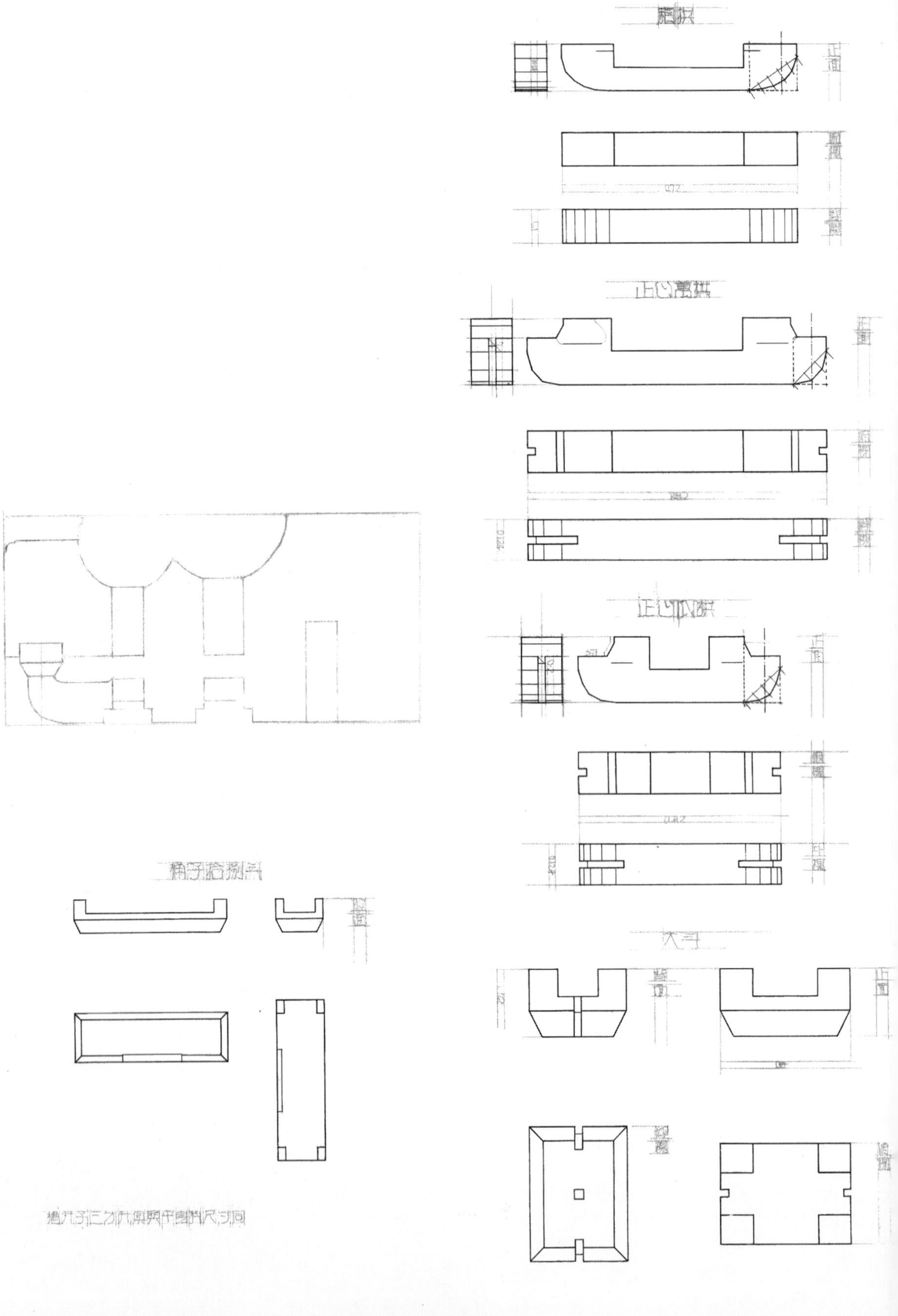

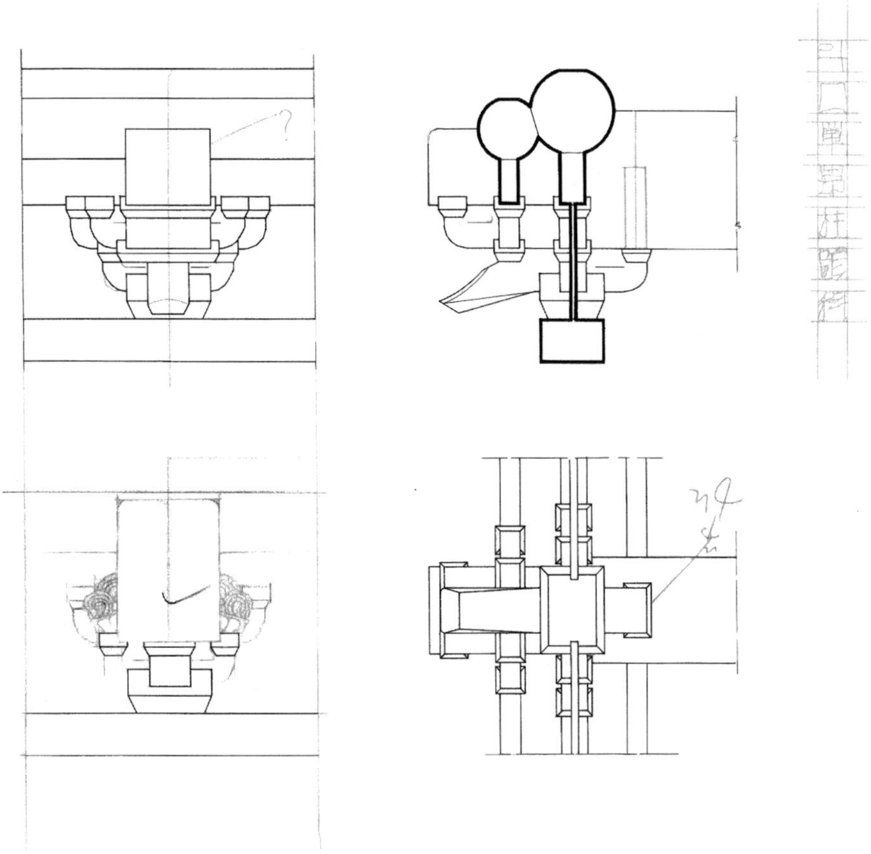

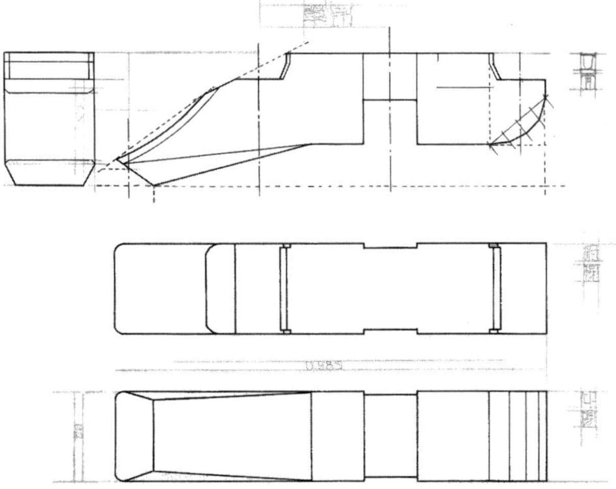

图 59　清工部工程做法则例卷叁拾

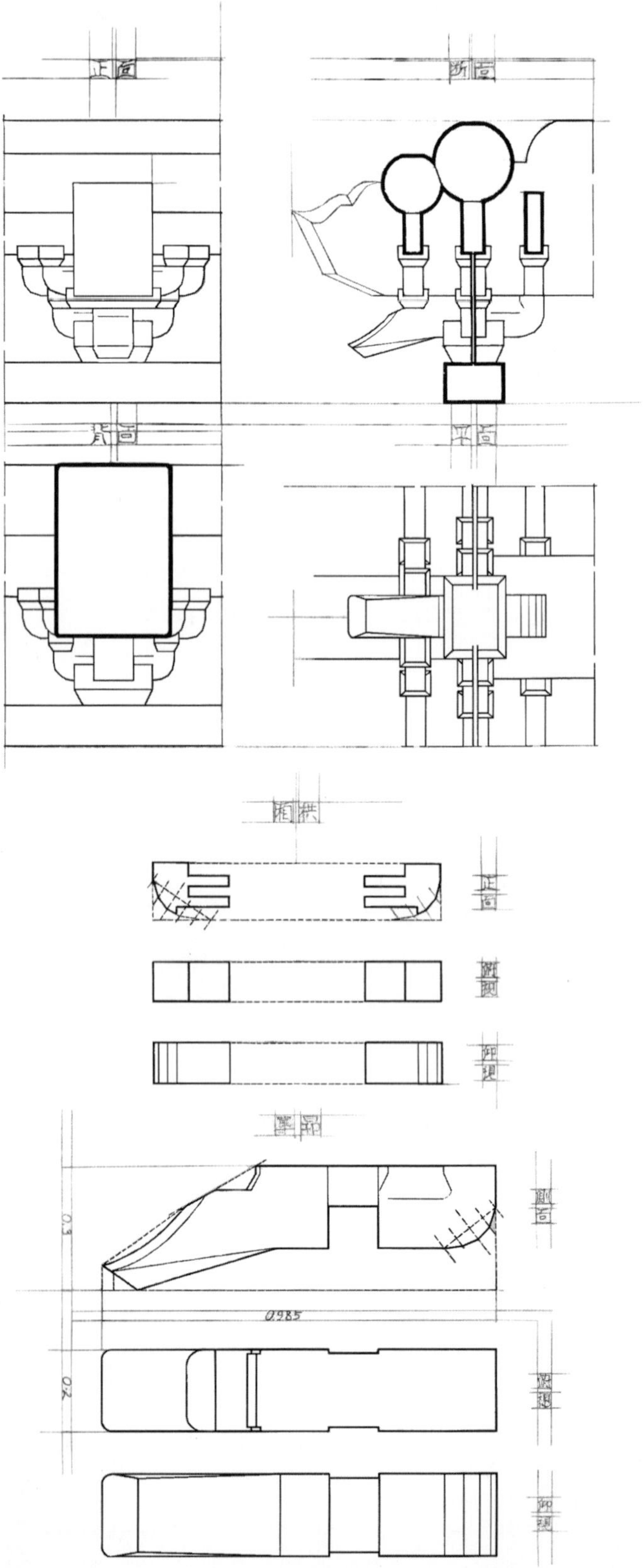

斗口單昂柱頭科

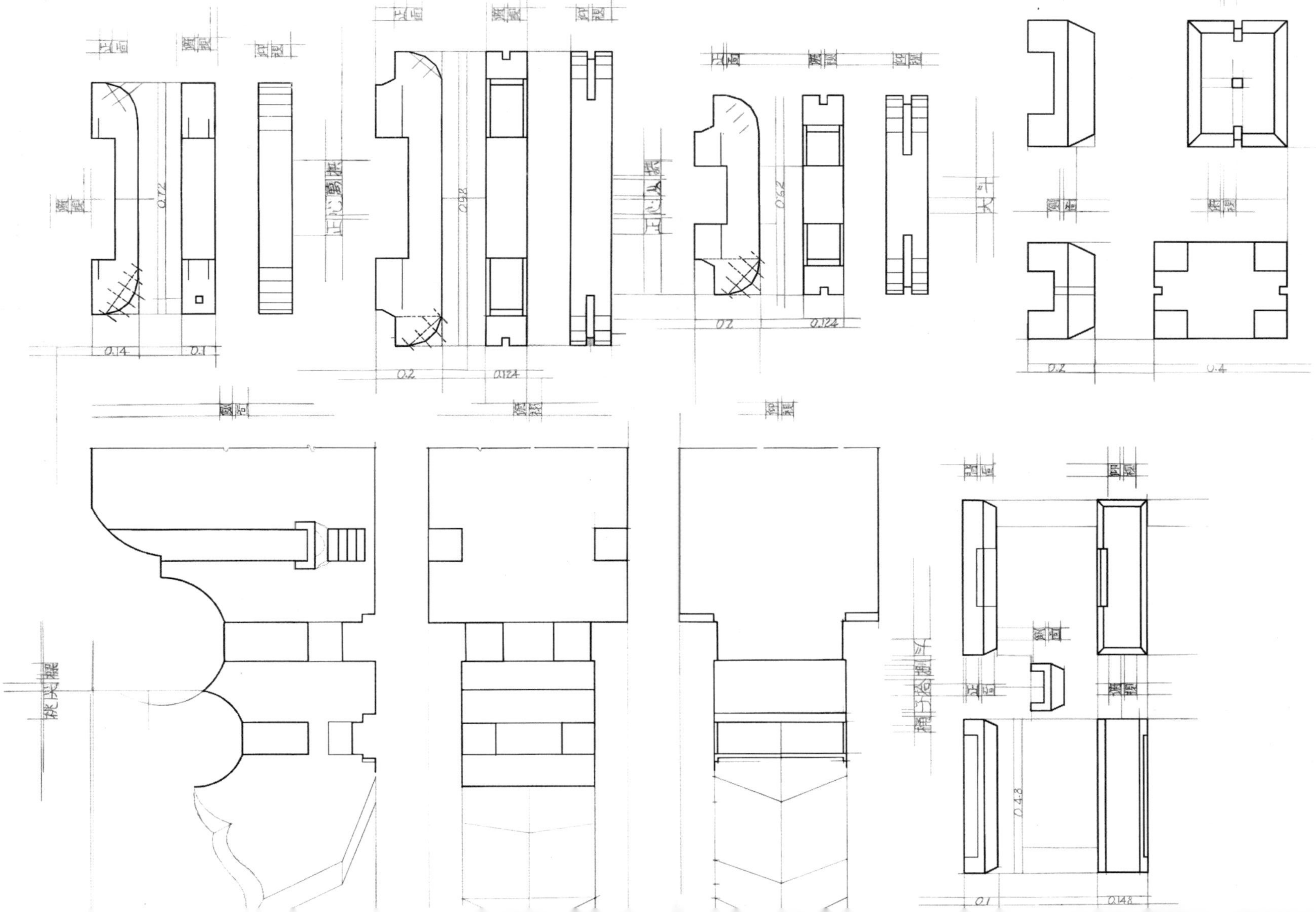
正面
側面
仰視
俯視
0.14
0.1
0.72
正心萬栱
0.2
0.124
0.98
正心瓜栱
0.62
大斗
0.4
桃尖梁
0.48
0.148

图 60　清工部工程做法则例卷叁拾

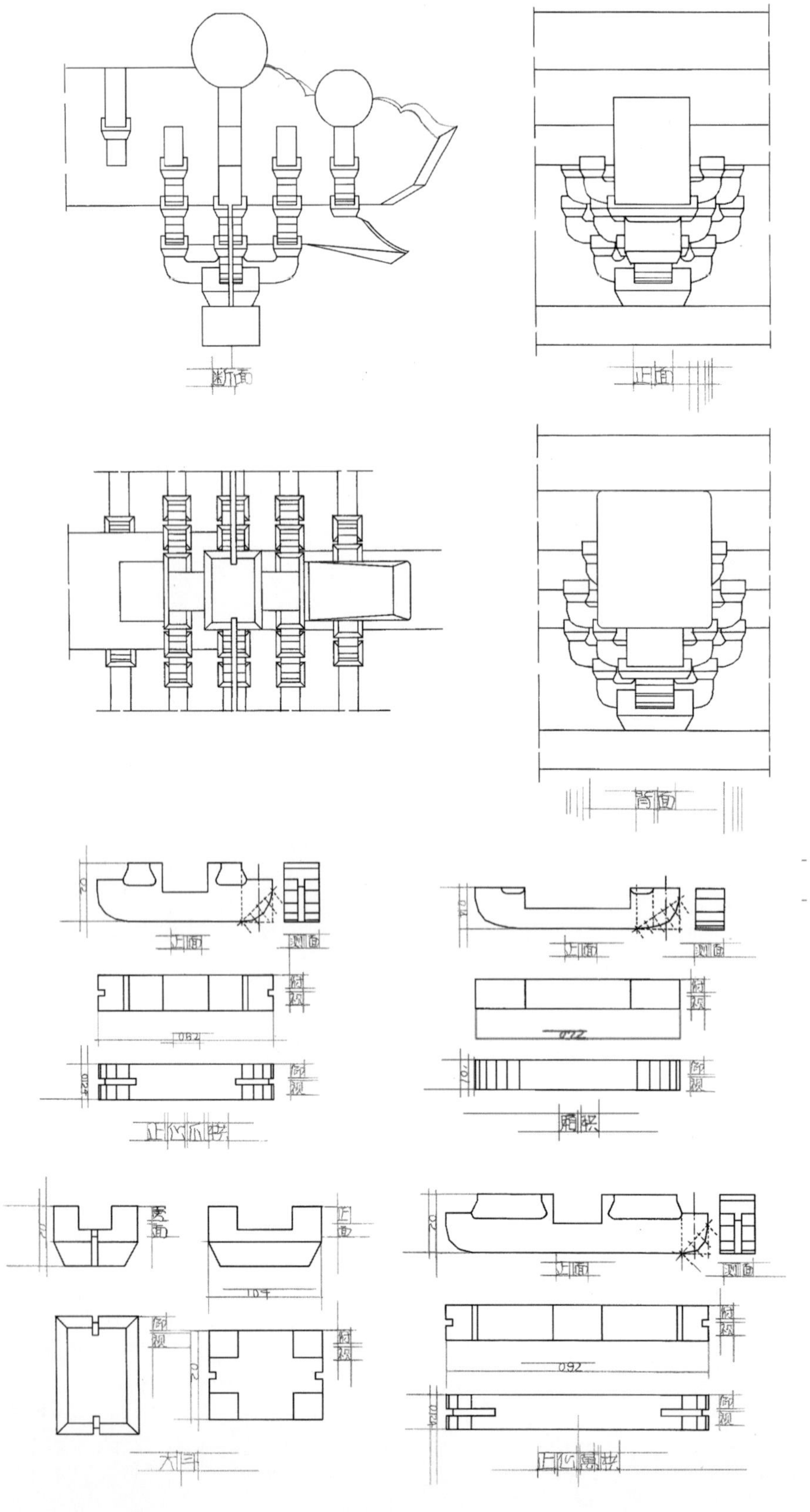

單翹單昂柱頭科

清工部工程做法則例卷廿

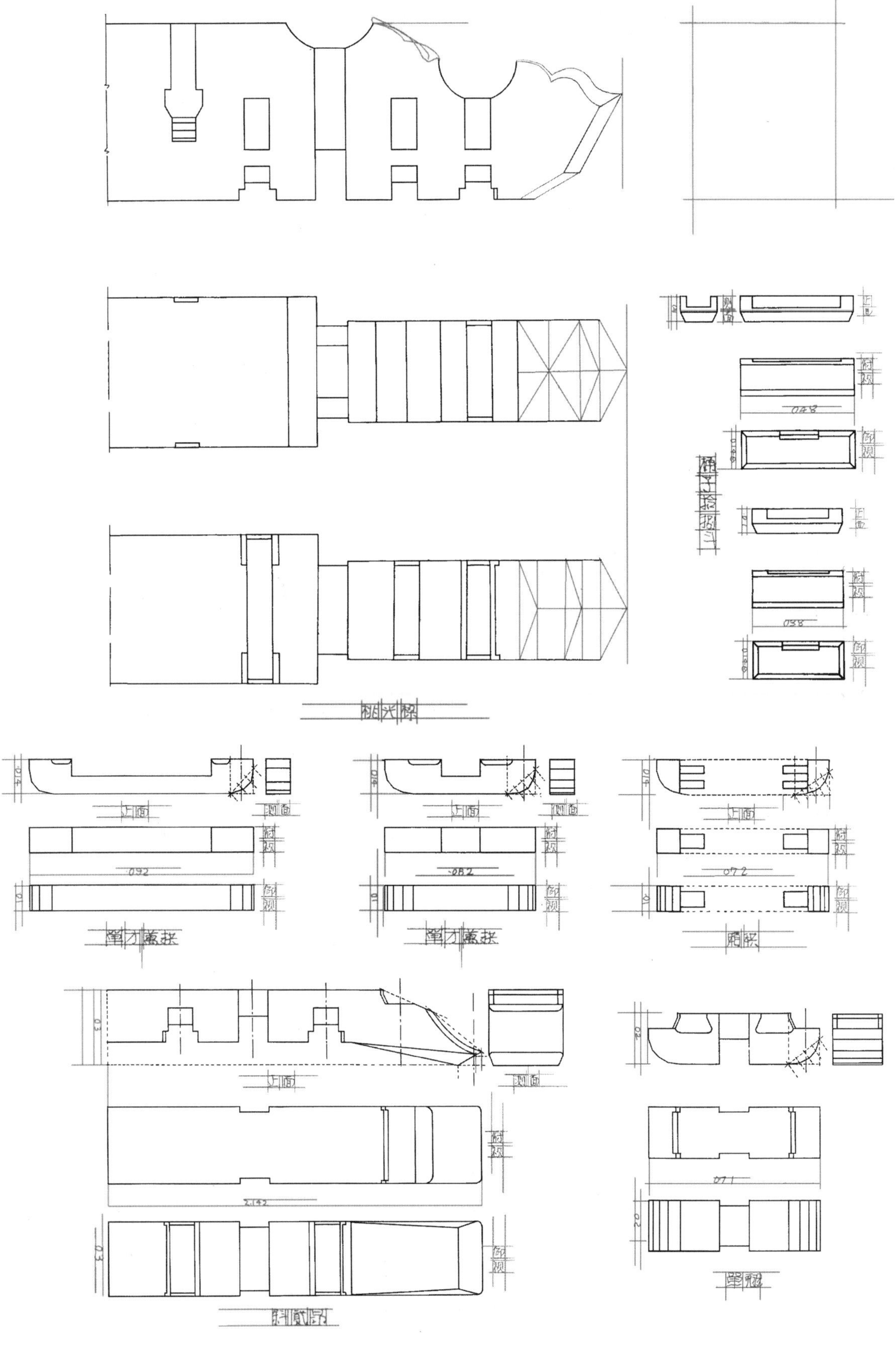

图61　清工部工程做法则例卷叁拾

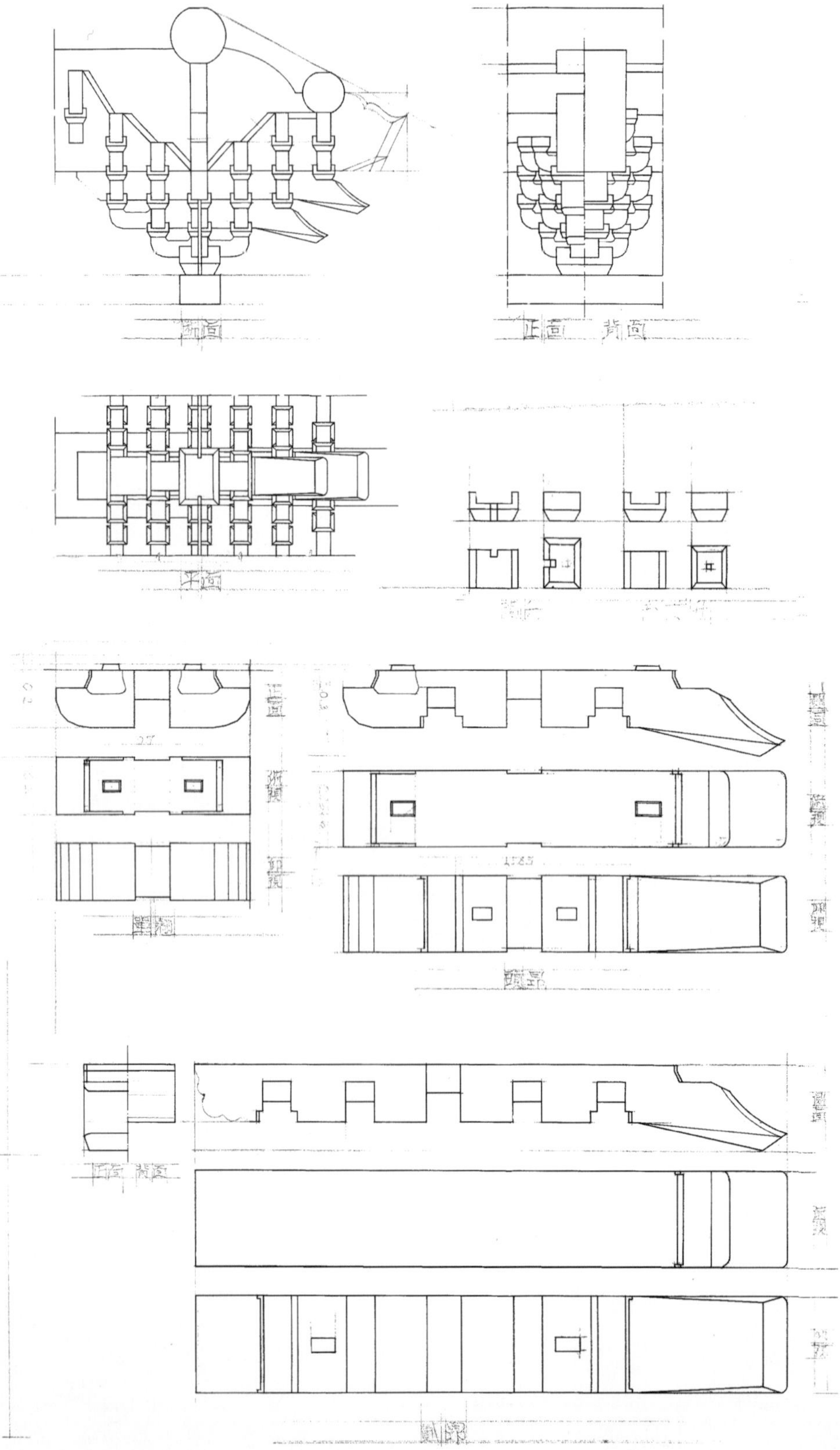

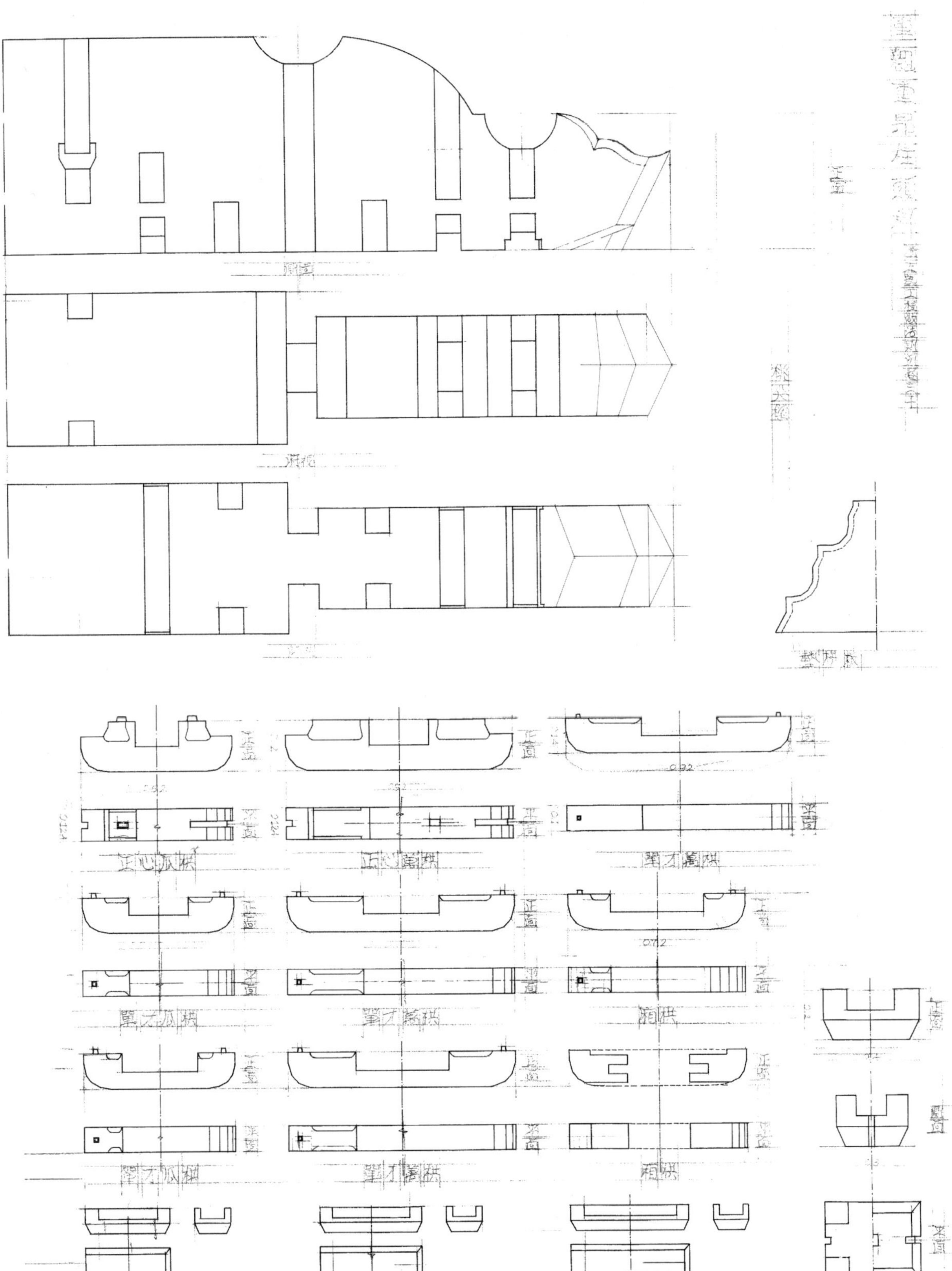
正面
平面
正心瓜栱
单才瓜栱
单才万栱
厢栱
大斗

图62　清工部工程做法则例卷叁拾

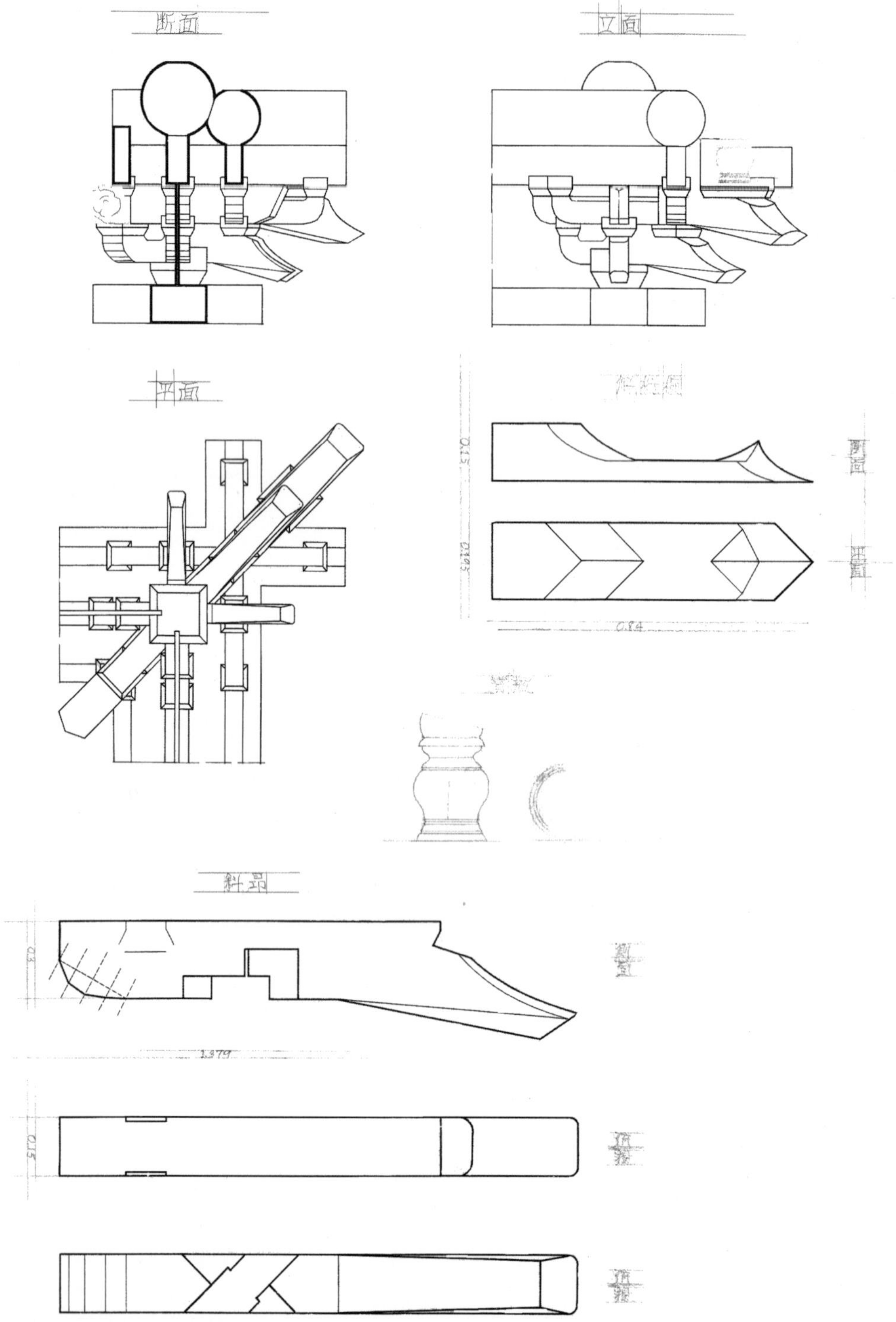

斗口重昂角科

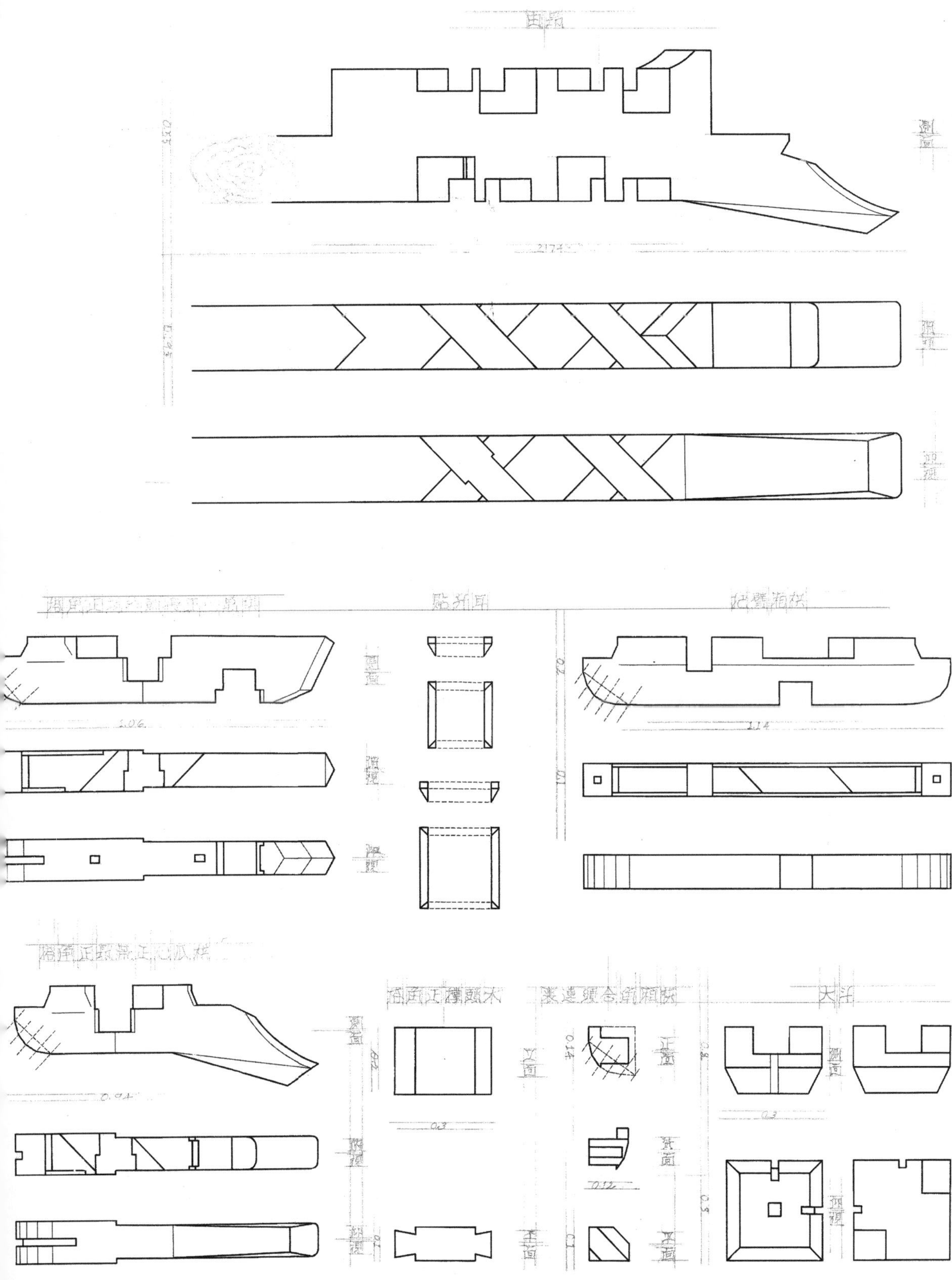

图63　清工部工程做法则例卷叁拾

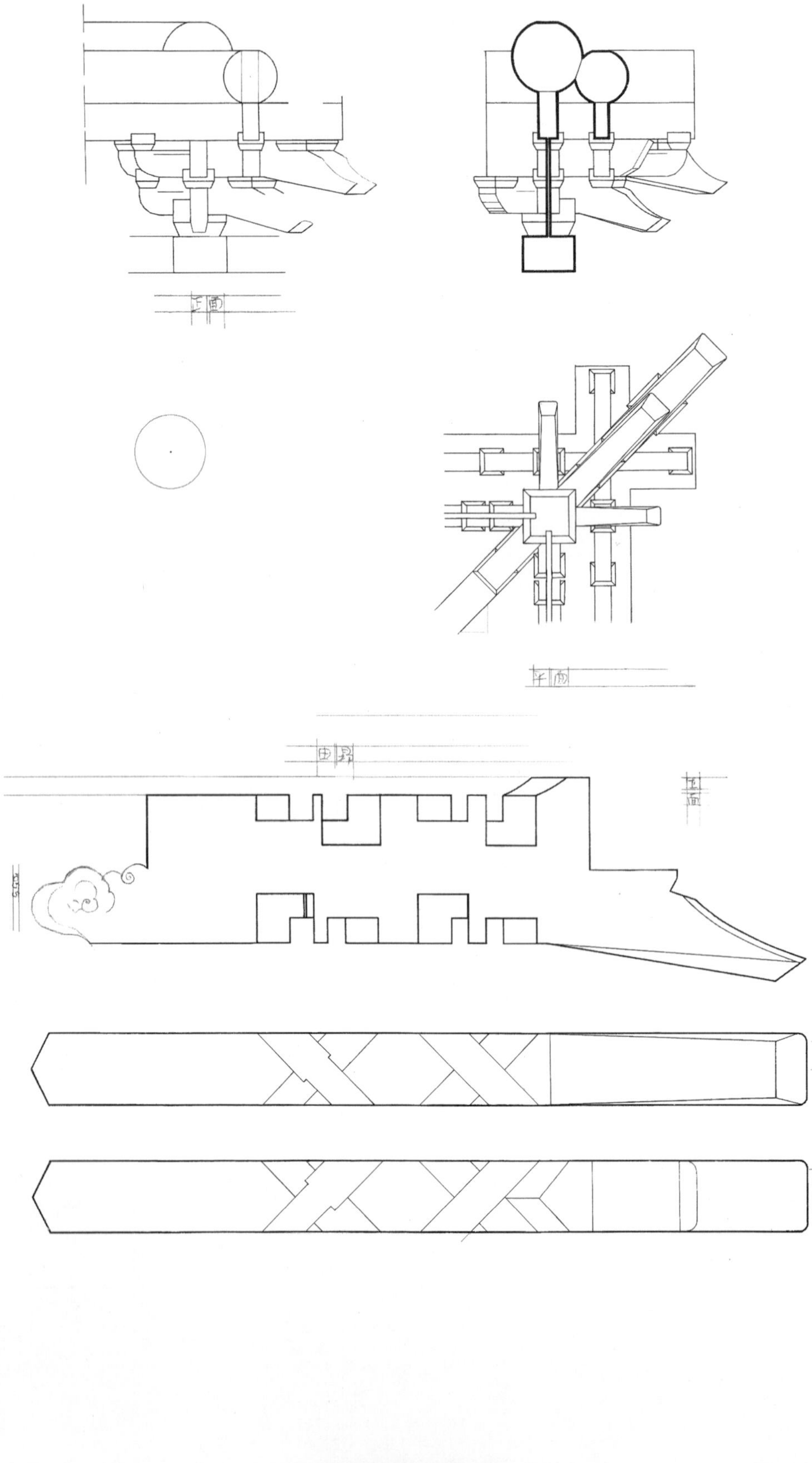

斗口單昂角科

清工部工程做法則例卷

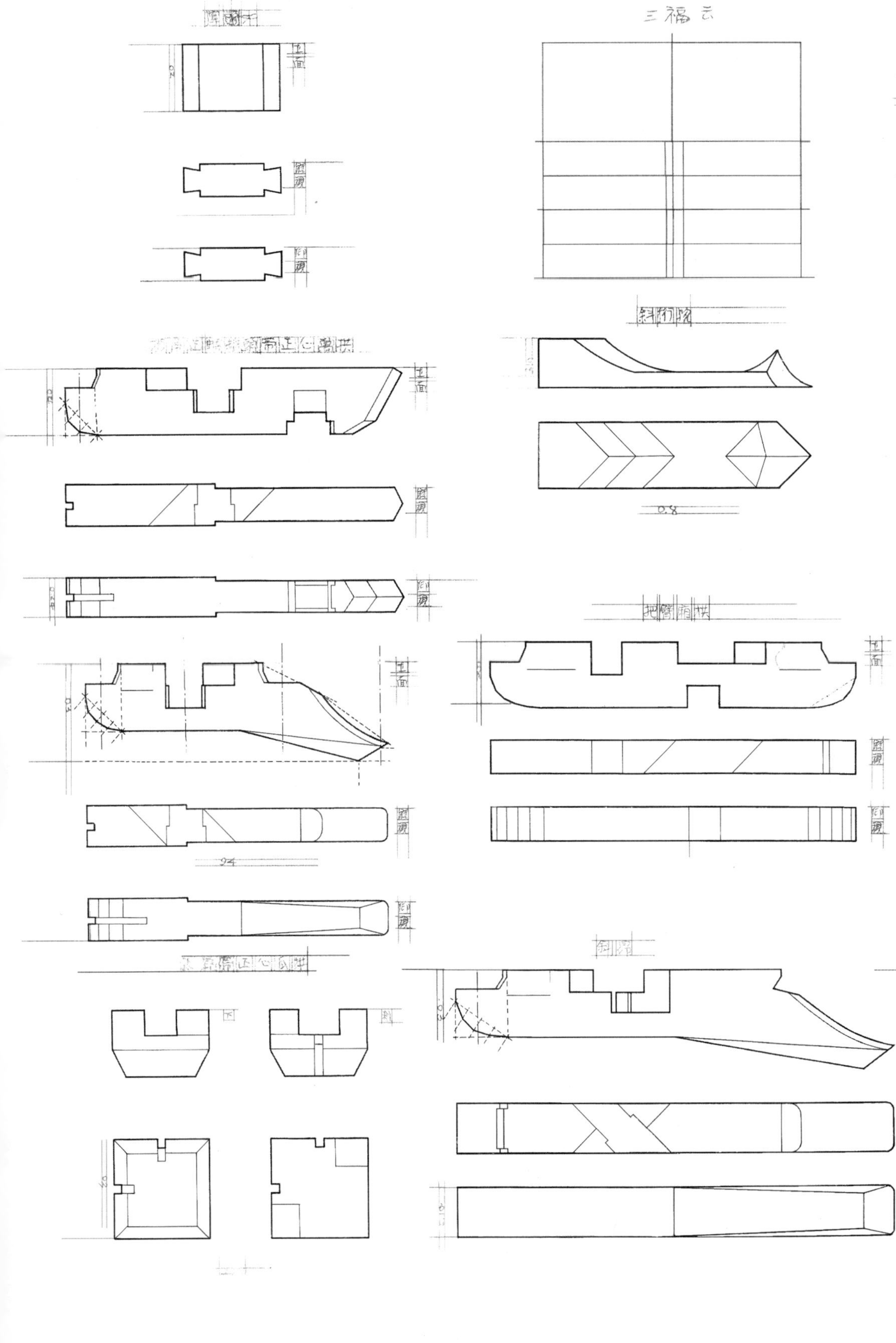

图 64　清工部工程做法则例卷叁拾

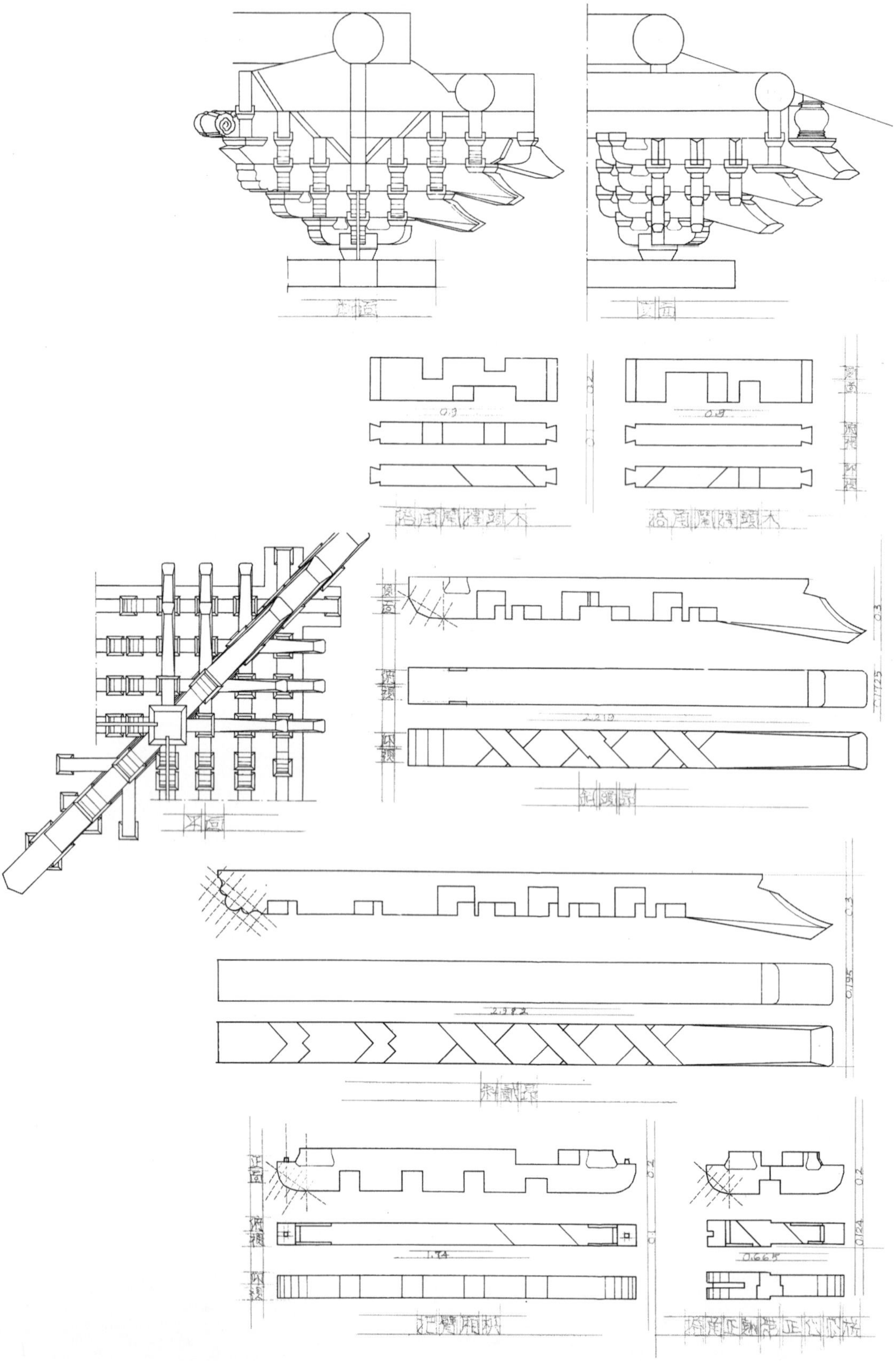

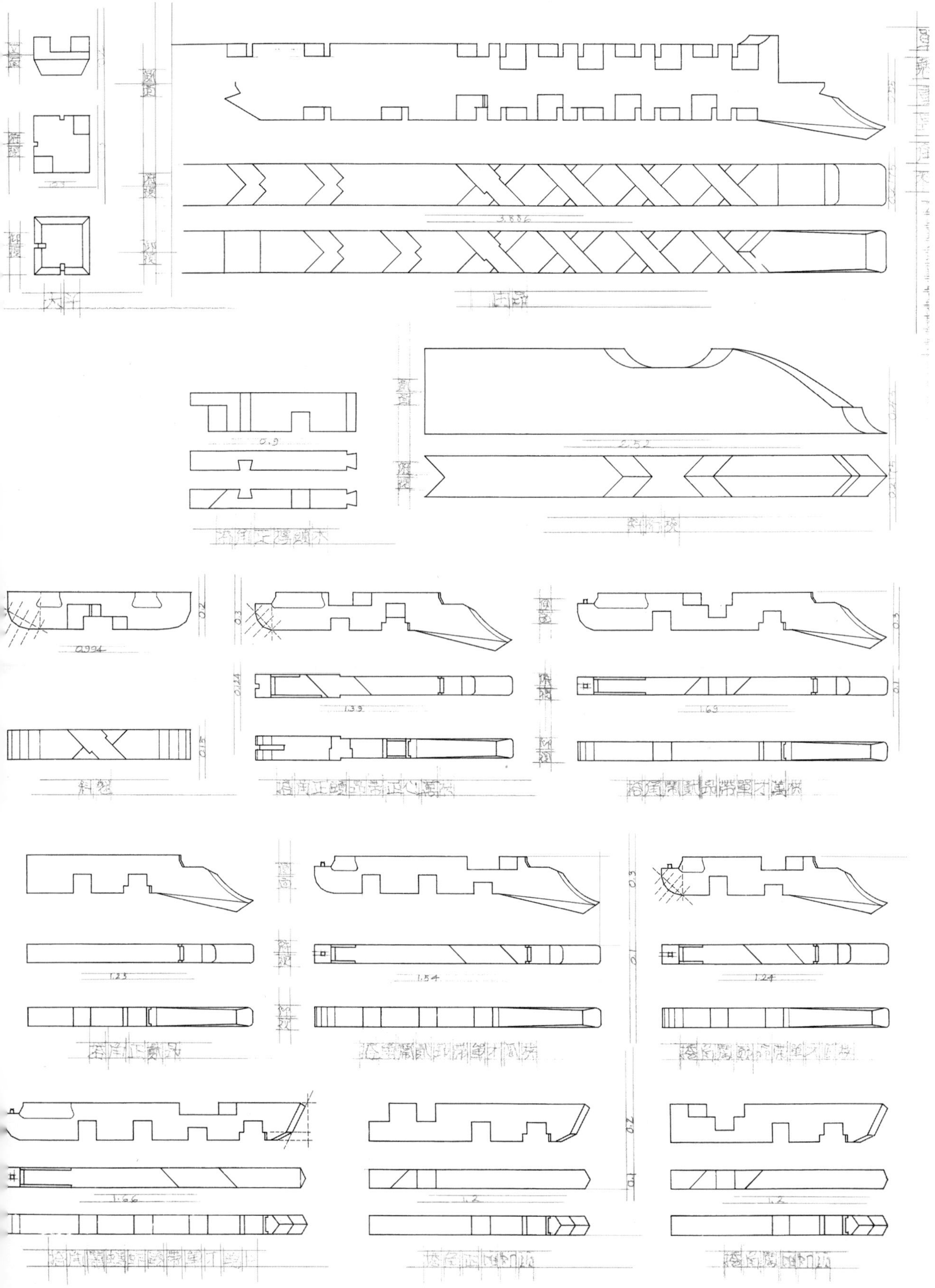

图 65　石涵洞部分名称图

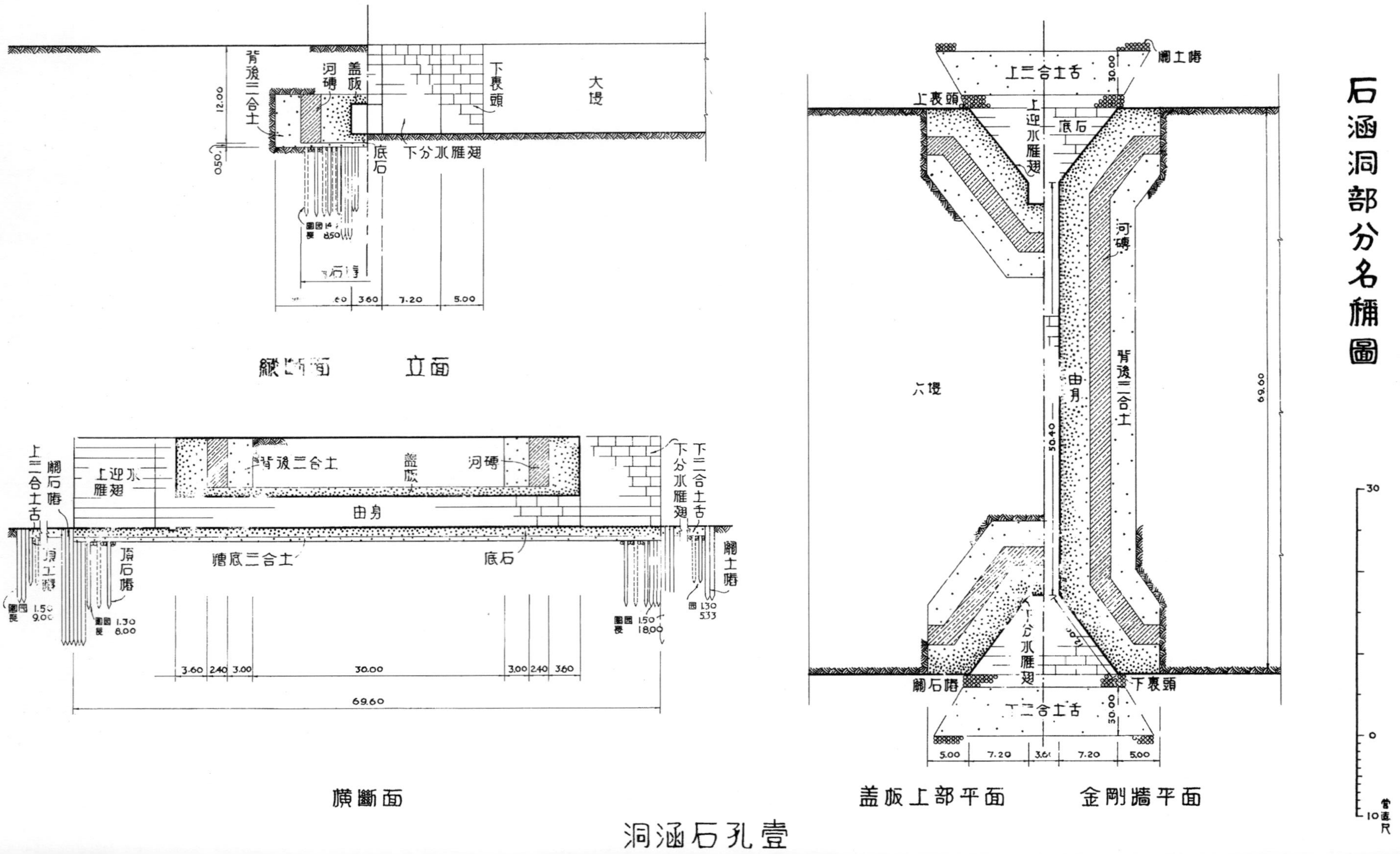

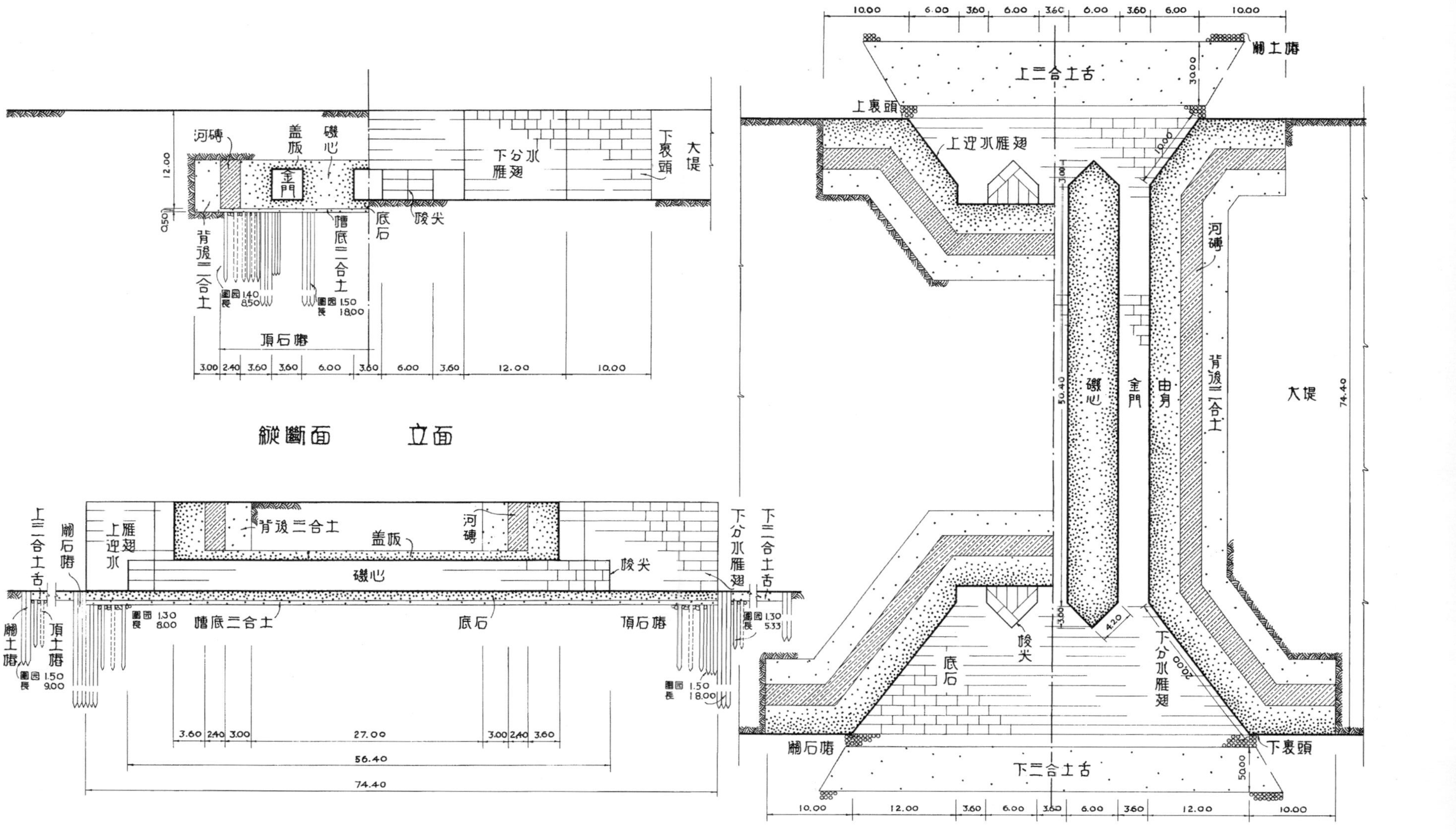

横断面　　盖版上部平面　　金剛牆平面

洞涵石孔叁

图 66　石闸部分名称图（壹孔闸）

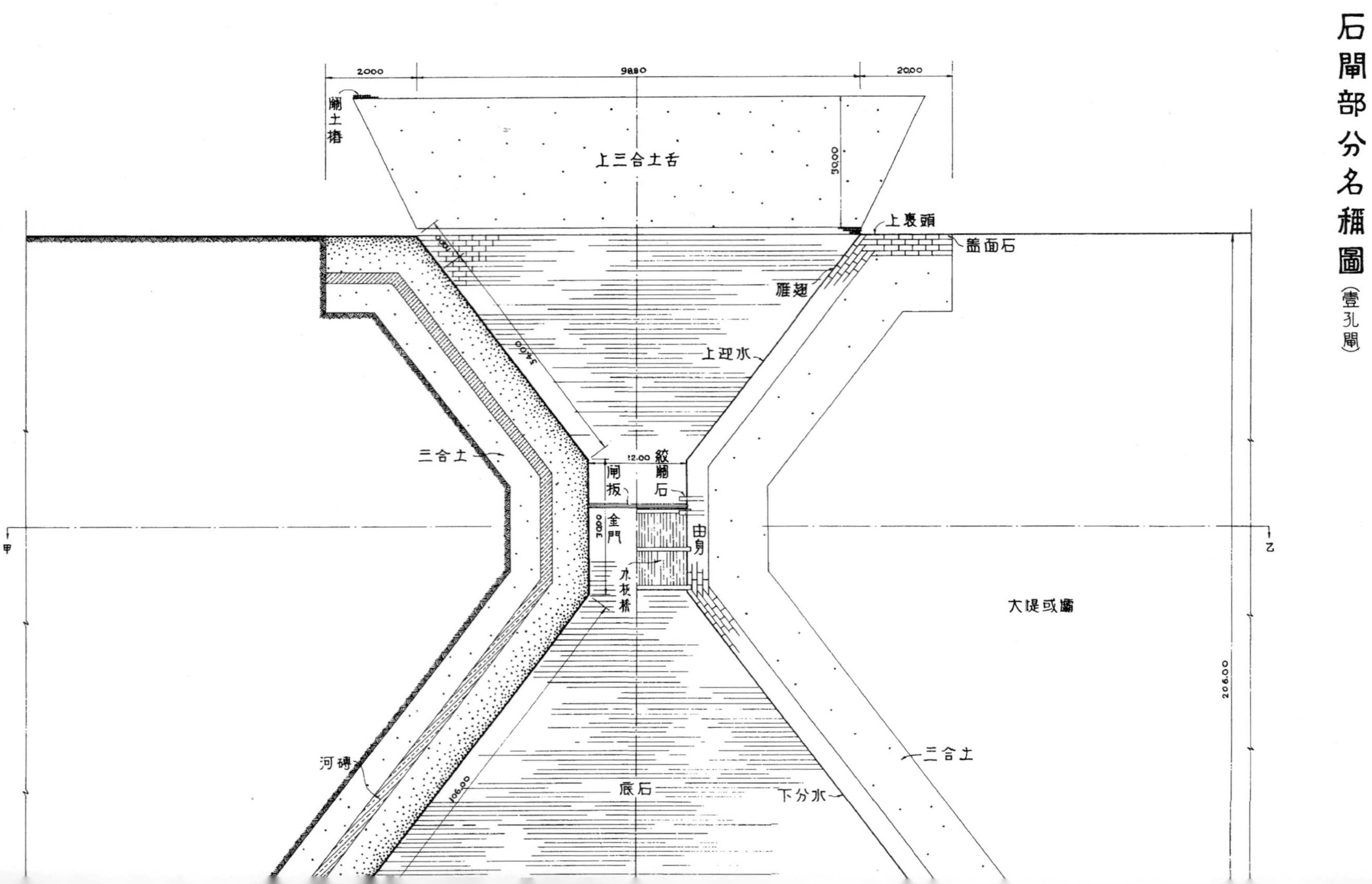

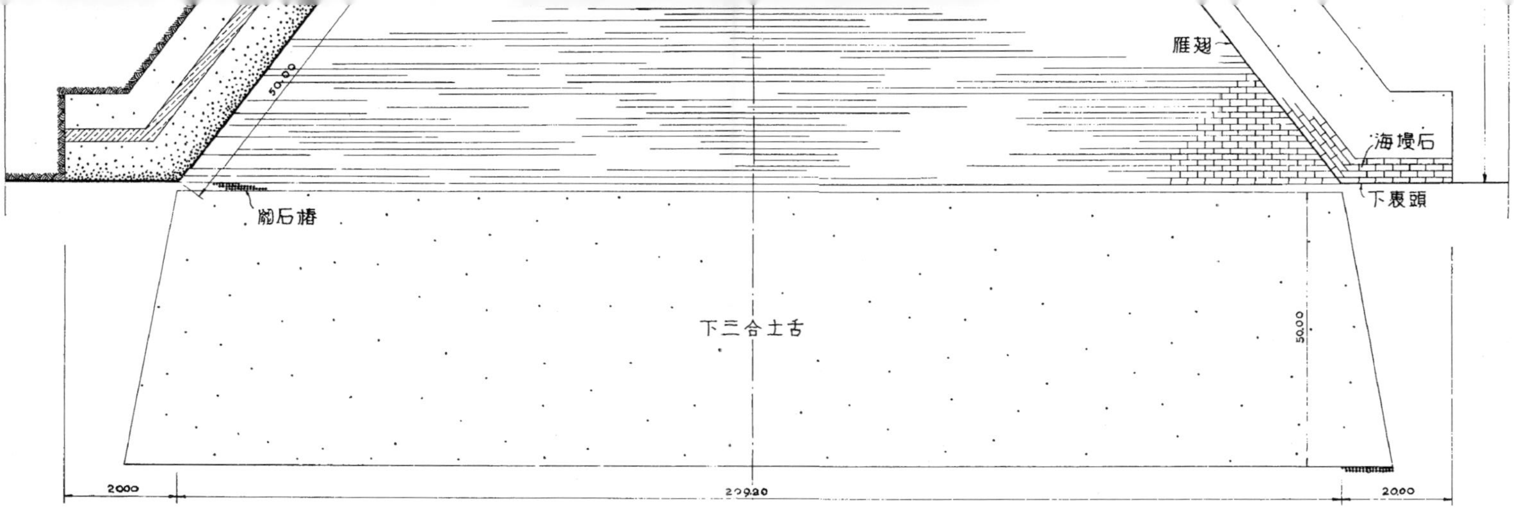

丙~丁 平面　　　　平面

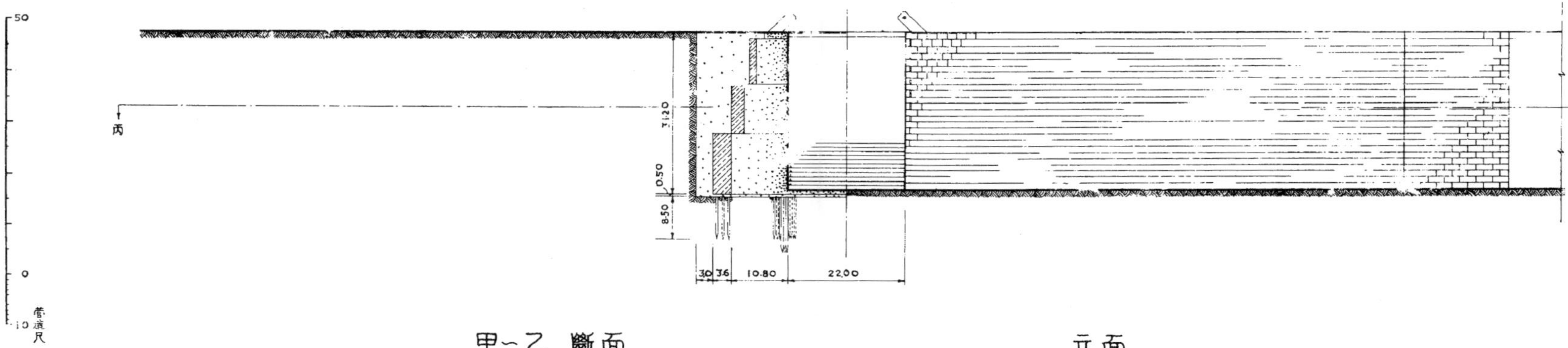

甲~乙 斷面　　　　立面

图67　石闸部分名称图（壹孔闸）

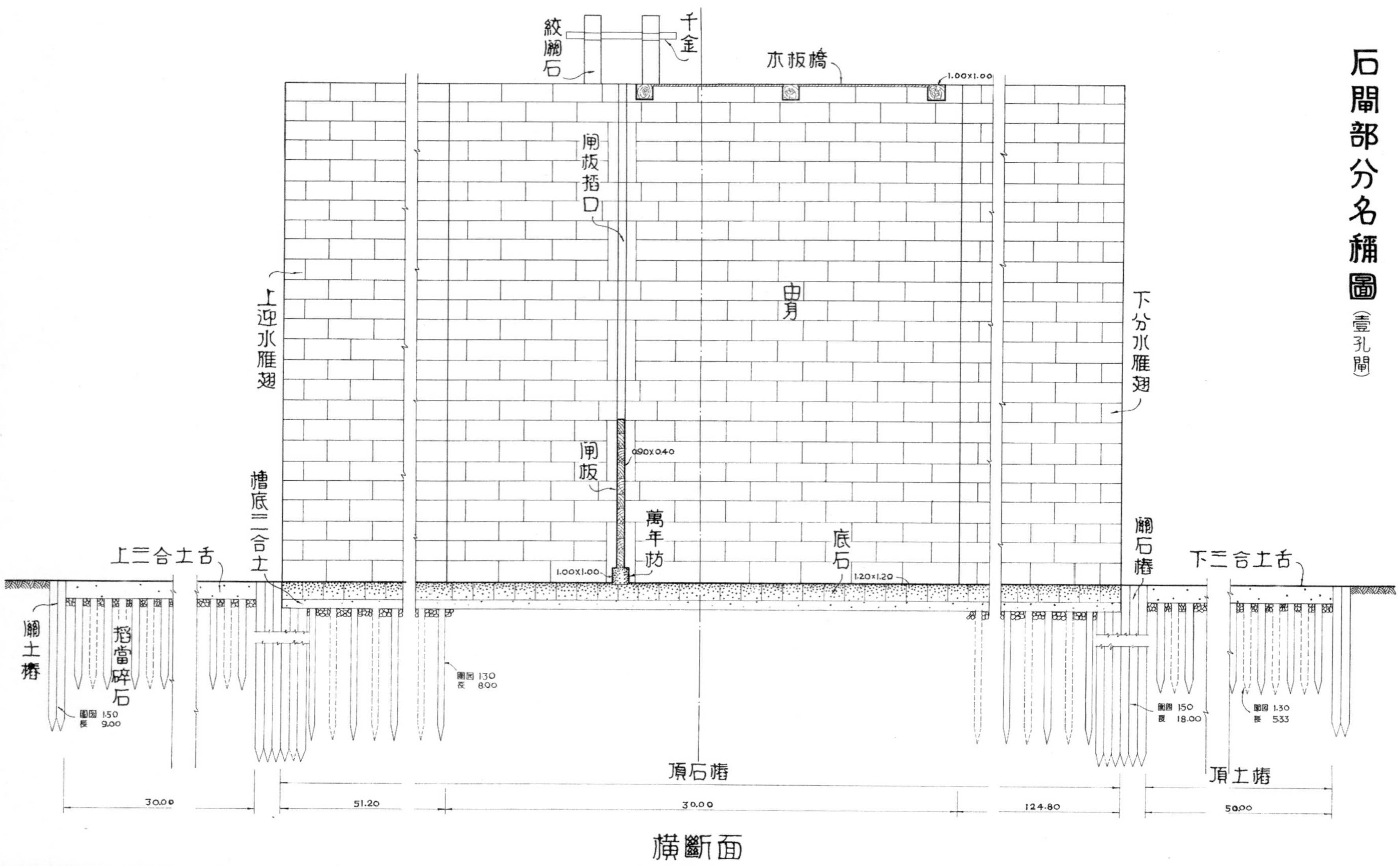

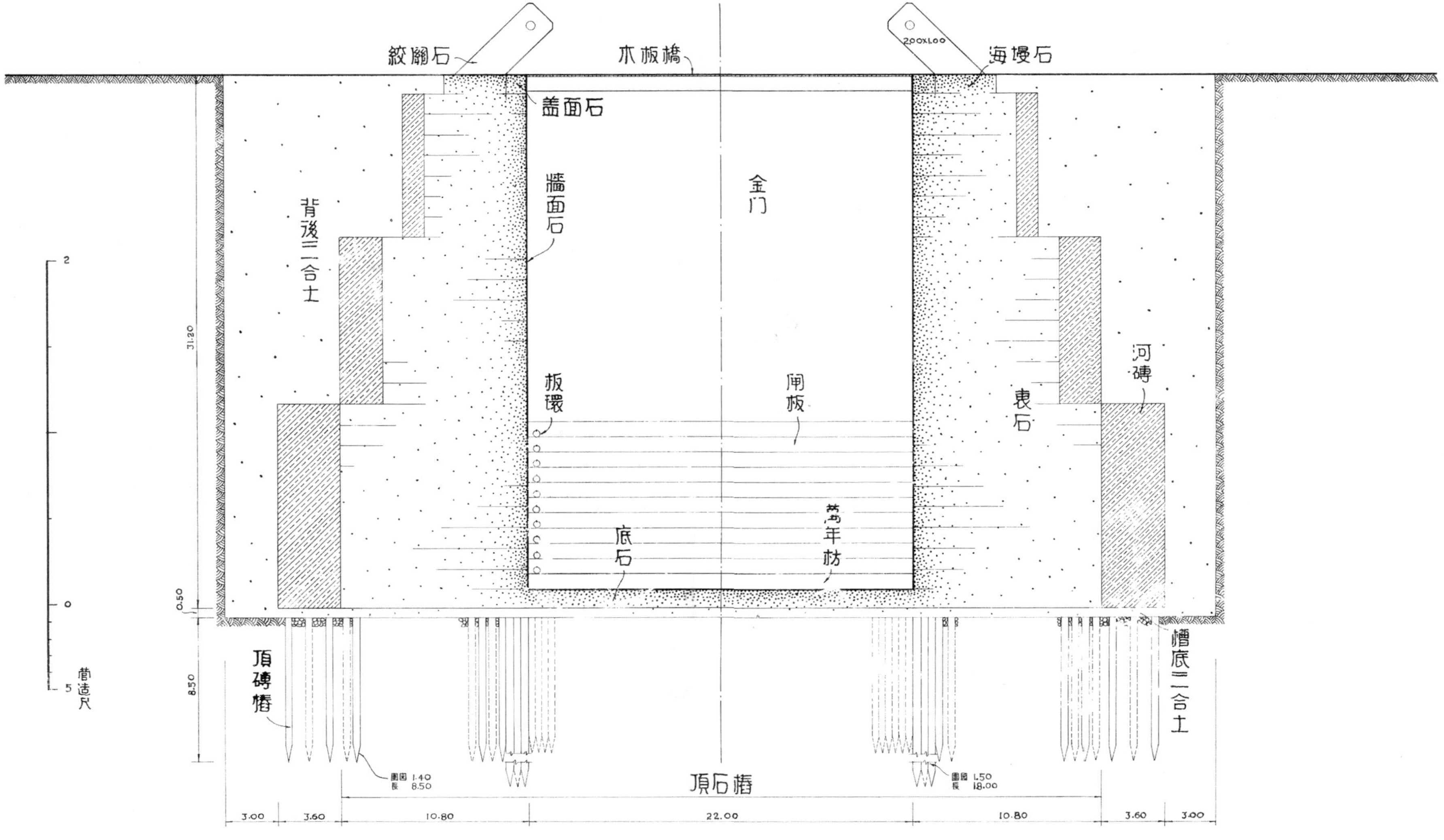
絞關石
木板橋
海墁石
200x100
蓋面石
牆面石
金门
背後三合土
板環
閘板
裏石
河磚
萬年枋
底石
0.50
31.20
8.50
頂磚樁
槽底三合土
圍圓 1.40
長 8.50
圍圓 1.50
長 18.00
頂石樁
3.00
3.60
10.80
22.00
10.80
3.60
3.00
2
0
5
營造尺

縱斷面

图68　石闸部分名称图（三孔闸）

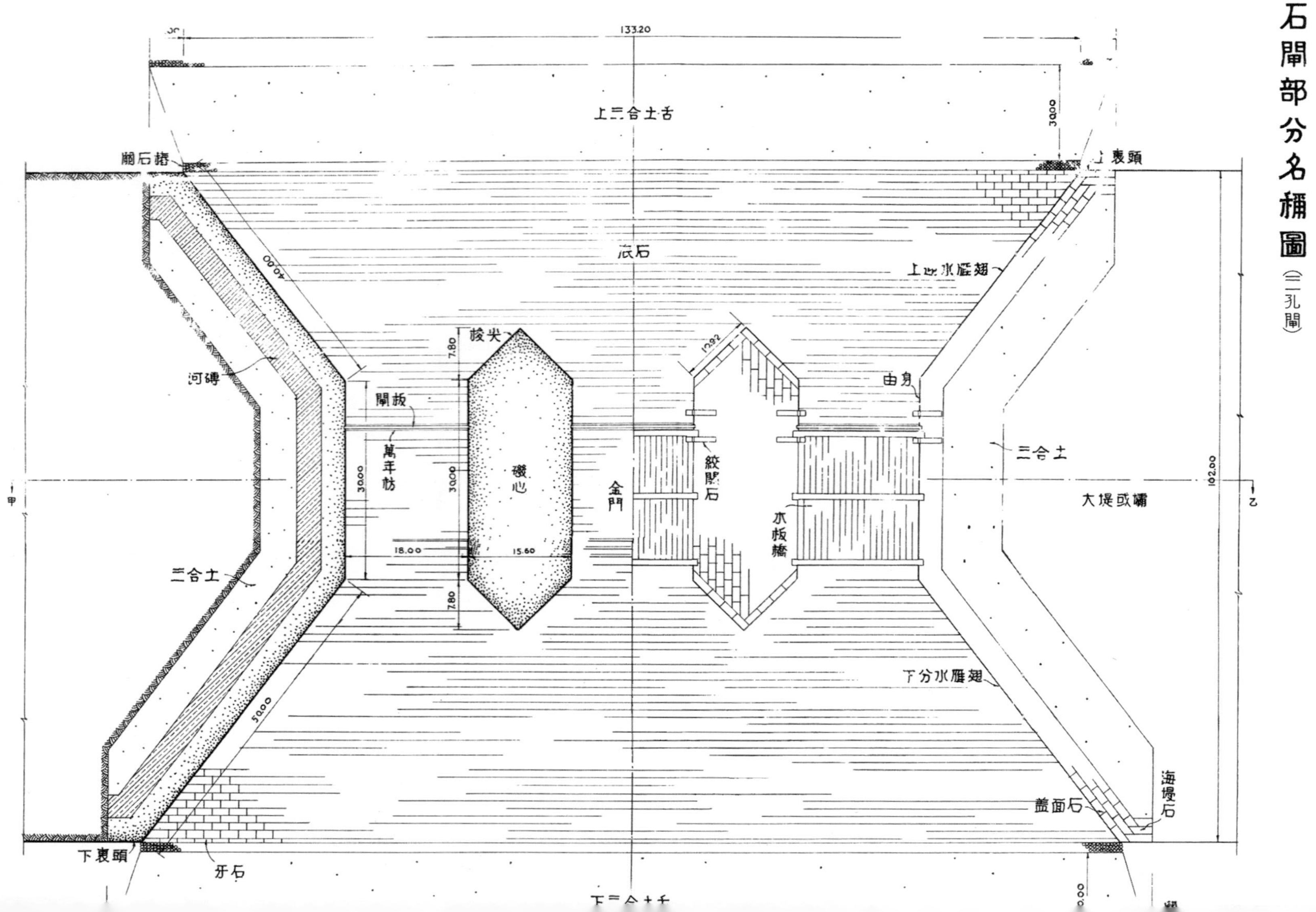

丙~丁 平面

平面

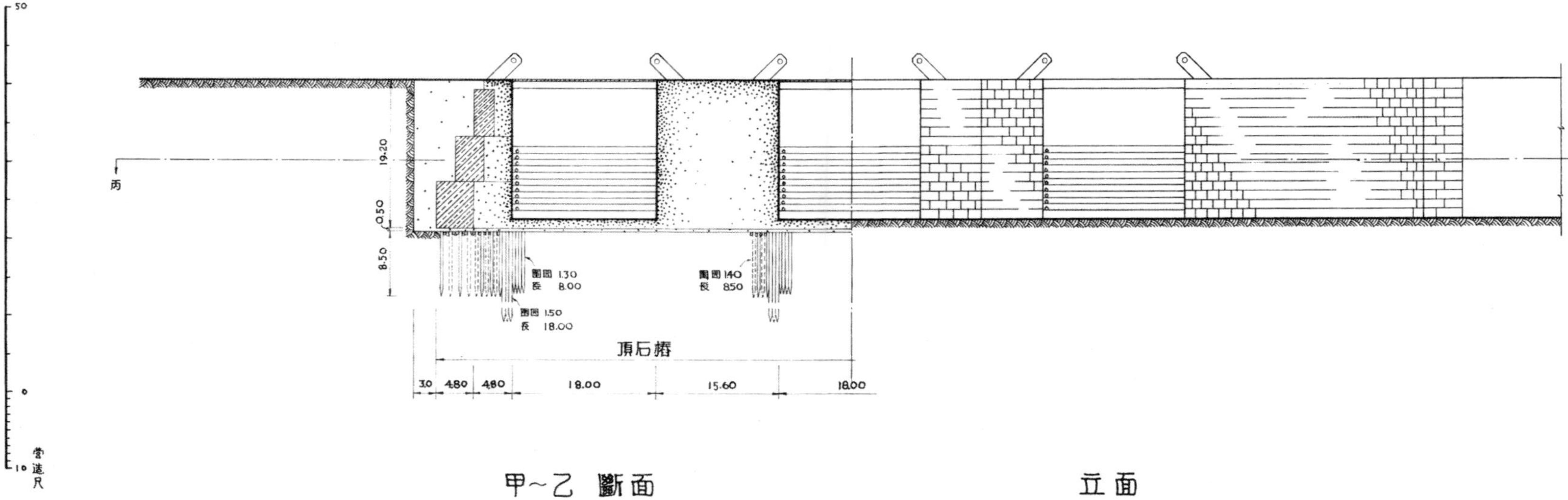

甲~乙 斷面

立面

图 69　石闸部分名称图（三孔闸）

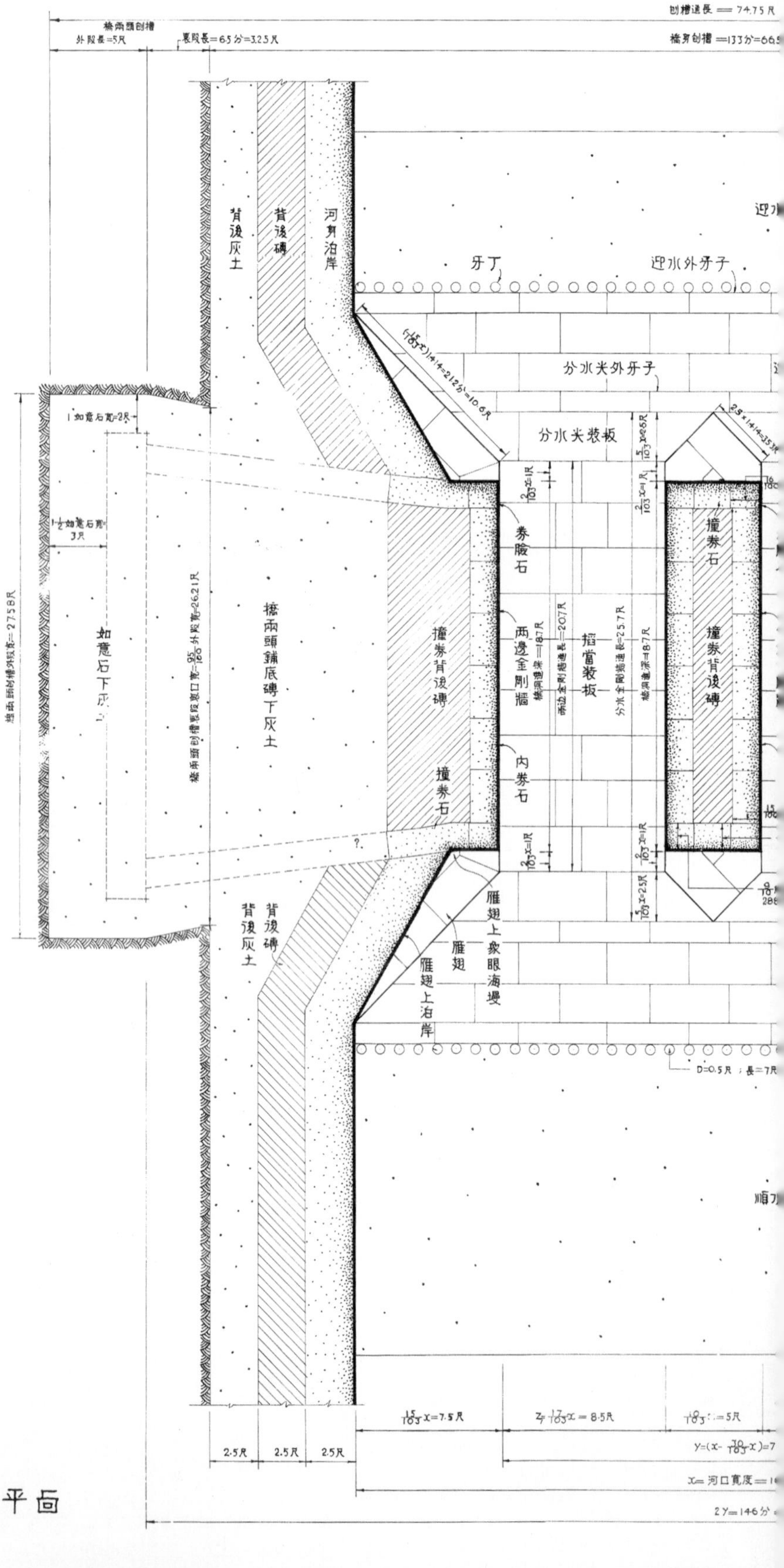

金剛牆平面

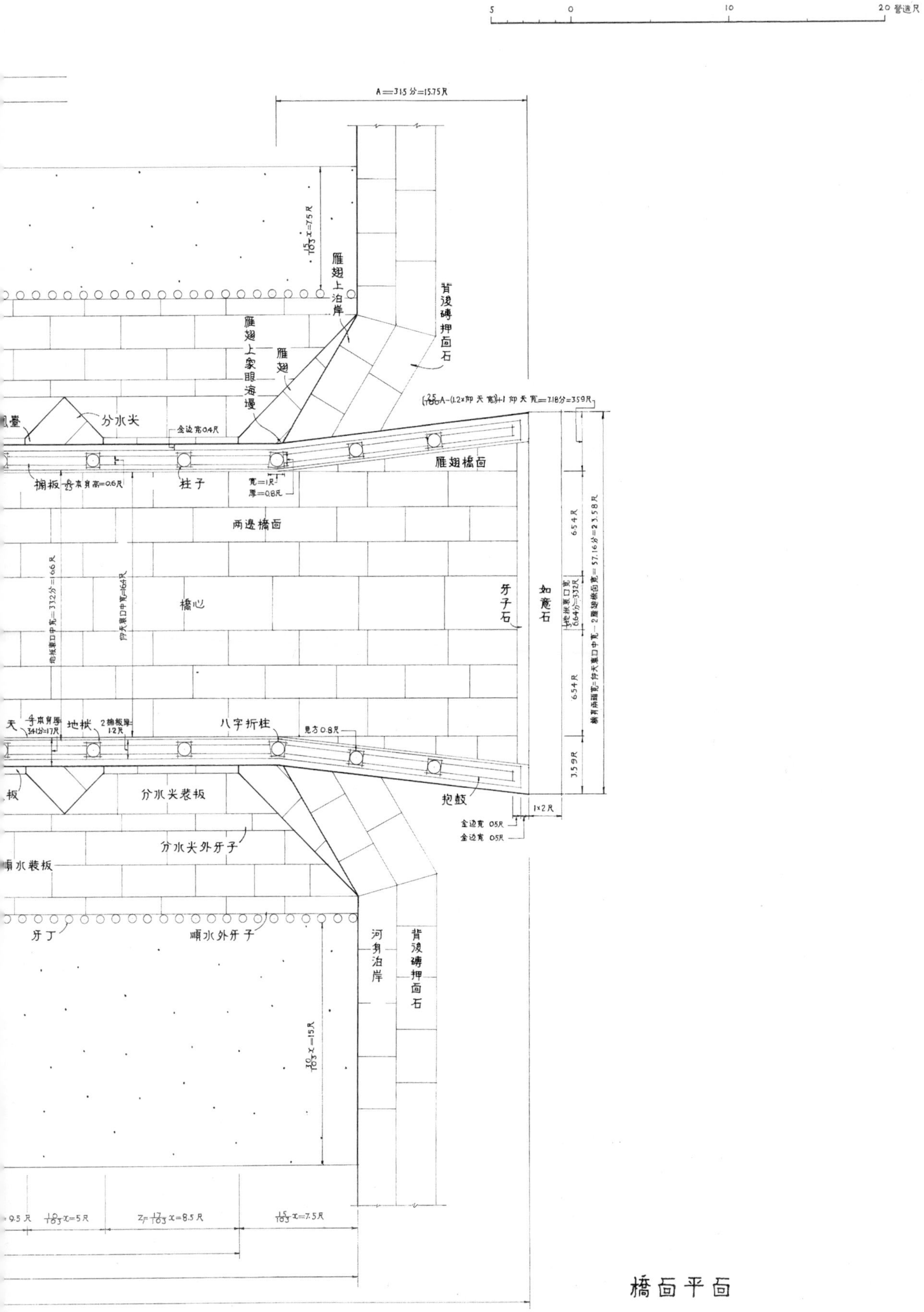

5
0
10
20 營造尺
A=31.5分=15.75尺
雁翅上泊岸
背後磚押面石
雁翅上象眼海墁
雁翅
分水尖
金边宽0.4尺
雁翅橋面
柱子
寬=1尺
厚=0.8尺
兩邊橋面
橋心
牙子石
如意石
6.54尺
3.59尺
八字折柱
地栿
分水尖裝板
分水尖外牙子
順水裝板
牙丁
順水外牙子
抱鼓
1×2尺
金边宽 0.5尺
河身泊岸
背後磚押面石

橋面平面

图 70　桥座部分名称图（石券桥）

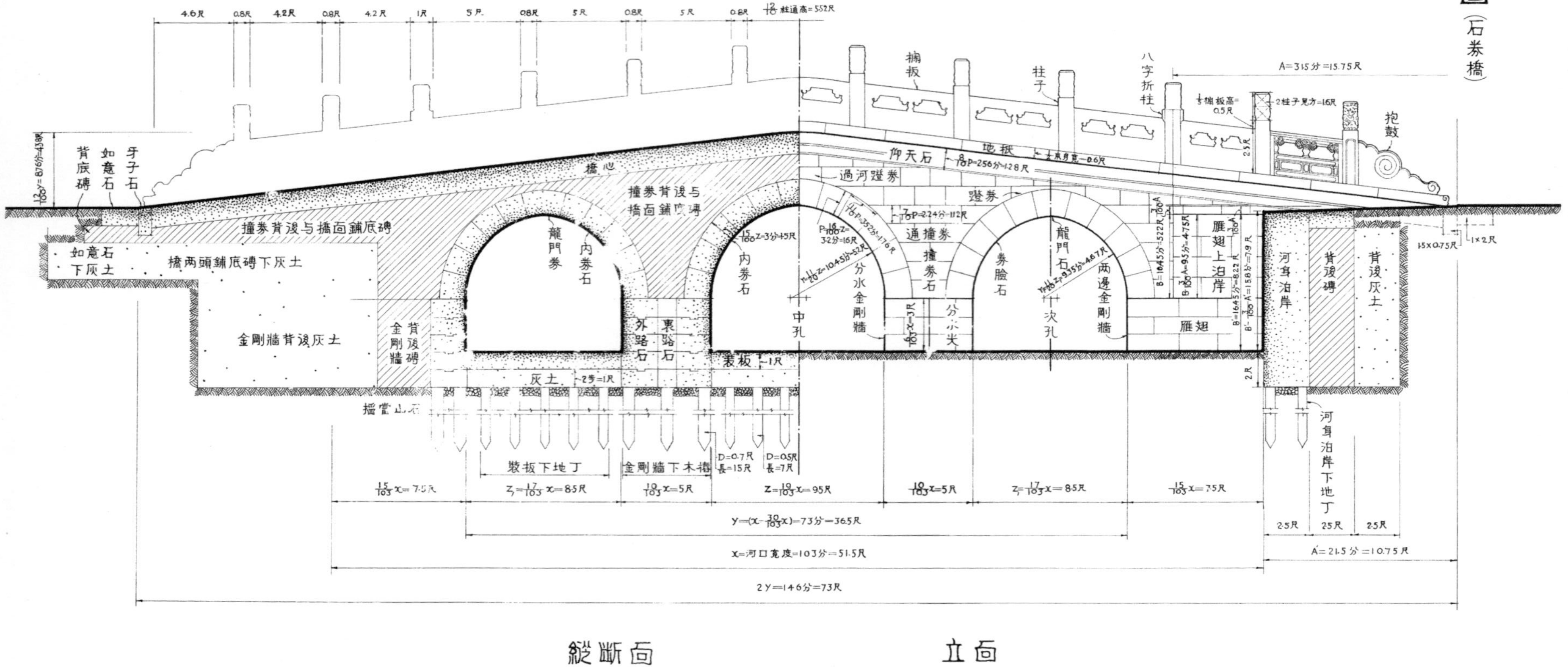

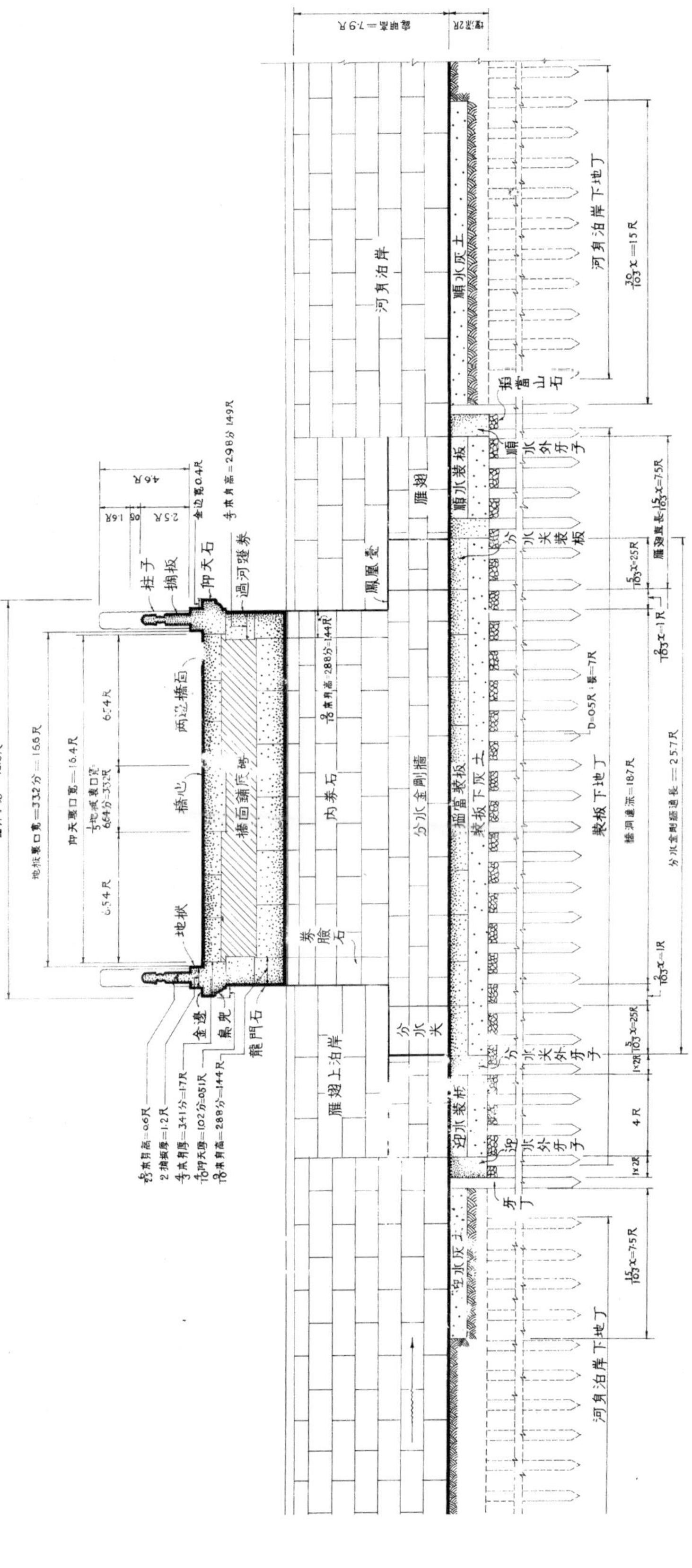

横断面

图 71　桥座定分法图名（壹孔至拾壹孔桥）

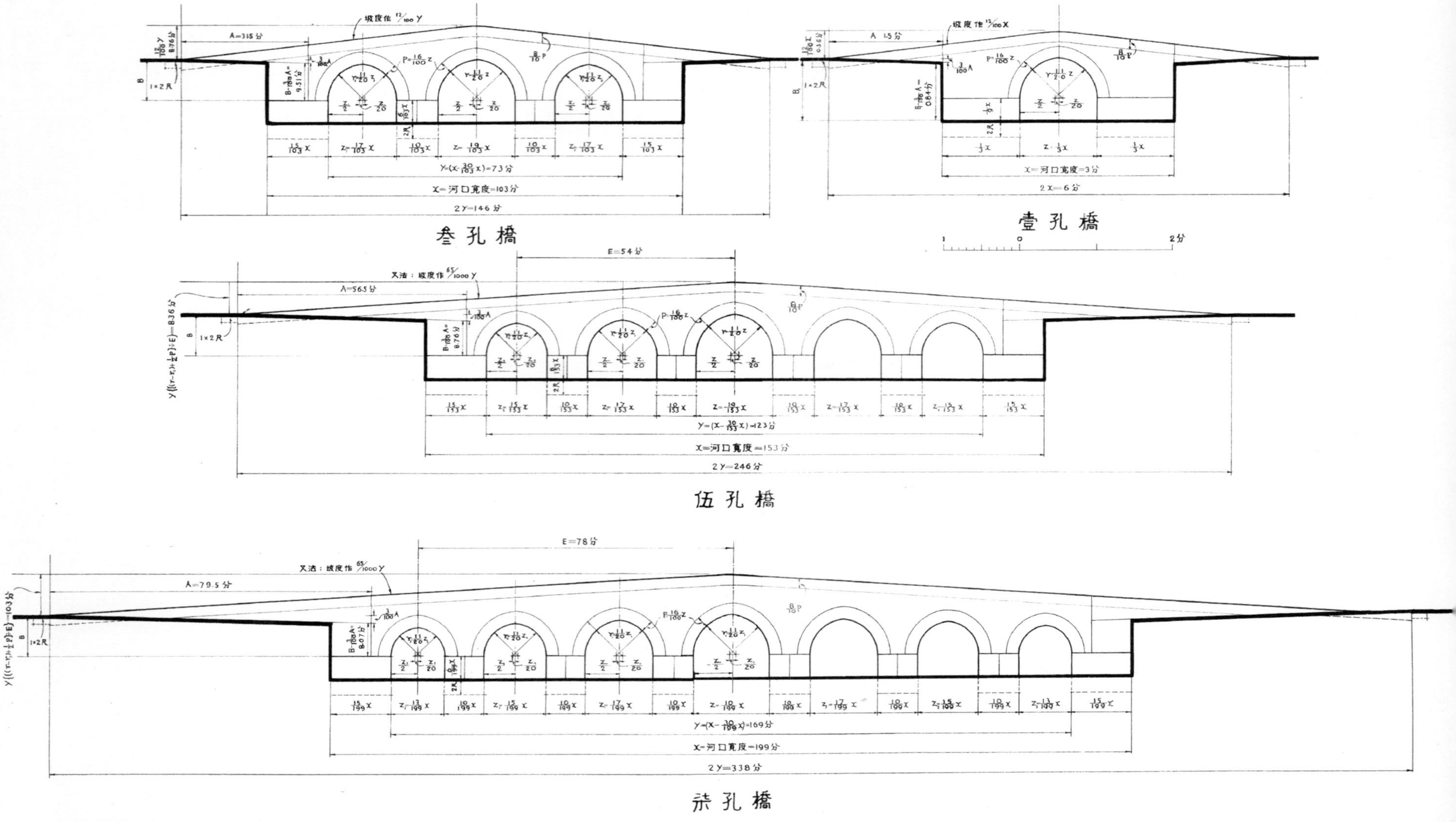

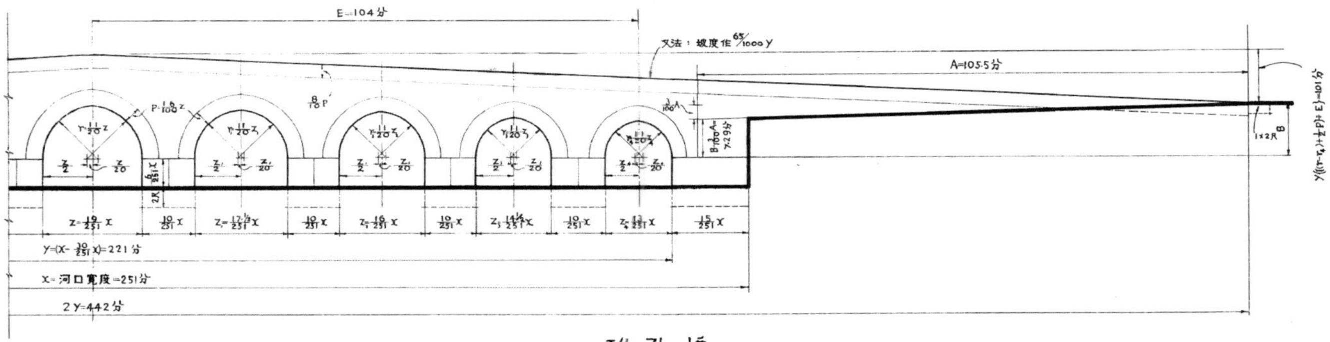

玖孔橋

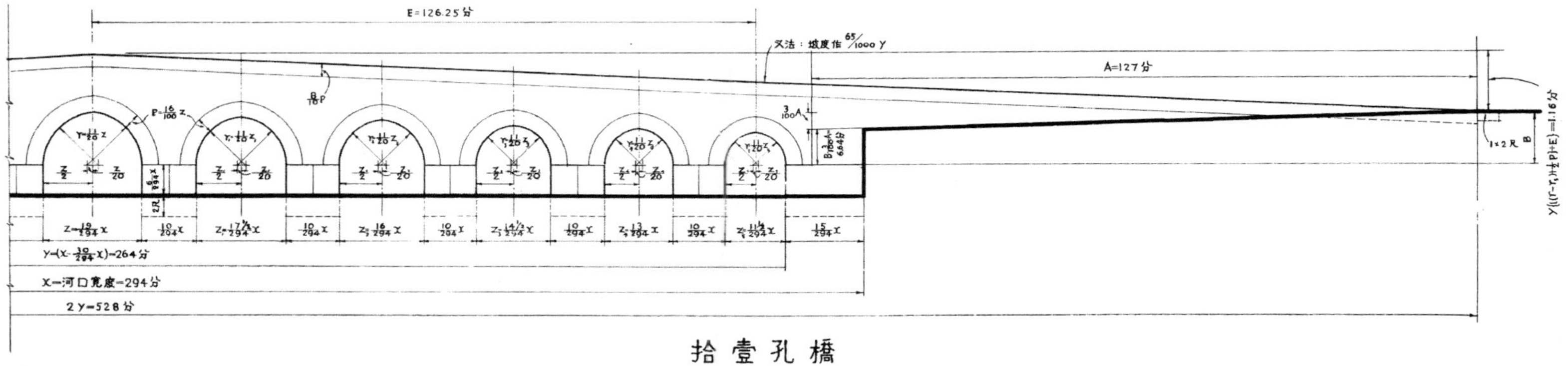

拾壹孔橋

壹孔至拾壹孔

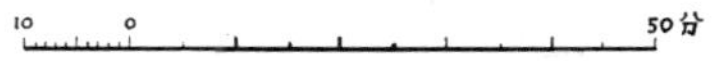

图 72　桥座定分法图（拾叁孔至拾柒孔桥）

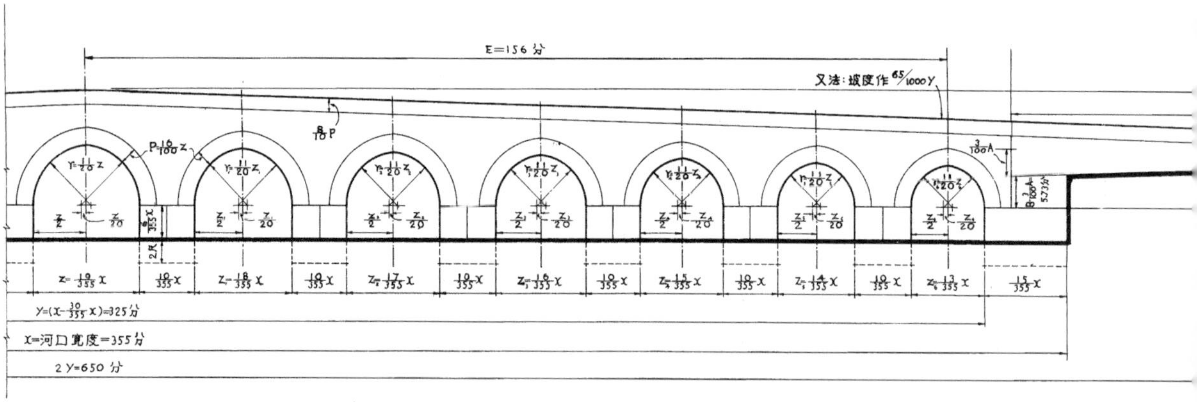

拾叁孔橋

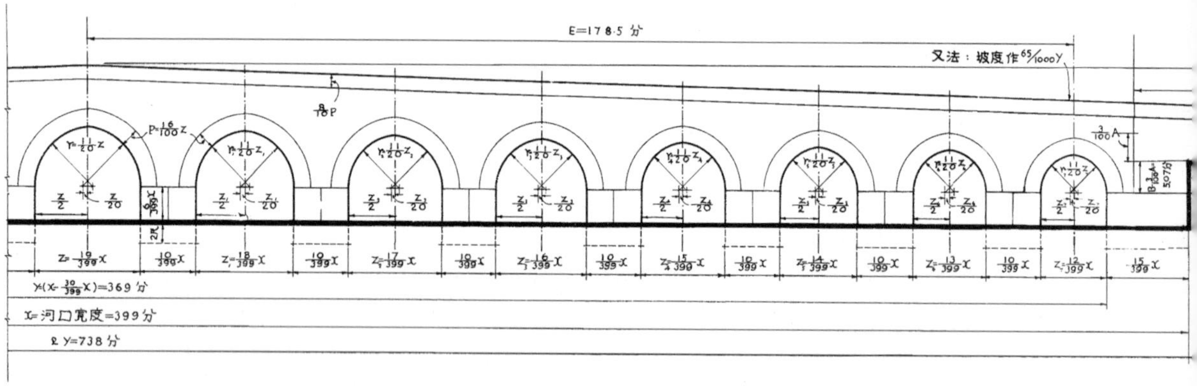

拾伍孔橋

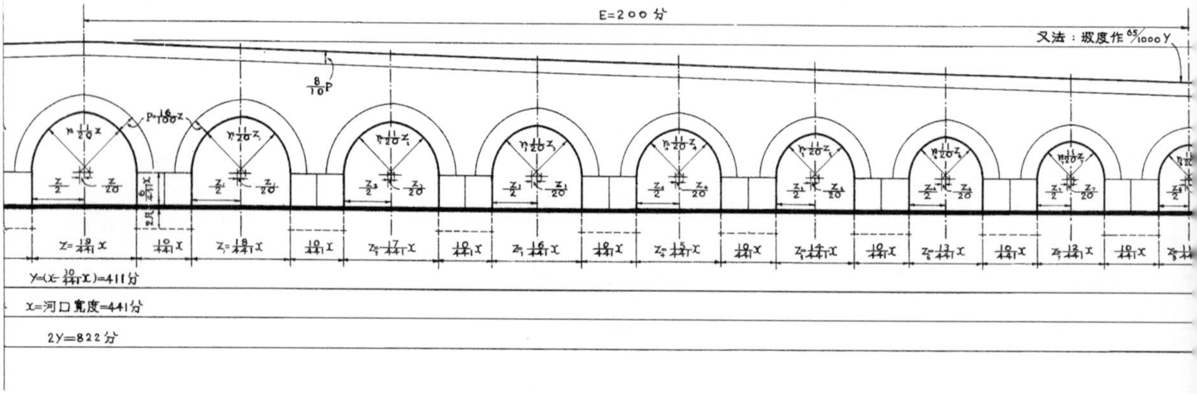

拾柒孔橋

橋座定分法

拾叁孔至拾柒孔

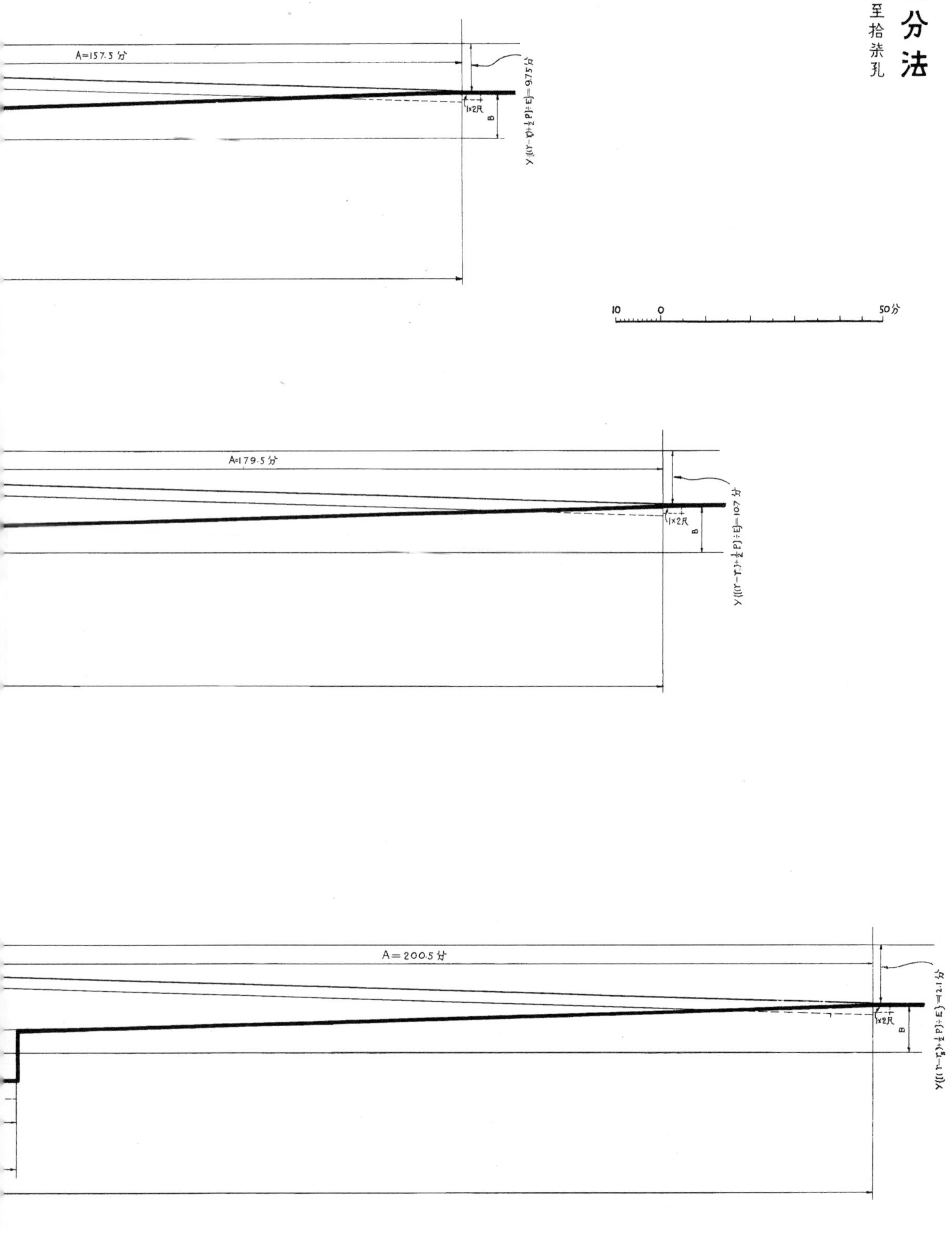